建筑文化与思想文库

跨文化建筑语境中的建筑思维

刘晓平 著

中国建筑工业出版社

图书在版编目(CIP)数据

跨文化建筑语境中的建筑思维/刘晓平著.—北京：中国建筑工业出版社，2011.6

（建筑文化与思想文库）

ISBN 978-7-112-13021-4

Ⅰ.①跨… Ⅱ.①刘… Ⅲ.①建筑学-研究 Ⅳ.①TU－0

中国版本图书馆CIP数据核字(2011)第043461号

20世纪末期以来，全球化和市场化浪潮改变着我们的生活世界，要解释当代建筑现象，就必须研究这两个主要社会背景。在全球化的语境中，对跨文化建筑传播现象的研究正是研究当代建筑学的重要领域。

本书的核心工作就是依托文化传播理论、全球化理论和跨文化传播理论成果，从较宽广的视野来建构跨文化建筑现象研究的理论体系。这个理论体系既能为认识当前跨文化建筑现象提供新的认识论，又试图为建筑学领域提供有价值的设计方法和评价体系。作为价值论（篇章），本书最后围绕“建筑传播话语权的创新基础”探讨了我国建筑相关机制创新等策略性课题。本书适合建筑规划专业师生作为当代建筑研究的教学参考书，也可为城市建设相关部门的领导和专业人员认识当代建筑文化提供重要参考路径。

责任编辑：徐　冉　黄居正

责任设计：肖　剑

责任校对：陈晶晶　张艳侠

建筑文化与思想文库

跨文化建筑语境中的建筑思维

刘晓平　著

*

中国建筑工业出版社出版、发行(北京西郊百万庄)

各地新华书店、建筑书店经销

北京嘉泰利德公司制版

北京云浩印刷有限责任公司印刷

*

开本：787×1092毫米　1/16　印张：14¼　字数：280千字

2011年7月第一版　2011年7月第一次印刷

定价：**42.00**元

ISBN 978-7-112-13021-4

(20398)

序

项秉仁

本书所研究的对象主要为20世纪后期至今的当代跨文化建筑传播现象以及相关的跨文化设计思维。

正如本书作者所指出的那样，自20世纪后期以来世界建筑设计思潮进入多元化的时代，全球化和市场化浪潮改变着人类的生活和观念，也改变着建筑世界。尤其在我国，自改革开放以来建筑界遭遇到了前所未有的全球化浪潮和市场化冲击，在向境外建筑设计师开放设计市场的同时也不可避免地接受了外来文化的传播和影响。这对于曾经长期处于计划经济制度下的我国建筑设计从业人员无疑是缺乏理论和思想准备的，因此也激发了广泛的议论，所涉及的问题包括在全球化背景下，如何在吸收外来建筑文化的同时保持和延续本土建筑和城市的文化特色；以及如何对待建筑产品在日益市场化的趋势下坚持建筑设计作品应有的对于地域性和本土文化的关注等。当然，随着我国多年经济发展而不断进步的建筑界通过大量的实践和试错，在总结经验和教训的基础上对于上述问题的答案也逐渐地明晰起来，并且提升了自信。尽管如此，我们仍然感到需要有更多的学术探讨和理论建设来深入地研究有关跨文化建筑传播的命题，以使我们在实践中能够自觉地把控它。

与有感而发的刊物文章不同，就跨文化建筑传播问题展开系统的研究，特别是作为博士论文的选题是需要有准备和勇气的。因为这项研究涉及包括建筑学、传播学、社会学、人类学和语言学等多学科的知识以及需要对建筑设计实践、教育和理论研究有较成熟的理解。作者曾是一位在主流设计机构有多年设计实践经验的建筑师，同时一直以来持续关注和参与建筑理论问题的研究，也有多次国外进修和学习交流的经历，因此无论从理论积累、职业经历和学术修养等各方面都具有研究这类课题的基础和能力。

本书所论及的理论问题很广泛，相信读者会随着作者的述说而被带入对于当今建筑现象的思考和产生众多的问题，在了解传播学、全球化理论和跨文化传播理论的基本精髓之后能够进一步理解作者提出的有关跨文化建筑理论的诸多观点和分析。本书研究的重要目的之一是为城市建设和建筑设计领域的创新提供正确有效的理论工具，因此书中从多角度探讨了跨文化传播与建筑创新的关系，具有较大的理论和实践参考价值。作者同时也指出，他所作的研究是一个开放的学术体系，跨文化建筑传播的研究可以向宏观和微观两方面进一步深入，目前的成果还是一个开端，还期望读者的指正和更多的有兴趣的学者参与到这方面的研究中来。我期待着作者的愿望能得到积极的呼应，也期待着见到作者的新的研究成果。

目　录

第1章 绪 论

1.1 选题依据和背景情况

20世纪末期以来，世界建筑进入价值观念多元化的时代，这背后是全球化和市场化浪潮改变着我们生活的世界；建筑信息的共时性和全球性传播交流，也极大地加速了信息的共享，建筑界也处在了“地球村”的圈子里。建筑思潮的相互影响，特别是发达国家对发展中国家的设计传播对后者建筑发展的影响不容忽视。改革开放以来，我国建筑设计处在全球化的环境中，经历了20多年的直接和间接的外来影响，发展历程从民族风格的弱势固守到后现代主义的蔓延，从KPF风格流行到新现代主义时尚，建筑设计方法论和思想也处于被动接受传播的地位；毋庸讳言，我国当代建筑设计是伴随着外来传播影响而发展的，有人甚至称为“全球化冲击”。[1]基于这个基本事实，当代建筑创新与全球化传播的关系成为本选题的出发点之一。

作为文化现象，建筑的实践是一种文化传播。在这一传播过程中，建筑师是信息的发送者，大众则是信息的接收者。建筑师还受到其他建筑师的作品影响，建筑师通过杂志、电视、网络等传媒发表作品和传播思想。所以，建筑离不开传播。“建筑学中社会人文科学和工程科学技术的相关性及其范围边界问题也是经典研究课题。这是因为，建筑兼具人文社会科学和工程技术科学的属性，同时有鲜明的民族和地域特征，因而其研究具有显著的复杂性和系统特征。为此，建筑学发展将进一步拓宽视野，加强与各种人文学科的交流与融合。社会学、人类学、经济学、地理学以及文化传播理论与方法在城市与建筑设计研究中得到了日益广泛的借鉴和应用，已经构成建筑学科基础理论的重要组成部分。在此背景下，建筑学科逐渐摆脱原有专业知识和技术领域的局限而有所新的开拓，并呈现出研究视野从局部地域走向日益全球化的世界，在重视本土化建筑及技术特色的同时，日益从单一学科走向复合学科，从单纯技术领域走向人文社会与技术科学并举的趋向”。[2]

当代建筑发展在中国乃至世界范围存在两个十分突出的现象：一是全球化与本土化的碰撞，二是商品化、市场化转型，这是20世纪末期的时代背景对建筑设计的重要影响。当代著名建筑理论家肯尼思·弗兰姆普敦的名著《批判的地域主义》和《商品时代的建筑作品》对此进行了及时、敏锐的思考和反应。要解释当代建筑现象，就必须研究这两个重要问题。我国的建筑界长期以来对中国社会的市场化转型的反应是比较滞后的、被动的、缺乏理论准备的，这是计划经济的惯性所致。设计界经历了从一开始对商业化浪潮的批判和抗拒，到今天理性接受资本对设计的约束，追求商业与文化的双赢，利润与品位的共同实现的过程。我们必须认识到建筑学受制于社会发展和技术发展。建筑设计是传播性的职业，它传播特定的社会时代特征，它通过职业沟通与客户或大众进行双向传播。笔者认为在建筑技法日益成熟的今天，在充斥图像信息的建筑世界里，对建筑观念传播的研究和评价也有重要的现实意义。因此，在消费主义大众文化日盛，信息全球化、网络化的语境中，研究更多的建筑传播现象应当是建筑学的重要任务，这是本选题的出发点之二。

本选题还与笔者的职业经历有关，笔者的建筑学习始于20世纪80年代末，建筑实践开始于90年代中期，亲身经历了20世纪末期中国和世界建筑学术的思潮变化。信息变幻、潮起潮落的建筑发展历程，日新月异飞速发展的社会生活，促使我们去探寻建筑的真谛。20世纪90年代末，我国建筑界笼罩在新乡土主义怀旧的氛围中，凡设计非要有点传统形式符号才算有文化，而全国各地设计者标榜各自的地方性却难逃撞车相似的宿命。另一方面，设计实践中反馈的市场多元化的建筑需求也促使我们思考。因此，笔者开始向哲学社会学的经典和前沿理论寻找答案。1999年在成都的一次全国会议上，笔者以“超越的传统观——传统本质与建筑的创新”为题，表达了那几年的思考成果，如“建筑传统不等于传统建筑遗存，建筑传统是运动发展的，本质是人的栖居需求与时代及场所的作用”，“建筑评价标准不能以地方性表现来论高低，当代社会人员和信息是流动的，人的背景是变化的和复合的，东西方的建筑思想和遗存，都是人类的共同财富和创作背景”，“当代建筑学术的发展不仅仅是以地域区分，而是全球泛对话的态势，建筑学将依靠全球的学派和个人的创见来推动”……进入21世纪，建筑学界的气象也更清新，对地方主义和后现代的反思逐渐成为共识和主流。2002年，笔者从瑞典进修回国，有幸参与了上海一城九镇计划之“罗店北欧新镇”这个跨文化的实践项目，在学界的争议声中引发了笔者对跨文化建筑现象的思考，结合对“批判的地域主义”理论的学习，在《建筑师》和《建筑学报》发表了关于全球化与创新问题的论文，表达了“此时此地的创造”的观点。这既是笔者对“传统本质与建筑的创新”思考的延续，又是对跨文化建筑传播现象关注的开始。

此后的21世纪之初，建筑界突出的问题是追随西方尤其是欧洲建筑新潮现象。一些青年建筑师带着“翻版或改编”作品登上建筑界的舞台频频作秀，这种“新建筑”倾向与“新乡土”倾向相比只是表面上更洋气些，本质上都是受到外来信息传播影响后赞同性的“服从”。一些建筑明星作秀的“集合设计”活动也常常受到国际新潮风格传播的影响，而忽视中国建筑界真正需要解决的许多问题，因此触发我们探寻全球化语境中的真正的原创和建筑学的社会责任。另一方面，在个人的职业经历中还伴随着持续的国外的考察访问和与外国同行的合作设计，这些跨文化的经历使自己对当代跨文化建筑现象的思考得到对照和修正。

综上所述，本选题是针对20世纪末期全球化背景下的建筑现实提出的问题研究，它涉及“建筑设计中的全球化冲击”、“建筑观念中的本土化与国际化”、“建筑商业化与品质追求”、“建筑设计的原创性与主体性困境”等诸多现象和问题。博士论文开题时与导师共同确定了“观念与设计：20世纪末期建筑现象研究”课题框架，也获得了学院评审委员会的认可，钱锋教授认为这个选题很有现实意义，也很有必要，但评委们也提到这个论文写作难度会比较大。随着研究工作的深入，广泛涉略了与该课题有密切关系的传播学和社会学理论，特别是全球化理论、文化传播理论和跨文化理论，于是将题目具体定为“当代跨文化建筑传播现象研究”，论文结构围绕跨文化建筑传播的认识论、方法论和价值论展开，研究问题进一步集中在“跨文化建筑现象”，在建筑学和上述相关理论的交叉研究中展开讨论。

“传播”(communication)的本意是双向、互动的。传播学里谈的“传播”是双向的、共享意义上的信息、知识的流动过程。传播不是纯粹的思想获知，交流和共享信息、知识时，可能会形成、创造出新的思想，传播创造新思想的过程是一种具有个人色彩的重新建构内容的过程。[3]传播学是一门以“传播”（即“人类传播”或“社会传播”）为研究对象的学科。虽然，这里所说的“传播”，是与人类历史同步的、极为古老的现象，但这一学科本身，却非常年轻。作为一门相对独立的学科的“传播学”，问世至今不过约半个世纪。[4]对传播学诞生的历史背景的分析，则有力地证明了近代以来社会的发展对“传播”越来越具有依赖性；特别是20世纪70年代以来，出现了所谓“信息革命”、“信息爆炸”现象，整个世界继农业化时代、工业化时代之后，急速地进入信息化时代。按美国学者A·托夫勒的说法，人类社会正迎来汹涌澎湃的“第三次浪潮”。谁拥有最多最好的信息——即谁最会“传播”，谁的成功可能性就最大！“信息即力量”，“传播即力量”。[5]

工业革命以后，物质交往空间的扩大推动了精神交往的发展，历史向世界历史转变，西方人对跨文化的交往与交流的兴趣日益增加，逐步发展出一门研究来自不同文化群体的个人、组织、国家之间进行信息传播这一社会现象的学问，这就是“跨文化传播学”。它反思处于文化交流场中的人们的现实处境，剖析文化差异与多元文化认同的心理障碍，探寻媒介化社会文化互动的道路，展望相互理解、相互尊重、共同发展的人性化文化传播前景。因此，它体现出立于人类文化发展潮流之上的反思性和前瞻性，也有几分跨越文化差异与文化冲突、建构多元文化认同的乌托邦构想。[6]跨文化传播研究始于“二战”后的美国，并通过美国学者发展起来，如E·T·霍尔，他著有《无声的语言》；还有美国圣迭戈大学传播学院教授拉里·A·萨默瓦是跨文化传播研究和写作方面的领袖型人物，在人类传播领域，他独立撰写或与人合写的著作有13本之多，其中与理查德·E·波特合著的有《跨文化传播文集》和《跨文化传播》。与此对照，欧洲直到20世纪末才初步形成跨文化传播研究的制度化，在此之前，欧洲学界经历了由现代性所引导的跨文化的傲慢与偏见向后现代性所指引的“去欧洲中心化”的转变，一些思想家将跨文化传播与交流上升为“人类的对话”，将跨文化问题看做人最本质的精神需求，从人文主义的高度关注跨文化交流的作用与地位，从而为当代欧洲跨文化传播研究奠定了思辨与宏阔的基调。目前，越来越多的跨文化传播研究已经涉及跨文化理论问题和宏观层面的问题。[7]本研究正是跨文化传播理论在建筑文化领域的应用。

研究跨文化建筑传播与传播学理论的共同基础是建筑的传播性；而建筑学与社会学、人类学、哲学也有关联，因此与起源于社会人类学的跨文化传播理论和社会学的全球化理论也密切相关；建筑具有艺术性，随着语言学转向，与文学中的对话理论也有对应的同步关系；建筑文化又是兼具物质文化和精神文化的文化分支，因此适用于文化传播学，研究跨文化建筑传播与对话理论的共同基础是建筑的艺术性和语言学特征；跨文化建筑传播与文化传播学理论的共同基础是建筑的文化性；因此，跨文化建筑传播与人类学、社会学和文化研究、语言学、史学相关，还涉及传播学和国际关系学。我们展开讨论的立足点是建筑学的学科特点，目标是建筑学的发展方向，来建构跨文化建筑传播的研究范畴。

1.2 国内外在该研究方向的研究现状及发展动态

传播学既是一门基础性学科，又是一门应用性学科。但由于传播学这一学科本身非常年轻，因此资料调研表明建筑学与传播学的交叉研究在国际上也很少。符号学家本泽对于传播学在建筑学上的应用有很大的贡献，他关于物理过程和传播过程的划分虽然不尽完美，但却颇有创意。更重要的是他所提出的超级图像符号和符号贮备等概念，为传播学应用于建筑设计提供了理论基础。英国的豪克斯在“多元化文化，外来的设计”文章中探讨了跨文化传播在当代建筑设计和教育中的特殊价值和方法，这是非常独到的见解。希腊籍美国教授安东尼亚德斯在《建筑诗学——设计理论》中专门有篇章探讨外来的和多元化的文化对设计的意义。[8] 荷兰建筑学会编的 *Achitecture in the Netherlands*（荷兰建筑年鉴）三本系列丛书中的评论文字中有些与本研究议题十分相近。[9]，原作者比较精确地抓住了20世纪末期几乎所有的社会建筑现象，并作了独到的观察和解析，充满睿智和贴近现实问题。

国外在建筑与传播的研究机构方面，美国哥伦比亚大学设有建筑传播实验室（Columbia Laboratory for Architectural Broadcasting，CLAB）。哥伦比亚建筑传播实验室的目标是尝试建筑传播的实验性形式，在全球化的范畴上反思建筑学。实验室建立了创造性的合作关系用以拓宽建筑话语的范畴，增强建筑话语的强度，发布独特的事件于临时的网络、杂志专刊、影像、电视、广播和网站。实验室扮演了孕育建筑议题的新频道的一种训练营和能量源泉。它与 AMO（库哈斯设立的建筑传媒机构）和哥伦比亚大学 GSAPP's CLAB 合作新的激进的出版模式：发布宣言。无独有偶，2008 年在意大利都灵举办的第 23 届世界建筑师大会就以“传播建筑”（Transmiting Architecture）为主题。“无论何种方式，无论何处，涉及职业的各个方面，传播和被传播的建筑，在日常生活的基础上解决生活景观和环境的质量”。[10]可见，传播与建筑的关系已经成为全球建筑界关心的核心问题了。

就20世纪末期全球化建筑传播现象这个课题来说，国内建筑界也有不少研究成果，中国科学院院士郑时龄先生在《建筑学报》发表了重要文章“全球化影响下的中国城市与建筑”，提出了许多重要的真知灼见，如他认为“一方面，全球化带来了中国城市化的快速发展以及建筑设计领域内国际建筑师的参与。另一方面，全球化话语的影响淡化了中国建筑和东方文化的主体意识，由此而引发了城市空间和形态的趋同”，以及“中国建筑一直处于世界建筑的边缘，全球化为中国当代建筑带来了新的理想和发展的契机。另一方面，国际建筑师的进入也为中国建筑的全球化和现代化注入了新生力量，带来了新的设计思想、设计方法和建筑技术”。对于中国建筑师发展，他认为“优秀的作品需要土壤培植，需要有让建筑师脱颖而出的环境”，对于片面崇尚境外设计，他深刻地指出“建筑有自身的规律，好的形式不一定是好的建筑”。[11]

天津大学邹德侬教授主持的“中国当代建筑史”课题研究组以及他们的评论对当代中国（主要是20世纪80、90年代）思潮进行了中肯的剖析。他们也关注到了“传统观念和文化趋同的对策”[12]以及我国“地域性建筑的成就、局限和未来”。[13]香港科技大学副教授薛求理编的《全球化冲击——海外建筑设计在中国》是一本以案例介绍为主的实录性图书。[14]这些议题对本研究都有帮助和启发。而建筑媒体如《时代建筑》、《建筑师》和《建筑新潮》等则比以往更具敏锐性，时常能策划具有针对性和时效性的“焦点议程”，这些议题与本论文的关注点比较相似，但各杂志探讨的程度深浅不一。

传播学与建筑学交叉研究的中文专著已出版的只有2003年清华大学周正楠的博士论文《媒介·建筑：传播学对建筑设计的启示》，它通过传播学的理论和方法在建筑学领域的运用，从传播的视角去理解建筑，全书内容分为三篇：第一篇从传播学的角度分析建筑设计过程，通过对建筑设计中的传播要素和传播模式的研究，说明建筑设计过程在理想状态下实际上也是一个完整的传播过程；第二篇着重通过对建筑受众心理特征（需要、注意、认知、态度）的研究，来考察作为媒介的建筑与人的相互作用和影响，并从中揭示一些超出传统的建筑设计控制范围但又会影响到建筑社会效果的因素；第三篇以传播学和信息论的方法，分析建筑自身所具有的信息内容，提出建筑设计的一些信息原则，并着重对建筑的附着信息作了较为充分的研究。[15]该书的研究仅限于建筑设计作为传播现象的考察，对建筑界受到的全球化冲击背后的跨文化传播未有涉及，对与建筑设计过程同样重要的建筑沟通中的人际传播、建筑作为文化现象在社会背景中的传播与评价、建筑教育传播等诸多议题均未涉及。因此，我们的研究与它并不重复，而是补充和扩展。另外，《新建筑》发表过一篇“从传媒帝国主义看外来设计现象”的文章，运用传播学观点考察了外来设计现象，这是将传播学中跨文化传播理论和建筑现象对应考察的个案。同时，传播学界也注意到建筑的传播特征而进行了一些探讨，如辽宁大学安珊珊和周德波写的“建筑即媒介：作为传播媒介文本的建筑”等[16]。在我博士论文工作结束之时，我于2008年5月初第三次访问北欧期间，在斯德哥尔摩建筑博物馆书店发现 *The Domestic and the Foreign in Architecture* 一书该书的中心主题与我博士论文的中心主题十分相近。*The Domestic and the Foreign in Architecture* 一书探讨了多元文化碰撞下建筑学的挑战和发展。书分三部分：论文，图片，对谈录。该书通过欧美杰出学者的理论思考和对一些当代实践领域最有影响的建筑师的访谈，为读者解剖了当代建筑学重要的层面。该书的理论论文从更深入、全方位的角度来揭示全球化的本质，如全球现代性、文化个性、世界主义、全球商业化、消费遗产或传统、重新混合的建筑学等理论视野，使我对这一领域问题的认识更加全面，揭示全球化背景下本土与外来互动的原因、规律和后果（作者注：本书第8章附录是笔者翻译的其中一篇访谈）。以上为本书相关文献的介绍。

需要说明的是，本书第3、4、5章主要为交叉学科研究论述，因此有较多的相关理论的引用，考虑到某个理论体系的完整性和系统性，不能断章取义，所以引述文字较多，但笔者尽量择其概要，同时结合建筑学略作展开。

1.3 本文研究问题域的界定

本文研究的对象范围主要为20世纪末期至今的当代跨文化建筑传播现象以及相关的跨文化设计思维，研究以中国为立足点，以全球化和文化传播对设计的影响为视角。

首先对“跨文化”概念作限定。跨文化传播指的是拥有不同文化感知和符号系统的人们之间进行的交流，其形式有不同人种间的交流、民族间的交流和群体间的交流，既发生在国内的交往中，也发生在国际的交往中。[17]

研究问题域的界定：本研究的问题主要界定在当代跨文化建筑传播现象，可分为内在关联的两方面：

(1) 跨文化建筑传播及其问题：探索全球化时代背景下跨文化建筑传播的理论，涉及认识论建构、价值观和理论范式。

(2) 跨文化建筑设计思维及建筑学发展问题：探讨基于跨文化建筑设计思维的方法论应用，还有在跨文化传播的环境中推进建筑创新，使传播和创新互相促进的途径。

研究时间范围限定：跨文化建筑传播的历史源远流长，如文艺复兴建筑在欧洲大陆的传播，欧洲宗主国建筑在殖民地的传播，唐朝和明朝时期中国建筑在东亚的传播，清朝时期中国建筑与欧洲的互相传播等。但跨文化传播是一个新词语，诞生不过60年左右，因为它是伴随着全球化的进程成为重要议题的。“全球化背景下，人类面临的最大挑战是什么？跨文化传播和交流！”（拉里·A·萨默瓦语）20世纪末以来，全球化进程在互联网的普及和经济全球化中加速，建筑与城市领域的跨文化传播现象空前频繁，各种建筑文化在交流中碰撞融合变迁，特定建筑文化不再可能孤立地发展，而必然在跨文化传播中发展；与此同时，建筑学的发展也植根于当代全球化生活的土壤中。因此，本研究的时间范围限定为20世纪末至今，并展望未来。

1.4 课题研究目的、理论意义

在今天全球化的语境中，建筑师时刻都接收到来自各方的与设计相关的信息，也经常游走在不同的建筑文化环境之间，跨文化传播既是一种伴随着人类成长的历史文化现象，也是现代人的一种生活方式，更重要的是它一直是文化发展的内在动力。[18]有人说，传播是知识经济的血脉。传播学打破了传统的知识和学科分类，形成当代社会科学中最令人眼花缭乱的学术嫁接现象，能够把来自不同学科领域中的理论问题都统摄起来。

本文以跨文化建筑传播现象作为研究对象，目标正是为了正确认识当代建筑现象；探索当代建筑学创新发展的途径，在理论上的意义主要有：

(1) 从相关学科理论与建筑学的交叉研究来探讨全球化背景下跨文化建筑传播现象和策略，建构促进文化多元化的认识论和具有积极价值观的跨文化建筑传播范式。

(2) 探索性地提出跨文化传播的背景下跨文化设计思维模式，并探讨全球化传播与创新的互动关系，从而在全球化语境中实现设计思维的拓展和创新的主体性。

本研究同时在国内外已有的研究成果的基础上，将传播学理论与建筑学的交叉研究向前推进，初步建立了以传播学理论成果为基础的研究建筑设计和传播问题的全景框架，从理论介绍到实践应用，跨度大，涉及面广，体现了理论研究的创新性，并具有很强的实践应用价值。

1.5 课题研究框架

本研究首先从传播学理论透视市场化背景下的 20 世纪末的建筑传播现象，为课题限定社会背景和问题来源，此为“现象与问题”篇，也是本文的本体论部分；接着以文化传播理论、全球化理论与跨文化传播理论三个理论工具对跨文化建筑传播现象展开研究，此为“传播理论与建筑学的交叉研究”篇，也是本文的认识论部分；经过认识论的研究，我们定义了跨文化建筑传播现象的基本范式，建构了理论方法，接着一方面运用跨文化理论建筑传播的认识论和范式，进行中国和外国案例分析和评价。另一方面，基于当代建筑设计不可能回到单一本土的建筑文化背景中，因此尝试建构跨文化建筑设计思维模式，并结合典型实践案例进行评析。

结束章探讨了跨文化语境中的城市与建筑创新问题，内容涉及建筑学内涵的发展、城市文脉的发展观；特别剖析了全球化传播与创新的关系、探讨了传播与创新的关系、建筑教育机制创新、建筑师的状态与创新的关系、设计外部机制和决策机制创新等，这些论述从多角度探索了跨文化传播与建筑创新的关系，也是跨文化传播语境中的建筑学发展目标的回归点。研究框架如图 1－1 所示。

本书源自笔者的博士论文，其初稿完成于 2008 年 4 月，顺利答辩完成于 2008 年 7 月，当年非常荣幸入选中国建筑工业出版社“建筑新思想文库”系列丛书，书名定为《跨文化建筑语境中的建筑思维》。但由于笔者工作繁忙，加上不敢轻易脱稿，所以一直修改到 2010 年末才交付出版社，

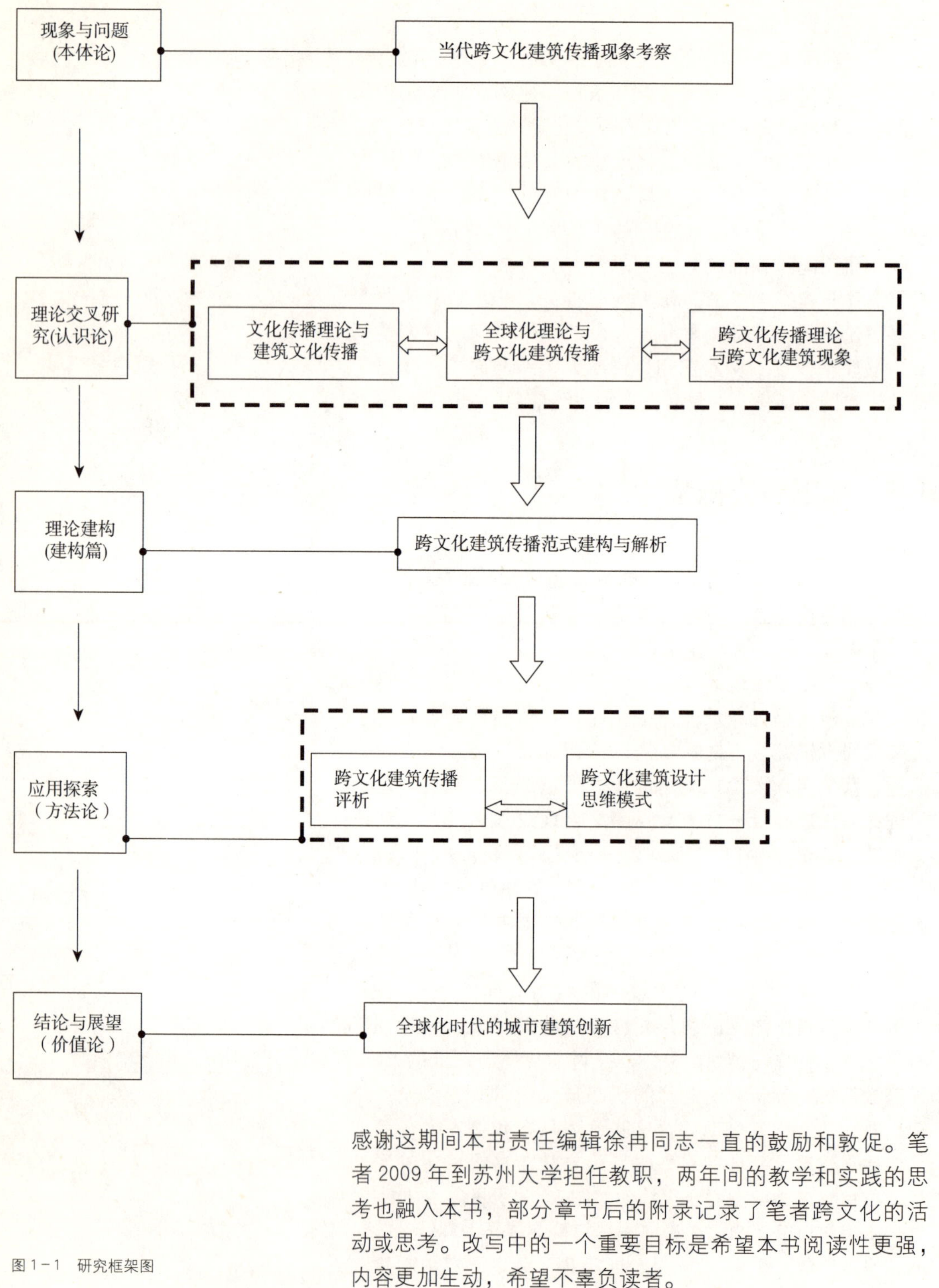

图 1-1 研究框架图

感谢这期间本书责任编辑徐冉同志一直的鼓励和敦促。笔者 2009 年到苏州大学担任教职，两年间的教学和实践的思考也融入本书，部分章节后的附录记录了笔者跨文化的活动或思考。改写中的一个重要目标是希望本书阅读性更强，内容更加生动，希望不辜负读者。

本章注释

[1] 薛求理．全球化冲击——海外建筑设计在中国［M］．上海：同济大学出版社，2006：1.

[2] 王建国．21世纪初中国建筑和城市设计发展战略研究［J］．建筑学报，2005（8）：8.

[3] 陈力丹．传播学是什么［M］．北京：北京大学出版社，2007：7－9.

[4] 张国良主编．传播学原理［M］．上海：复旦大学出版社，2007：12.

[5] 张国良主编．传播学原理［M］．上海：复旦大学出版社，2007：23.

[6] 单波，石义彬．跨文化传播新论［M］．武汉：武汉大学出版社，2005：2.

[7] 单波，石义彬．跨文化传播新论［M］．武汉：武汉大学出版社，2005：2.

[8] 安东尼・C・安东尼亚德斯．建筑诗学——设计理论［M］．周玉鹏，张鹏，刘耀辉译．北京：中国建筑工业出版社，2006：143－157.

[9] 荷兰建筑学会编．Achitecture in the Netherlands［M］．天津：天津大学出版社，2005.

[10] www. uia2008torino. org.

[11] 郑时龄．全球化影响下的中国城市与建筑［J］．建筑学报，2003（2）：7.

[12] 曾坚，邹德侬．传统观念和文化趋同的对策——中国现代建筑家研究之二［J］．建筑师，1998（8）．

[13] 邹德侬等．中国地域性建筑的成就、局限和前瞻［J］．建筑学报，2002（5）：5－7.

[14] 薛求理．全球化冲击——海外建筑设计在中国［M］．上海：同济大学出版社，2006：1.

[15] 周正楠．媒介・建筑——传播学对建筑设计的启示［M］．南京：东南大学出版社，2003.

[16] ［2005－06－20］．www. ionly. com. cn.

[17] 单波，石义彬．跨文化传播新论［M］．武汉：武汉大学出版社，2005：3.

[18] 陈力丹．传播学是什么［M］．北京：北京大学出版社，2007：235.

第2章　全球化语境：当代跨文化建筑传播现象考察

进入21世纪以来，当代建筑跨文化传播现象十分显著，它伴随着全球化的浪潮，也是经济全球化和文化全球化的表现领域。因此，要认识当代建筑跨文化传播现象必然要进行客观全面的考察，看到相关的层面和因素，并客观认识其影响与后果。

2.1　开放——跨文化建筑传播的背景

2.1.1　跨国资本地产投资的全球化趋势

图2-1　上海陆家嘴双塔

图2-2　上海世纪大道口

在经济全球化和资本以“流动空间”取代“地域空间”的大背景下，房地产投资全球化可以说是一种不可逆转的趋势。房地产市场的全球化，曾使越来越多的投资者将眼光投向经济发展水平良好的欧洲市场以寻求机会。2000年以来，欧洲房地产投资最热门的市场是英国伦敦的办公楼、瑞典斯德哥尔摩的办公楼及土耳其伊斯坦布尔的零售地产。以迪拜为代表的中东石油富裕国也成为主要的地产开发热点地区。目前，随着中国经济的持续稳定增长，外资也热衷于中国的房地产投资。高速城市化的中国正是吸引众多国际资本进入中国房地产的市场诱因。摩根士丹利正是在“房地产泡沫、市场要崩盘了”的烟雾下成了中国房地产市场上胃口最大的投资银行。在过去短短两年的时间里，许多国际著名投资集团公司，如荷兰的ING，新加坡的凯德置地和GIC投资公司，香港麦格理银行，美国美林、高盛、汉斯地产、洛克菲勒集团、凯雷投资集团和柯罗尼杨子基金等在中国房地产市场都有不凡的表现（图2-1，图2-2）。[1]

跨国资本在向发展中国家输入资本的同时也输出国际品牌设计公司的建筑设计，常采用多国设计公司方案比选或合作设计的方式。资本投资的全球化同时带来发达国家建筑设计的全球性扩张，发达国家建筑设计的全球扩张使当代建筑思潮和文化更加趋同，走向一体化。20世纪80、90年代以来，中国的建筑设计也是在全球化冲击中发展变化的。随着信息交流的海量化和同步化，建筑设计服务也成为被中国投资商全球采购的领域。外国资本不仅委托本国的设计公司，也常常委托国际性专业设计公司，而建筑设计服务业也形成了跨国性品牌公司、综合性设计公司、专业性设计公司、个人品牌设计公司多元共存的状况。

2.1.2 建筑实践的全球化和建筑师交流

跨国性品牌设计公司通常在世界多个活跃市场地区设有分公司，大量的设计业务遍布全球。本土性的综合性设计公司也在国内跨地区扩展。那些小型的专业性设计公司业务也延伸至不同国家和区域。个人明星品牌公司虽然规模和产量相对较小，但由于风格鲜明，个性突出，在不同国家也会有欣赏者提供委托，时不时地会有跨国设计业务。

图 2－3 杭州西溪湿地国际集合设计

除了实践，建筑师国际交流更加密集频繁，各类国际建筑设计展会和论坛越来越多，建筑师跨国旅行考察的机会越来越多，建筑教育的交流和建筑教育的国际化程度越来越高。源于欧洲的现代建筑学本身是一脉相承到各国的，教育全球化的交流也加强了建筑学同步化的趋势。

明星建筑师（安藤忠雄、扎哈·哈迪德、库哈斯、盖里等）按照各自“放之四海而皆准”的建筑原则，在世界各地留下了个人风格的建筑。他们的形象成为许多年轻建筑师模仿的标本。有评论说：“有时觉得他们像鱼翅或者鲍鱼，营养价值一般，但穷人家请客，一定要有，这样脸上才有光，其他日后的生计就不会去理会了。或者觉得他们像泛滥的水葫芦，他们一来，本地的物种就很难生长，因为人家是国际外来物种。”[2]

近年来，“集群设计”现象也成为国际建筑师实践交流的机会（图 2－3）。2000 年，SOHO 中国的潘石屹、张欣夫妇邀请数位国内外建筑设计师，打造出了“长城脚下的公社”。这个项目在当年名利双收，获得了威尼斯双年展的“建筑艺术推动奖”，直至今日也被认为是最成功的集群设计项目。“长城脚下的公社”一期项目的成功，使集群设计迅速蔓延开来，商业与艺术的双赢是集群设计的前提和动力。据相关资料显示，2002～2009 年，全国各地陆续出现了至少 10 个以上有影响的集群建筑师项目，包括南京的“中国国际建筑艺术实践展”、浙江金华的“建筑艺术公园”、广东东莞的“松山湖新城”、成都的“建川博物馆聚落”等，最近的则要数由艾未未策划的鄂尔多斯 100 项目和建川博物馆新馆。[3] 集群设计的出发点是学术性和对话性，但实际效果往往是自说自话，建成后成功的较少，概因缺乏主导力和沟通性。而中外合作设计虽是更多的跨文化交流方式，但常常由外国建筑师主导。各种行业论坛会议正成为中外建筑师交流的重要平台。

2.1.3 建筑媒体传播的全球性和同步性

众所周知，在过去的20年间，阅读建筑出版物的主要方式已经发生了从“文字型”转向“图像型”的巨大变化。国际建筑图书和刊物纷纷进入中国，建筑图书市场主要是伴随着设计对新鲜图像的海量需求而持续繁荣，更催生了外文盗版建筑图书的盛行，国外期刊的中文版也在中国陆续发行，如日本的《A+U》、《建筑细部》，意大利的《Domus》。

在过去的20年间，建筑杂志中的翻译内容增加迅速。随着欧盟的建立，随着英语世界影响的日趋强大，英语已经成为现代社会的国际通用语言，双语期刊也日益普及。中国的媒体比以往任何时候都更靠近西方媒体，电视与互联网的迅速普及为信息在国外、国内的同步传播提供了可能，信息在国内、国外几乎同步上线。建筑期刊已在一个更大的范围出版运作了。各种期刊与相关网站建立了联系。例如，通过ABBS自由建筑论坛，信息传播更快，共享范围更广。

建筑杂志激发了一个动态和持续的认同过程。在建筑师寻求自我认同的过程中，建筑期刊是一种重要的文化媒介。各杂志都起了非常重要的文化作用：“为建筑师提供自我认同的平台：对外来事物‘舶来’和‘本地’式的标榜；这些期刊的文化作用所展示的是它们在各种场合的独特性”。在全球化的今天，建筑媒体联结了世界各地的建筑师和建筑事件，构成了建筑师的信息环境。正因为如此，认真关注建筑媒体的文化作用是很关键的。柯布西耶和库哈斯都运用了期刊（还有书籍和其他出版物）来宣传自己。[4]

外来建筑图像的广泛传播给中国建筑师带来了很大的压力和诱惑，建筑设计在很大程度上成为图像复制和重构的批量性生产活动。一方面，建筑媒体的发展参与了中国建筑的商品化过程；另一方面，西方建筑图像的大量传播给建筑师和业主带来了强烈的视觉冲击，加速形成大众化消费主义趣味，给建筑设计带来了负面影响。

2.1.4 建筑技术和材料的全球推广

建筑业是个庞大的产业，在市场全球化背景下，新技术、新材料伴随着外来设计进入中国。上海大剧院项目在中国首次引入了拉索结构玻璃幕墙，浦东国际机场在中国首次引入天然光纤导管，北京奥运会国家游泳中心“水立方”是世界上极少采用高分子膜腔体结构及外围护的项目，上海烟草研究中心采用了双层呼吸玻璃幕墙，天津泰达开发区办公楼大规模使用陶土板幕墙，防腐木、印刷玻璃等新材料在许多建筑上也得到广泛应用。随着金茂大厦等一批国际合作设计的超高层建筑在中国建成，处于一线的中国本地著名建筑设计院也成熟掌握了超高层、大跨度复杂技术系统的建筑项目，例如华东建筑设计院成功地配合OMA事务所完成了中国中央电视台新址大楼，中建国际配合英国诺尔曼·福斯特公司完成了迪拜超高层大楼的技术深化设计。跨国合作设计推动了我国的建筑技术进步。

外国先进的材料和技术供应商开始进入中国设立分支机构推广产品。同时，当代各种建筑行业材料展会十分活跃，信息传播渠道更加流畅。电子商务更加速了技术和信息的传播与共享，本土建筑师的技术和材料运用渠道和能力大大拓宽。

此外，投资商和建筑师获得了更多的海外考察机会，实地了解和学习新材料和新技术，也使引进速度加快。出国考察已成为开发商和建筑师每年必选的旅行安排，这也促进了建筑材料和技术在中国的快速传播。但是，由于市场快速的需求和本土研发人才、资金短缺，中国本土的建筑供应商更加倾向于模仿和引进，而不注重对材料和技术的研发（图2－4）。

图2－4　国际建筑师交流

2.1.5　境外设计在中国的反馈

自国家大剧院工程之后，北京若干个大工程的实施方案引起了国内以至世界建筑界的注意，在国内争论的激烈程度超过了50年来对任何一个建筑项目的争论，尽管出于对各方面因素的考虑，目前对于已在施工的一些项目，包括奥运工程还大多是正面的报道，但业内一直是议论纷纷。对中国中央电视台新楼，正反两方的观点都比较鲜明，尽管表面上大家还是各说各话，没有正面交锋，但各自的观点还是泾渭分明的。赞成者认为，“它将对中国的建筑与结构的发展起到推动作用。它对于北京的意义，将不亚于埃菲尔铁塔对于巴黎的意义”，“这座高楼所显示的开放，超越了建筑本身”，“他们的建筑设计具有很高的学术性，代表了世界当代建筑潮流”，“只有这些新的作品才能影响到人们新的生活方式和城市的形态”。反对者认为，这些以新、奇、特为时尚的设计并不是最好的，不但缺乏中国建筑文化特色，有的并公然嘲笑了建筑设计的基本原则，功能混乱、造价惊人、结构荒谬。而随着2004年5月23日法国巴黎戴高乐机场2E候机厅的坍塌及涉及设计师保罗·安德鲁问题的暴露，于是在传媒上出现了新一轮的讨论。这种讨论还会继续，但同时也有许多值得我们反思和总结之处（图2－5～图2－7）。

图2－5　南京东路楼群

对国外建筑师，包括大师、名家的设计既不要盲目迷

图 2-6　陆家嘴楼群

图 2-7　平安银行总部欧柱立面

信，也不要一概否定。虽然我国建筑设计水准与发达国家相比还有差距，我们需要引进世界最先进的理念和技术（不单纯是外形）来引领我们的建设和设计，经过 20 多年的竞争和合作，彼此已有了进一步的了解，对于人才、技术、体制、机制上的差距有了进一步的比较，因此双方都在为增强核心竞争力方面作许多尝试。海外留学的经历和信息业的发达也使差距逐渐缩小。与此同时，国外建筑师在中国“水土不服”的矛盾也逐渐暴露出来，其内部运行机制和技术能力也不是无懈可击的。因此，在当前的形势下，中国建筑师的竞争能力在不断提高，在一些重大竞赛中，中国独立参赛的作品也表现出了独特的创意和很高的水准（当然这种水准主要表现在创意上的“大胆”和新颖）。而国外方案除少数水平较高外，其他的水平一般，聘请中方“枪手”的也时有所见。因此，只要建立科学有效的选择机制，中国建筑师便能够利用自身的优势，发挥特长而逐步成长。[5]

针对“中国已变成外国建筑师的实验场”的舆论，评论家方振宁先生作了有说服力的引证，说明中国在历史上就有跨国设计的例子，中国是在一直与外部世界保持着密切的来往和交流的过程中，形成和完成文化的转型的。方先生说：“在进入现代社会的建筑师，已经不属于某个国家和地域，在全球化时代的建筑师更是如此。跨国和跨地域的设计已经不是什么困难的事情，国际团队打造一个集群建筑在中国已经不是新鲜的事情。”

随着资本全球流动加速，商品市场全球化，文化信息全球化，各种社会观念都在变革之中，外来的设计作品及设计观念形成对地方主义的冲击，传统民族国家、后发展国家在全球化进程中处于被动局面，感受到压力与失落。面对挑战，越封闭的社会，本土同化倾向越强，越开放的社会，本土同化倾向越弱。本土化与国际化是各国都在面临的世界性问题，关键问题是为什么每次引领潮流的总是欧美，跟风的总是我们呢？事实上，我们必须承认我们是落后的，文化力是弱势的，而建筑是社会的体现，是社会政治、经济和文化的符号。不同的社会现实会深刻地影响对建筑和建筑师的观点和态度，从而直接导致建筑及其形式的演变，这些社会因素在很长时间内将决定我们在当代建筑话语权方面处于被动局面。欧美发达国家经历了长期的现代化历程，走在我们前面，客观上积累了更高级的现代文明。这是全人类的财富。吴良镛先生指出：“全球化是不可改变的趋势，有其积极的意义，也有负面的影响，虽然有些论点尚在争议之中，无论如何，作为文化多元，‘地区文化’的存在是不争的事实，人类因为所处地区不同（自然、地理、文化的传统）而丰富多彩，我们应该为中国几千年灿烂的文化而自豪，但也不能因当今世界‘强势文化’的一片汪洋所倾斜，不能看到传统文化一时处于“弱势”而失去自尊、自觉、自新。”[6]

建筑设计行业的发展依赖于国家科技经济和文化的振兴，发达国家的建筑设计同行在中国的实践，带来了先进的建筑技术和材料，也带来了国际领先的设计理念，促进了我国建筑设计技术和水准的提高。20多年的合作和学习，使得我国建筑设计水平得到长足提高，我国的建筑师能够独立承担超高层、大规模的各种建筑项目，熟练运用与世界同步的新材料、新技术，从粗放的低科技含量的设计水准迈入精致的集成的高技术含量的设计水准，在设计单位体制和项目管理体制上也逐渐与发达国家接轨，这些发展和进步是有目共睹的。在今后的开放合作中，我们还要继续借鉴发达国家设计公司的有效经验。

2.2 转型——市场化的经济环境

全球化离不开市场化，中国社会的市场化转型为全球化语境的形成奠定了基础。因此，我们必须从建筑商品化和设计市场化的角度来考察。

2.2.1 市场化转型对建筑设计的影响

1. 商品化时代的建筑

在政治经济学意义上，商品化是指物品的使用价值转化为交换价值的过程，商品化是大众文化兴起、存在和发展的基本动力，商品化既是满足受众需要的一种社会形式，又对这一需要施加了具体的、深远的影响，围绕着需要的生产和满足，文化工业与受众之间形成了密切的、相互依赖的关系。[7]

说到创作，建筑师都宁愿将其成果表述为作品，而不大愿意称其为产品。然而，在建筑高度市场化的今天，建筑创作的成果产品化是不可避免的。首先建筑师是为市场在进行创作，有明确的消费群，其次建筑成果兼具使用、买卖的功能，所以其商品属性也无法回避。既然是产品，关注其适用、经济及美观，且依首先适用，其次经济，再次赏心悦目的前后逻辑关系进行创作也就顺理成章了。但遗憾的是，建筑师对建筑产品的属性要么重视不足，要么就有意回避。[8]

设计市场化的拥护者 Kevin Erwin Kelley 在文章“可销售的建筑”中直白地将建筑设计描述成综合性服务，完全压制建筑学一词。他认为称呼事务所的工作为“建筑学”已相当困惑牵涉其间的人，因此他重新定义建筑设计服务作为“观念设计”——我们帮着促使消费者购买，通过影响他们观念使环境信号化。库哈斯认为“购物无疑是公共活动最后的保留形式”，就像从博物馆出来通过商店，赌场出门排着古董店和博物馆摩托车展览。

1968 年，意大利威尼斯大学的理论家曼弗雷多·塔夫里（Manfredo Tafuri）发表了题为“建筑乌托邦——设计与资本主义发展”的文献。这是建筑理论中第一篇以马克思主义理论为出发点、回顾和批判启蒙运动以来尤其是西方现代主义先锋派运动实践的著作，在 20 世纪 70 年代的西方建筑界产生了巨大影响。他第一次用马克思关于资本与劳动分工的理论来分析城市与建筑的发展。他所得出的总的结论是 18 世纪启蒙运动以来西方城市与建筑实践中的各种乌托邦方案，实际代表了资产阶级文化为了超越资本和劳动分工带来的人的异化和精神危机而作出的努力。但是建筑作为商品，建筑实践作为现代资本主义社会生产过程的一个组成部分，是无法超越资本运转的基本逻辑和内在矛盾的。因而这样的实验注定了失败的命运。塔夫里的理论思辨触及了以前的各种建筑理论未曾触及的领域，引发了建筑师对建筑学在当代文化中的价值的怀疑、批判以及对当代建筑实践的意义的反思。[9]

图 2－8　上海成都路高层楼群

图 2－9　上海延安东路高层楼群

曼弗雷多·塔夫里等近代建筑史家的研究指出，现代建筑的空想主义衰退之后，伴随着 20 世纪的发展进程，建筑开始顺应资本主义体系的发展规律。一些具有革新意识的建筑师也不得不成为纯粹的建筑服务商，因为他们的作品也必须符合一定的经济发展规律。伴随着后现代主义的发展，建筑传播在主题和风格以及对作品的宣传上呈现出多样性，这表明依附性、沟通性以及市场化依然是建筑设计的几个基本指导原则，而原来所遵循的“自然的”设计原则已逐渐消失。近代建筑史的第三个发展阶段是全球主义。随着各种产品生产和消费的全球化，世界各地一些已经形成和正在形成的地域特征已逐渐被全球化的特征所取代，建筑领域也是如此（图 2－8，图 2－9）。[10]

但在另一方面，自由市场、资本主义制造出来的消费主义者对商品的拜物教文化——在今天建筑界尤其表现为对奇观图像、对高新技术的拜物教，趋向于遮盖建筑师对建筑产品背后的生产关系的深入读解，促使建筑知识分子放弃任何在宽阔历史图景中对社会共识的思考，放弃对社会物质生产系统的基础性的批评工作，而全身心地沉浸在专业领域与市场一对一的关系中，沉浸在对片断化建筑产品的制造中——强调放弃“大”理论而追求“轻松”实践的文化背景，也正是很多中国建筑师仅仅穷于应付产品订单，而对自己产品的意义和社会后果漠不关心的原因。[11]

建筑传播全球化使全球城市和建筑更加接近，这也是许多国际资本努力的目标和结果。建筑市场化使建筑传播性加强，建筑传播全球化使建筑文化发展迈入前所未有的全球时空。

2. 中国的设计市场化转变

1978 年后，中国的城市化进入了一个稳步快速的发展时期。在这个时期，快速城市化使我国城市与建筑发展呈现以下主要特点：多投资渠道推动的城市化使城市与建筑发展多元化，城市与建筑表现出更多的人性化倾向，建筑空间的私有性和私密性亦得到加强，这从我国商品住宅产业和住宅设计的飞速发展已得到见证。住宅业成为占固定资产投资比例最大的产业，也带动了如室内设计、装饰建材、家用电器等相关产业的迅速发展。城市化带动了城市经济的繁荣，提高了城市用地的商业性。建筑设计委托主要来自数量惊人的商业性开发，特别是住宅楼盘。围绕着房地产开发的产业链，改制后的设计业完全走向市场化，设计企业成为房产商的下游服务供应商，建筑师的角色也经历了很大转变。

以此观察，形成当今中国社会最重要的因素，应该是市场经济的引入。市场经济今天日趋兴旺、亢奋，甚至狂乱。大约在 1994～1995 年前后。建筑师执照和开业注册体制重新建立（继 40 年的空白之后），导致私营设计事务所在全国迅速增长。目前中国有国营设计院、私营事务所和大量介于两者之间的流动混合体。尽管形式不同，但它们在本质上多以市场为导向。[12]面对市场的压力，建筑设计业也开始分化成生产服务性企业和创作性工作室，根据市场的需求和规则，在面对市场时建筑设计的基本价值观受到挑战。

2.2.2 建筑商业化与传播宣传

计划经济时代，中国建筑界比较强调“少说多做”的务实态度，不提倡自我宣传。改革开放，建筑设计事业单位体制转变为企业后，逐步采取了少量适应市场的宣传工作。传统的方式是印刷简单的企业宣传册，设计企业主要靠业界口碑宣传。20 世纪 90 年代以来，设计企业民营化，民营设计企业为了拓展市场十分重视广告宣传，除了频繁参加商业性房地产展会，还常年包下主流建筑媒体的封二或封底整页广告，偶尔亮相电视房产频道等。这都是为了提升年轻企业的传播形象。

1. 中国设计公司的传播意识发展

20 世纪 80 年代后期，中国大众传媒已经开始活跃。20 世纪 90 年代，一批新海归建筑师或许是受到西方建筑师媒体意识的影响，在建筑创作实践之外，有意识地介入传媒。电视、网站、报纸、展会、事件、跨界航空杂志等，中国建筑界争取话语权的场所开始从建筑实体转向建筑媒体。而掌握中西方交流符号系统比较纯熟的海归派建筑师自然占据了建筑媒体的要位。在国内外媒体基于传播效果的筛选下，他们渐渐胜出，垄断了建筑师板块的观念输出端口。值得反思的是国内主流设计大院由于业务饱满，不重视公共传播与宣传。而新成立的设计公司往往言过其实地包装、宣传自己，在房地产业对设计界信息不对称的条件下有时也达到了传播效果。同时新生设计企业在上海租中心区的写字楼，开奔驰车，以此包装成事业成功的表象，还真蒙住了不少新生开发商，伴随房地产的黄金发展期，设计企业短短三年时间扩张成上百人几千万元产值规模的现象也屡见不鲜。媒体作用确实越来越大，大众传媒发达的今天，建筑设计企业必须重视传播与品牌塑造。

十多年间壮大起来的商业性民营设计公司的发展无不重视宣传推广和品牌传播，如北京五合国际、上海联创国际、深圳中建国际都委托专门的企业形象策划公司负责传播和宣传。而这些民营公司由于从无到有，从弱而出，所以都借用了“国际性”背景，在中国跨文化建筑传播的语境中沾上洋味，时至今日这些公司都聘用一定数量的外籍建筑师以保持国际性形象。商业化与传播的联姻在这些私营设计企业获得了成功。

十多年间中国建筑师（以海归建筑师为代表）也在有意识的传播中塑造出一批明星建筑师角色，其中比较成功的有张永和、刘家琨、马清运、马岩松、王澍、张雷等。独立的海归建筑师在执业之初，国内的事业基础从零而起，又不代表某个国外设计公司运作，所以必须强化媒体形象，而且注重传播个人的创造性和特色，这样可以扬长避短，与国内外大公司强大的团队实力和资历错位竞争。国内单干的有表现欲的个人建筑师也必须依靠媒体宣传出位，逐步获得目标人群的关注和委托。建筑设计商业化的时代，名气和实力是市场竞争的重要法宝，身处市场前沿的中国建筑师的传播意识已经与国际同步。

2. 中国建筑师的传播方式及比较

传播策略与目标紧密相关，商业性设计公司主要针对市场拓展，在房地产黄金时期，商业性设计公司是房地产产业链的重要服务供应商，因此哪里有房产商聚集，他们就出现在哪里。20 世纪 90 年代以来房地产展会密集，商业性建筑师和公司自费出席房产论坛和展会，主要是可以获得客户资源和项目信息。同时商业性公司在电视房产频道、房地产杂志报纸也定期亮相，一方面是获取知名度，一方面是塑造实力形象。公司网站、作品集也是这类公司非常注重加以包装的。在商业性公司的发展中口碑也非常重要，因此老板非常重视客户维护，这种有效的人际传播也能够带来新的客户。

明星定位的建筑师，起步时期主要针对业内小众，十多年来明星建筑师"制造事件"的方式，主要有小型展览和集合设计两种活动，专业媒体也比较热衷于这类活动，由于话语会比较专业，因此影响仅限于建筑圈内。但是一些海归建筑师屡出奇招，在白领杂志甚至航空读物上频频亮相，有时能带来意外的传播收获。因为此类读物的读者往往是知识层次较高的职业经理人，他们常负责选择建筑师。另外，公众会认为连非专业杂志都作报道，那这人肯定非常有名。还未在国内获得成功时，张永和较早就在时尚生活杂志上以海归建筑师生活态度介绍的方式亮相了。无独有偶，近年马岩松也常在航空杂志和其他时尚刊物亮相。而且两人都做过工业产品的形象代言人。现在明星建筑师更有利用 ABBS 网站的论坛和个人博客作为传播渠道的。其实，大众传媒时代，各界明星的传播之道都是相通相似的。

2.3 突围——建筑师的主体意识表现

2.3.1 针对全球化的主体意识

库哈斯的思想在 20 世纪 60 年代以来为什么显得重要呢，让我们回顾近半个世纪全球化传播压力下各种方向的探索历程。

1. 地域主义与反全球化

地域主义与反全球化是针对全球化传播的最早反应，也可以说是一种本能的对抗思想。但如果在建筑领域对这种思想"不加批判"地应用，很容易导致某一地区建筑类型毫无意义地重复以及一些过时的建筑材料的使用，而最终

图 2-10　日本集合住宅与中国土楼

的结果，只能是发展成为备受人们质疑的民族主义和文化孤立主义。这是我们所不愿看到的。从某种意义上来说，任何一个建成的建筑，都包含有“地域”的因素。出于同样的原因，建筑物也不可能保持一成不变，而是不断引入新的、陌生的元素。不能正视新事物对建筑的影响，和忽略环境对建筑的影响一样，都是不现实和不科学的。同样，对于现代主义及其相关理念的拒绝也是一种不现实。我国在 20 世纪 80 年代深受地域主义影响，也是建筑师主体意识觉醒的表现，但并没有导向创新的方向（图 2-10）。

2. 形式语言批评

这类的主要代表人物有米勒、屈米、埃森曼，埃森曼恐怕是最极端的，他一方面接受了塔夫里对现代建筑史的意识形态的批评，另一方面又深信建立在语言自主性观念上的纯形式操作既是对现代建筑语言风格化趋向的批评，也是以一种“否定的”态度对资本主义主导性生产、消费模式的批评。简言之，埃森曼认为仅在语言范围内工作仍有潜力构筑起一种“批评的建筑学”——埃森曼向往的是马拉美式的纯粹性，但依然代表了创新的观念，他的实践承诺是部分和层级的置换或综合。（詹明信）这种新的理论基础把形式、功能的人本主义平衡变成形式自身演变的辩证主义关系。一个倾向是假设建筑形式是由那些预先存在的几何或理想实体转变而来的。第二种倾向是把无地域解析模型的建筑看做是从一系列预先存在的不具体的实体中简化出来的一些东西。当这两种倾向放在一起的时候，它们就组成了这种新的现代理论的精髓。它们开始界定物体内和物体本身固有的属性和它被代表的能力。因为功能主义的理论假设实际上是文化的，而不是一般性的。[13]

如果按照埃森曼的思路专注于本体语言的工作以获得某种自主性确实是一项“批评性”的工作，但那样做的前提必须是建筑师在语言中工作的同时不停地挑战、颠覆既定的语言体系本身，而不是把语言看做一个静态模式，仅仅在设计实践中将其运用得更“好”。塔夫里认为“语言的批评性”在当代资本主义文化中已经完全不可能。而 20 世纪 70 年代初“纽约五”和意大利新理性主义关于建筑形式自主性的提倡，在塔夫里看来，不过是在构筑一个完全脱离社会现实的“闺房里的建筑学”。[14]

在纽约哥伦比亚大学举办的一次题为“21 世纪初的建筑动态”研讨会上，加利福尼亚大学洛杉矶分校的建筑系主任希尔维亚·拉文曾发表了一段颇有争议的讲话。她认为建筑不应当总是坚持对当代社会进行批判的传统，而是应该停下来“冷静”一下了。不仅仅是希尔维亚·拉文持有这种观点，许多的评论家都急切地期待着批判主义建筑能够走出这一传统而进一步向前发展。批判主义建筑似乎总是对建筑和社会发表一些高谈阔论，而不是在现实中努力去寻求解决的方法。例如，在彼得·埃森曼的批判主义建筑中，就曾有过这样的设计：室内的双人床被人为地分成两张床，来强迫弗兰克住宅区的居民们思考所谓的生存心理学。罗伯特·索默尔和萨拉赫·怀廷曾经说过，我们不应继续坚持那些强迫用户与现实发生不愉快冲突的建筑，如果这样下去，对建筑的发展是很不利的。建筑的目的不是让人们感到痛苦，而是为了使人们愉快。因此，我们不应继续坚持批判主义建筑，而是应当清醒地认识到，努力追求一些更具现实性的作品，才能使建筑得到进一步的发展。这些作品要以实践为基础，并具有在特定环境中正常运作的能力，而不是仅仅停留在意识形态的层面上。[15]

3. 批判的地域主义

"批判的地域主义"一词是希腊建筑师亚历克斯·楚尼斯和历史学家莉莲·莱费福尔 1981 年在论文中提出的，在题为"地图的坐标方格和小径"的论文中，楚尼斯谈到流行主义或历史地方主义反动的潜在趋势，并出现了混乱的倒退趋势；在反对地区主义建筑走向民族沙文主义和庸俗化的基础上，他们描绘了一种源自康德哲学和法兰克福学派的"批判"传统中的自检和策略。这个专门的用词是指不仅仅与世界对立而且处于世界的视野当中。在建筑学上，楚尼斯和莱费福尔的"批判"是指建筑是"自我反省，自我参照，但它包含了清晰的声明和含糊的暗示"。[16]

接着，肯尼思·弗兰姆普敦发展了批判地域主义的核心思想：①建造现场的思想。这个由格里高蒂提出的口号也能在路易斯·康、阿尔瓦·阿尔托等人的作品中明显看到。这强调地形特征的倾向与国际式主义中平白无物的基地形成鲜明对比。②使用当地材料和技艺，适应当地气候和日照。这些可促使建筑学真正成为空间的和可体现的，而不是图像决定论的。③批判地域主义强调气候及地方习俗。弗兰姆普敦反对因工业化生产和建造技艺传播导致的建筑环境均质化，弗兰姆普敦并不是热衷于乡土风格元素，也不是反对现代建筑，他要建立另一种理论立足点，以延续建筑的批判性实践，能继承战前现代主义运动的革命性和诗意。他寻求使建筑学有能力凝聚地区的艺术潜力，同时重新诠释外来影响。他的思想还涉及对全球现代化的批评，认为建筑学能够从场所差别体现政治特性。哲学家 Paul Ricoeur's 认为地方文化与主导性的全球化是一种类似自然与技术的对立关系。而批判地域主义还寻求两者之间的结合。Paul

图 2－11　提巴欧文化中心

图 2－12　哥本哈根市中心运河两岸

图 2－13　汤姆·梅恩作品　洛杉矶某办公楼

Ricoeur's 提出：只有地方文化和全球化文明之间交互影响才能形成杂交的“世界文化”。因此，某个区域也是世界文化的一种形式。区域文化的创新一方面根植于传统，同时适当地在文化和文明方面接受外来影响。有必要区别批判地域主义与简单化的怀旧情绪和令人啼笑皆非的乡土主义。乡土的怀旧被认为是一种对大众文化精神过期的回归。批判地域主义是一种辩证的表达，它自然地对抗全球化的侵略，同时将本地文化与外来范例杂交（图 2－11）。[17]

弗兰姆普敦认为，建筑语言无法像现代艺术语言那样单纯通过“颠覆”、“否定”来获得“批评性”。“建筑语言的批评性”，如果仍有可能的话，并不在于埃森曼式的抽象、玄奥的形式语言探索，而在于对建筑物质性（如材料、结构、地形、气候等）和人文性（如身体感知、地域文化、世界文化等）等多方因素进行创造性综合的“批评的地域主义”或“抽象的地域主义”——它们是对现代主义先锋派过于抽象、风格化的空间、造型语言和拒斥传统的态度的建设性批评（图 2－12）。[18]

2.3.2　针对商业主义的主体意识

1. 建构和极简主义

“批评的地域主义”中，建筑“本体语言的批评性”和“社会性实践的批评性”是相辅相成，无法截然分开的。肯尼思·弗兰姆普敦认为建筑构造作为物体的“呈现”会再一次地改善人类的面貌和改进人类的经验。在超越历史和进步的已知推论以及历史主义和新先锋派保守的困扰之外，超越时空，维科在他的《新科学》中试图引证制度形式的诗学逻辑：属类的自我实现是在文字出现之前的。构造作为人类的经验就是这样产生的，因此具有永恒性（图 2－13）。

相对于个体建筑师对不同文化的转译，“建构”是近年来引入的，更具广泛涉及面的概念。它的引入对中国建筑摆脱外在参照流行的困囿，回归到建筑本体的物质性——即回到建筑物本身，关注建造活动本身，建立从材料、构造到整体结构系统的逻辑性和达成从概念到物质构筑的完整性上具有重要的意义。当然，每个概念都有其特定的讨论范围、针对的问题和构筑的知识，“建构”并不能覆盖所有的建筑问题，也不能代替建筑话语中空间、形式、功能等同等重要的概念。但如丁沃沃指出的，21 世纪初“建构”概念在中国的提出，是对市场引导的“欧陆风”和装饰符号式的建筑的有力批评。尽管“建构”本身面临“名词化”和“风格化”的尴尬，但就其初具规模的完整度——从理论介绍、学术讨论，到具体实践及媒体上的争议，使“建构”成为近年来中国建筑中一个最有可能形成的，具有系统性的知识话语。如果我们将布扎传统对中国建筑的影响不仅仅视为形式上的装饰和意识形态上的“宏大叙事”，而作为系统的建筑学的知识的话，“建构”对于既有的建筑学知识和职业训练——如目标、技能、方法等——所具有的实质性批评和拓展的潜力还有待深入发掘。[19]建构思想的追随倾向于强调建筑的本体价值，探索建筑设计的内在自主的标准，更是对资本主义消费文化将建筑均质化、图像化趋势的抵抗，脱离主流习惯的急切欲望，减少手法回归本质，并从推导的简洁性中谋取价值，表达一种急切的欲望，让现代建筑学在美学和道义上与商业主义区别，以突出自身（图2－14）。

图2－14　赫尔佐格和德梅隆设计的瑞士盒子楼

2. 新奇特倾向

商业主义大众文化通常带来平庸重复、批量生产，而建筑学内在的创新欲望使具有自我主体意识的建筑师刻意追求突破，形式的个性就是最直接的途径。结合结构的突破带来的具有视觉冲击力的建筑造型，新的建筑材料、设计手段和施工技术使大跨度、超高层、长悬挑、扭曲的壳、倾斜的柱、变形的墙、折叠的空间得以实现。先锋派卫士们企图用一种乖张的方法将艺术与生活联系在一起的野心终于变成了现实。先锋派的颠覆策略并不是为了对现实口诛笔伐，或是通过实施另一种进步的现实来与主流的神话相抗衡，他们的目的在于打开新的市场。毕竟越来越多的消费者都在向往着一种富于智能且个性化的愉悦，这样的愉悦超越了迪斯尼、Jon Jerde、宜家以及好莱坞提供的被动且大众化的通俗文化。前卫的新奇特设计具有新鲜感，也可以超越平庸的大众文化产品。下面介绍这派的主要代表人物（图2－15～图2－17）：

图2－15　东京某沿街建筑外观

图2－16　盖利作品　迪斯尼音乐厅

（1）扎哈·哈迪德。哈迪德的合伙人Patrik Schumacher认为：作为前卫派，他们以解决复杂性为方向，通过不断创新，利用新材料和新设计工具。新形式概念面对各种挑战，他们充实了建筑设计的成果总目、语言和容量。现代主义扩张了建筑总目，之后的建筑形式的发展一定程度上发展了建筑的语言目录。但是运用曲线和斜线等自由线型创造新的形式也是对建筑总目极大的发展。有人争论这是否有意义，这只是形式的花样，为了与众不同。这种倾向的理论思考是：传统的建筑语言是片断性空间，空间是毗邻独立的，而新空间是多重事件的发生。多层次重叠的事件同时发生，层叠展开。类似生物有机体的复杂性，具备和环境多重的关系，交互明晰多样的内部系统，无硬角，无垂直，多层化。[20]

图2－17　伦敦双蛋建筑

（2）蓝天组（Coop Himmelblau）。最清晰地显露出他们在造型上粗暴的潜意识，而他们却显得意味深长地称之为“刺穿胸膛的建筑”。他们拒绝更加理性的设计手段，却喜欢采用蒙住眼睛画草图之类“自发性的”方式。位于荷兰北部的格罗宁根（Groningger）博物馆方案来自同样的随意性手段和同样的漠视传统约束，因为“我们不怎么关心空间功能问题”。原先的图纸是一些含混不清的抽象线条（不知道是不是蒙住眼睛画出来的，不过有可能是），被叠加了三次然后做出一个体块模型，在此基础上又将图纸叠加一次。最后直接把图纸和模型一起扫描到计算机里，并通过一个进一步提炼的过程生成平面图。图纸生成过程中发现的各种实践性错误都被有意地保留下来，并最后建成，包括一个不可到达的庭院。

图2－18　柏林犹太人纪念馆

（3）丹尼尔·里勃斯金。他对几何结构的直觉和形式化的可能产生的深层关系感兴趣。几何结构在经验的客观范围内明显地展现出来，而形式化的可能性试图在客观的王国中超越它，因为“经验的几何”只是潜在的形式化的一种范围，我们发现它已经被插入到渴望和知觉的另一种范围之中了。在他看来，基本的划分任务变成了系统和动态的运动，抽象的密码之间的相互转换，它们自身的客观性已被消耗殆尽，被固定为不变的标志。具体的偶发性对自发吸引力的永恒诱惑敏感……[21]丹尼尔·里勃斯金曾经专门研究直觉性建筑形式的意义表现，并在柏林犹太人纪念馆等作品中表达（图2－18）。

图2－19　伊东丰雄

（4）伊东丰雄。他近年的设计理念追求空间的“垂直透层化”，如作品“仙台媒体中心”，以及打破水平和垂直界限的连续流动空间，追求界面在三维空间上的连续性。（这倾向与哈迪德相似）他号称要超越现代主义立方体，超越水平面和垂直面的对立性（图2－7）。要实现这种目标更多地要依靠先进结构技术的突破，因此，他的相关设计在结构上都依靠世界最顶级的Arup结构工程公司，尤其是该公司著名的结构负责人贝尔蒙德先生。他曾为库哈斯等前卫建筑师的先锋建筑提供结构支持。伊东丰雄认为现代主义的思考方法是首先确定最佳解，再按照这个最佳解去做。变更被认为是坏事。然而他愿意一边创造一边思考，到达了某一点以后才知道下一步应如何对应。在不断地发现未知空间的过程中进行设计的方法，他认为才是更具有当代性的方法。从伊东丰雄的观念来看，他的出发点是追求新的形式语言（图2－19）。

近十年来，“新奇特”的设计作品和设计明星受到国际建筑媒体的追捧，充满建筑杂志的封面和专辑，成为建筑杂志推销自己的重要手段。值得注意的是，追求独特性的趣味曾经是对抗商业主义的武器，但往往又成为大众消费的对象。另外，新奇特狭隘的形式追求大大减少了建筑与社会衔接的机会。超越以形式为主导的建筑模式仍是一个极大的挑战。我们应当客观评价“新奇特”形式主义追求的价值和不足，只有通过超越新前卫主义者单一的新奇特追求，才能再拥有批评文化传播的抵抗能力。库哈斯并不是从形式出发，而是冷静地面对全球化、商业化的社会现实，批判分析提出创造性策略。

2.3.3 全球化传播与中国建筑师的主体意识

当代中国一方面要面对全球化的建筑传播压力，一方面又处于社会市场化的转型变革中，还是适逢急剧城市化的全球建设最密集的国家。建筑学本质上弱于对表层文化变动进行瞬间即时的反应，而长于缓慢、稳定地承载文化的积淀——然而由于资本在中国特定的政治经济格局中骤然引发出如此高速的城市发展，建筑学，这样一个本质上缓慢的专业，在中国却要在极短的历史时期内承担太多的任务：中国建筑师作为商品制造者，置身于大生产的循环中，不可避免要满足大量产品订单；作为文化表现者，要在文化传统断裂的零开端开始语言的建设，并期待在短期内发展出“成熟的”语言；作为现代知识分子，又要在急速变化的社会中为自己的工作在政治、文化演化中精确地定位——其困难程度可想而知！[22]

在全球化传播进程中，中国新建筑探索从20世纪80年代初开始萌动，20世纪90年代中初露端倪，到今天已经初见成效。20世纪90年代以前的中国主体性意识主要体现在集体性认同的“中国话语”的寻找，后来又分化落实在更加具体的中国地域建筑“新方言”中。20世纪90年代以来，随着全球化、市场化的影响深入，中国建筑师的主体意识开始转向个体性中国话语表现。中国建筑有多么中国?数十年来，这是与中国建筑风格发展相关的问题。在过去的10年里，人们明确地通过空间关系、建构，使用地方材料和技术追求对传统建筑与城市规划的再诠释。其结果是一种谦逊的建筑学，几乎有极简的意味。这表现在设计师对过多的色彩和不必要的装饰的共同反感，也表现在像竹子、木材、灰色岩石、混凝土和金属等（廉价）材料的反复使用。然而，再诠释主要涉及诸如别墅、画廊和博物馆这样相对小型的设计任务，显而易见，走向更大的建筑任务和城市建设任务的步伐还没有迈出。[23]与此同时，可以看到第四（生于1949年后）和第五代（30多岁）的建筑师，在对待建筑设计的态度方面有差别。年轻一代明显对中国性问题不那么担心。他们尤其希望做出高质量的建筑。他们既朝向西方，也朝向中国。

在形式语言的探索工作本身仍需加倍努力地展开、推进的同时，面对新的政治经济格局、众多社会问题开始涌现的状况，如何能在人们的创造、消费冲动与有限的自然资源之间取得平衡？如何能既满足当今人的生活要求，而又不以牺牲后代人的生存空间为代价？中国建筑还有没有可能获得社会参与和形式审美的高度整合？这些问题，只能靠中国建筑师自己的艰苦摸索来获得答案。当一些建筑师的语言探索自觉不自觉地成为新崛起的权贵阶层专用的文化表现符号，一些建筑师仍相信建筑语言的自主性可以超越历史、政治等社会性语境时，另一些建筑师则试图扩大视野，关注一些与社会联系更密切的问题，如城市、环境问题等。有些则开始表达通过专业手段在权力、资本和公众之间努力斡旋的愿望。所谓“自发的中国”就是朝这个方向的努力。很多建筑师、研究者和批评家都主张改变道路，并且深刻地认识到，他们必须使建筑学不再仅仅从中国传统文化出发，而是把当地条件（群众、规模、速度，以及不确定性和混乱）作为出发点。此外，在建筑学能够在社会组织的改变中发挥的作用中，包含着很重要的任务。建筑物是好的建筑学的自主证明——这是独立的建筑事务所将优良品质引入建筑实践的策略——而不再是起作用的唯一办法。放大思考尺度是关键的，是一种批评性的回答，为的是应对城市中发生的非常迅速的变化及其对社区的割裂性影响，像可持续建筑物的建造、社会住宅、能源的节约。公共空间以及建筑质量改进这样的课题，都已经被建筑师们和批评家们具体地摆到议事日程上来了。因此，他们非常需要对社会和设计方面的问题进行思考，但事情很多，时间很少。[24]

当抛开形式中心议题，中国建筑师意识到中国建设在当代世界范围内的独特性，而针对中国建设问题展开研究和设计本身就是鲜明的“中国话语”。如果我们在这个领域做出成绩，将对世界具有特别价值。中国建筑师的主体意识经历了“集体性中国话语”到“个人性中国话语”的形式表现，而“自发的中国”则摆脱了中外文化对比思维的束缚，走向更关心当下，更注重对中国现实问题的研究和实践，进入了一种有创造性的主体意识状态。

2.4 本章小结

本章首先分析了跨文化建筑传播的全球化背景和建筑设计的市场化转型，以此交代了当代跨文化建筑现象的社会背景认知，同时分析了在全球化压力下建筑师的主体意识突围的现象。这些内容为后续章节的深入研究交代了课题的背景。

本章注释

[1] 汪利娜．面对房地产投资全球化适应还是反抗［N］．中国证券报，2006－08－14［2010－12－16］．http：//www. docin. com/p－15059957. html.

[2] 李东．后媒体时代的建筑理论与批评［OL］．［2006－07－29］．http：//www. hrbyuyang. com/art/sheji/jz/2009/0220/72_2. html.

[3] 敖玉琴．集群设计：明星建筑师的实验场［OL]?［2009－7－20］．http：//blog. soufun. com/5613879/4773648/articledetail. htm.

[4] 建筑期刊的文化功能［J］．T＋A，2004（2）.

[5] 马国馨．三谈机遇和挑战（he cultural functioning of architectural journals）．世界建筑，2004（7）：21.

[6] 吴良镛．最尖锐的矛盾与最优越的机遇——中国建筑发展寄语［J］．建筑学报，2004（1）：20.

[7] 荷兰建筑学会编．后意识形态主义建筑——荷兰建筑年鉴 3［M］．边放译．天津：天津大学出版社，2005.

[8] 孙英春．大众文化：全球传播的范式［M］．北京：中国传媒大学出版社，2005：303.

[9] 庄惟敏．中国的“外国人实验场”及“发展商游戏场”——今天如何看待适用、经济、美观［J］．建筑学报，2004（7）：36.

[10] 朱亦民．1960 年代与 1970 年代的库哈斯［J］．世界建筑，2005（7）：36.

[11] 荷兰建筑学会编．后意识形态主义建筑——荷兰建筑年鉴 3［M］．边放译．天津：天津大学出版社，2005.

[12] 查尔斯·詹克斯，卡尔·克罗普夫编著．当代建筑的理论和宣言［M］．周玉鹏，雄一，张鹏译，张媛，李雪校．北京：中国建筑工业出版社，2005：281.

[13] 查尔斯·詹克斯，卡尔·克罗普夫编著．当代建筑的理论和宣言［M］．周玉鹏，雄一，张鹏译，张媛，李雪校．北京：

中国建筑工业出版社，2005：281.

[14] 朱涛．近期西方“批评”之争与当代中国建筑状况：“批评的演化——中国与西方的交流”引发的思考［J］．时代建筑，2006（5）：74.

[15] 荷兰建筑学会编．我们还有梦想吗［M］边放译//荷兰建筑年鉴 3. 天津：天津大学出版社，2005：133.

[16] 克里斯·亚伯．建筑个性——对文化和技术变化的回应［M］．张磊，司玲，侯正华等译．北京：中国建筑工业出版社，2003.

[17] Alexander Tzonis，Liane Lefaivre．Why Critical Regionalism Today［M］//Kate Nesbitt. Theorizing a New Agenda for Architecture. New York：Princeton Architectural Press，1996.

[18] Kenneth Frampton. Prospects For a Critical Regionalism［M］//Kate Nesbitt. Theorizing a New Agenda for Architecture. New York：Princeton Architectural Press，1996.

[19] 朱涛．近期西方“批评”之争与当代中国建筑状况：“批评的演化——中国与西方的交流”引发的思考［J］．时代建筑，2006（5）：75.

[20] 查尔斯·詹克斯，卡尔·克罗普夫编著．当代建筑的理论和宣言［M］．周玉鹏，雄一，张鹏译．张媛，李雪校．北京：中国建筑工业出版社，2005：290.

[21] 朱涛．近期西方“批评”之争与当代中国建筑状况：“批评的演化——中国与西方的交流”引发的思考［J］．时代建筑，2006（5）：75.

[22] 琳达·弗拉森罗德．超越“中国当代”展如何使中国建筑师与荷兰建筑师相互借鉴［J］．施辉业译．时代建筑，2006（5）：135.

[23] 琳达·弗拉森罗德．超越“中国当代”展如何使中国建筑师与荷兰建筑师相互借鉴［J］．施辉业译．时代建筑，2006（5）：137.

[24] 刘双，于文秀．跨文化传播——拆解文化的围墙［M］．哈尔滨：黑龙江人民出版社，2000：167.

附录A　三谈机遇与挑战*

• 1998年3月，《中华人民共和国建筑法》正式施行。

• 1998年7月，国家大剧院竞赛方案展出。

• 1999年6月，国际建筑师协会第20届大会在北京胜利召开。

• 1999年10月，国庆50周年前夕，北京一批重点工程竣工使用。

• 2000年5月，国务院批准《工程建设项目招投标范围和规模标准规定》。

• 2000年9月9日，国务院颁发《建设工程勘察设计管理条例》。北京召开第6届世界大城市首脑会议，发表《北京宣言》。

• 2001年1月，建设部发布《城市规划编制单位资质管理规定》。

• 2001年7月，五部二委发布《评标委员会和评标方法暂行规定》，建设部发布《建设工程勘察设计企业资质管理规定》。

• 2002年1月，中国公布加入世贸组织议定书。

• 2002年9月，北京首条城市铁路开通，北京《历史文化名城保护规划》出台，建设部发布《外商投资建设工程设计企业管理规定》(2003年12月发布补充规定)。

• 2004年4月，奥运经济市场推介会举行……

另外，随着在北京的一系列国际会议的召开，更多的外国人实地了解了中国。尤其是1999年国际建筑师协会第20届大会，有100多个国家和地区的6000名代表参加，大会以“21世纪的建筑学”为主题，通过了《北京宪章》等文件，使各国建筑师实地对中国，尤其是北京有了重要的第一印象。加上2002年我国加入世界贸易组织以后，在建筑设计咨询业的对外承诺上，有十分开放和优惠的条件，首先允许外国企业在中国成立合资、合作企业，并承诺加入世界贸易组织之后5年内允许外商成立独资企业，而香港和澳门在2004年1月以后即可成立独资企业。这也从机制和管理上为外国建筑师进入中国建筑市场提供了保证，自然也是对中国建筑师的严峻挑战。

从许多方面可以反映出外国建筑师进入北京以后的业务开展程度。1999年国庆50周年，首都有67项重点工程献礼，如地铁复八线开通，平安大街通车，一些文化项目的完成如：西单文化广场、国际金融大厦、首都国际机场新航站楼、中国现代文学馆、中华世纪坛等绝大部分工程都是由中国建筑师依靠自身力量完成的，而当时美国贝氏事务所设计的西单中银大厦，香港巴马丹设计的东单东方广场都是刚刚完成外装修……但仅仅几年下来，情况就发生一个巨大的变化。

其表现特色之一是越来越多的外国建筑师，包括业务本已十分繁忙的国外名师注意到这一市场，并通过各种渠道加入到这一竞争的行列中来。1998 年国家大剧院第一轮国际竞赛时共有 36 个设计单位的 44 个方案参与竞争。其中包括法国、德国、英国、日本、加拿大、奥地利、希腊和美国等 9 个国家的 19 个方案。主办方原来已邀请了 4 家外国公司，但另有 13 家主动自愿参赛。第二轮时除原邀请的 4 家外国公司，又有 5 家外国公司主动送来方案。同样，在 2002 年奥林匹克公园和五棵松文化体育中心投标时，就有 177 家境内外设计单位报名，其中境外设计机构占了 70%，参加奥林匹克公园规划竞赛的就有来自美国、澳大利亚、德国、法国、日本、马来西亚、新加坡、瑞士、希腊、俄罗斯、英国、意大利和中国香港、中国台湾 14 个国家和地区的设计公司报名，项目的吸引力和建筑师的踊跃程度可见一斑。当然这里面也包括了相当数量的外籍华人以及在外注册的华人开设的国外事务所，或与国内人士联合组成的中外合资事务所。另一个表现是外国建筑师除了我国不对外开放的城市总体规划项目以外，几乎已经进入了国内各地比较令人注目的大型公共建筑项目及建筑设计咨询的各个领域。其中包括项目策划、工程咨询、房地产项目、各种类型的建筑设计、景观和室内设计以至一些新城的规划。其中尤以房地产开发项目表现最为活跃（尽管里面商业炒作和宣传的目的占了较大的成分）。仅以大型公共建筑而言，近年来北京市一些项目国际设计竞赛的简单统计，显示了外国建筑师的中标率。在参赛的 232 个方案中，外国方案 112 个，占 48.3%，中外联合的方案 34 个，占 14.7%；而在优胜的 49 个方案中，外国方案 25 个，占 51%，中外联合的方案 11 个，占 22.4%；而最后经各方批准采用的实施方案，几乎都是外国或中外联合设计。

上海——历史是如此相似，自 1843 年上海开埠至 20 世纪 20 年代，上海已成为远东最大的都市。西方的经济和文化随着殖民者涌入上海，也带来了一批西方建筑师。他们在 1920～1930 年上海的建筑高潮中起到了重要的作用，并几乎垄断了上海绝大部分外资项目的设计。可以考察一下外滩——这个代表着昔日上海繁荣的路段，也是上海目前保留得最为完整的遗产建筑群——沿外滩（中山东路）的主要 22 座大楼中有 21 座为境外设计，1 座为中外合作设计。

历史是如此相似，眺望浦东陆家嘴——代表着今日上海繁荣的新区——林立的高楼中近 80%为合作设计项目。当然，有所不同的是，20 世纪 20～30 年代的上海并没有规定境外设计机构，必须有国内设计单位合作。就上海市区而言，自 20 世纪 80 年代末境外设计开始登陆上海，到 90 年代集中于虹桥开发区、市中心商业区和浦东陆家嘴，到目前已遍及整个上海直至周边的苏州、杭州、常熟等地。

看上海 10 多年的合作设计发展，有这样一种趋势，自 20 世纪 80 年代后期开始，首先是港台事务所陆续抢占上海，90 年代是大量美国事务所占据市场，90 年代末，欧洲事务所开始进入上海，并带来了与美国式的商业风格截然不同的更环保、更自然的审美，这种冷峻中赋予的浪漫、平静中渗透的豪华，已同时影响到更多的设计领域，甚至人们的生活风尚。

---

* 马国馨．三谈机遇和挑战［J］．世界建筑，2004（7）：20－21.

第 3 章　文化传播理论与建筑文化传播

3.1　文化的传播性

“从大的线条说，信息时代的世界绝对会走向一个统一的现代文明。在这个现代文明之中，历史上的各个文明的断层线将变得模糊而暗淡”。未来的信息社会可以容纳多种多样的文化形态。这些文化相互融合必将产生多种多样更细小的文化层面，这些层面将超越种族、国家、民族的界限。当然，未来的文化不是各民族文化简单混杂的大拼盘，似乎用多种文化的“化合”来形容更加合适。[1]本节摘要介绍周泓铎教授的《文化传播学通论》里的文化传播理论，作为交叉研究的基础。

3.1.1　文化与传播的关系

《辞海》说，普通意义的“文化”，指人类在社会实践过程中所获得的物质、精神的生产能力和创造物质、精神财富的总和。而狭义上则指精神生产能力和精神产品，包括一切社会意识形式：自然科学、技术科学、社会意识形态等。[2]美国文化学者怀特从系统构成的角度认为，文化是由技术体系、社会体系、观念体系三部分（系统）组成的。表层的技术体系、中介的社会体系和深层的观念体系构成了文化。综上所述，人们可以这样来描述和界定“文化”——文化是相对于自然而言的由人类的活动和意向影响、改造、创造的存在，是人类的精神、意识、心灵的本质外化和内化的历史运动的结果。它是人类生存的样式，即以价值观念为核心的观念体系支配下的行为系统。不同的生存样式（如民族、地域的不同）造就了不同的文化样式。文化具有阶级性和民族性，文化的发展具有变动性，它是不断发展、更新的。文化有一个突出的特点，就是流动性，文化一旦产生，立即向外扩散，也就是人们常说的“文化交流”……人类之所以能进步，重要原因就是文化交流。[3]文化和传播是一体的、统一的，文化与传播互为生存的条件，文化是传播的内容，传播是文化的形态，文化寓于传播之中。

文化是传播的文化，传播是文化的传播。一方面，文化的形成和发展受到传播的影响。传播促成文化的整合、增值、积淀、分层、变迁和“均质化”。传播对文化的影响不仅是持续而深远的，而且是广泛而普遍的。反过来，文化对传播也有着十分重要的影响，这种影响体现在传播者对受传者的文化意义，同时还体现在传播媒介及传播过程之中。传播与文化的互动表明：文化与传播在很大程度上是同质同构、兼容互渗的。从这个意义上可以说，文化即传播，传播即文化，二者是互动的、一体的。

(1) 文化的传播功能是指文化活动所具有的传播能力及其对任何社会所起的作用或效能。文化的传播功能是文化的首要的和基本的功能，文化的其他功能都是在这一功能的基础上发展起来的。如果没有文化的交流与传播，任何文化都将是一种“死文化”，而不是一种“活文化”；如果没有文化的交流与传播，把自己同外界封闭起来，把“本文化”与“他文化”割裂开来，任何文化都不会葆有生机和活力，最后都将终结和消亡。所以说文化的传播功能是文化的首要的和基本的功能。

(2) 传播是促进文化变革和创新的活性机制；传播是文化的内在属性和基本特征；文化不是一个被凝固的尸体，而是一个发展变动的过程，是一个“活”的流体。文化不是“静态”的而是“动态”的。说到底，人类文化是一个不断流动、演化着的生命过程，文化一经产生就有一种向外“扩散”和“传递”的冲动。

3.1.2 文化发展与传播

一切文化都是在传播的过程中得以生成和发展的。没有传播，便没有文化的增值、同化和重构。美国文化人类学家戈登咸泽和林顿认为，在每一个民族的文化中，都有很大的成分是由传播而来的，而这一比例可高达90%。这就是说，对于大多数民族或国家的文化而言，独立创造的文化只有10%。人类正是通过使用、控制传播媒介，才使得文化得以传承、共享、发展、延续下去，从而极大地促进了文化的变迁和发展（图3－1）。

图3－1 美国长滩的日本餐馆

3.1.3 文化传播的特征

1. 文化传播的定义

文化传播是“人们社会交往活动过程产生于社区、群体及所有人与人之间共存关系之内的一种文化互动现象”。文化传播或称文化扩散，指的是文化现象或文化成就从产生的源地向外传播扩散的过程，也就是不同地区之间人与人的文化交流过程。如果作为人的社会活动过程的一个方面而言，文化传播就是社会传播，是人对文化的分配和共享，沟通人与人的共存关系。

2. 文化传播的特征

一是社会性。文化是一种群体性的存在，文化传播是人与人之间进行的一种社会交往活动，离开人这个传播的社会主体，传播活动就不能进行。二是目的性。人类的文化传播总是在一定的意识支配下的有目的、有指向的活动，这与动物本能性的机械生成传递有着本质的不同。三是创造性。文化传播是文化创新与发展的动力系统，在文化传播活动中，人类对信息的收集、选择、加工和处理，处处都包含着人类的智慧，彰显着人类文化的创新。四是互动性。文化传播是双向的，是传播者与受传者之间信息共享和双向沟通与交流的过程。五是永恒性。文化传播生生不息，绵延不断，超时空、跨种族。贯穿于人类社会发展过程的始终，是恒久长存的人类活动。从文化传播的特征可以看出："文化传播是人类特有的各种文化要素的传递扩散和迁移传承现象，是各种文化资源和文化信息在时间和空间中的流变、共享、互动和重组，是人类生存符号化和社会化的过程，是传播者的编码和读者的解码互动阐释的过程，是主体间进行文化交往的创造性的精神活动。"

文化传播还具有开放性、多元性与融合性。当然，承认文化传播中多元化的文化存在，绝不意味着放弃自己的民族文化，也不意味着让自己的民族文化自生自灭。相反，要大力弘扬、大力发展自己的民族文化中的优秀因素，从而为多元化的世界文化市场提供丰富的可供选择的因子。

3.1.4 文化传播理论发展

文化传播的实践活动与人类的历史一样古老。但作为一门科学来研究，是19世纪末才由西方学者发起的。在人类学领域，文化传播经历了从进化论到传播论的论证和演变，曾在欧美学界产生过很大影响。下面是从进化论到传播论的几点评价：

第一，虽然进化论和传播论之间经常发生争论，但两者实际上是互相补充的理论。实际上，在人类进化的早期，由于传播手段的落后，进化的机制更显重要；随着社会发展特别是现代交通工具和传播工具的出现，传播的重要性与日俱增。由此可见，进化论和传播论在人类历史中的作用不可偏废，二者是相辅相成的。

第二，根据费边的分析，进化论和传播论所共同"论证"的，是一种全球性的历史过程的概念。这种概念创立的前提首先是"时间的自然化"，也就是把历史的事件视为与物理学的时间相一致的现象。

第三，从社会历史观的角度考察，进化论的时间观主张人类文化的发展是从过去到现在的直线性的、不可逆的流动；而传播论的时间观在表面上与进化论不同，实质上“论证”的是这种直线型的、不可逆的时间在空间上的表现。前者的论点集中在历史发展的低级与高级的比较和阶梯性排列上；后者的论点则集中在全球文化的中心与边缘的划分上。他们的目标均是为了证实文化的高与低、现在与过去、中心与边缘之分。这两种时空定位法具有貌似互相矛盾、但实际上是二元一体的特点。说到底，进化论和传播论都把世界各种文化当成自己的研究对象，只不过他们把对文化的研究具体化为野蛮与文明、东方与西方、过去与现在、传统与现代、此地与异地等的对比和关照（图 3－2）。[4]

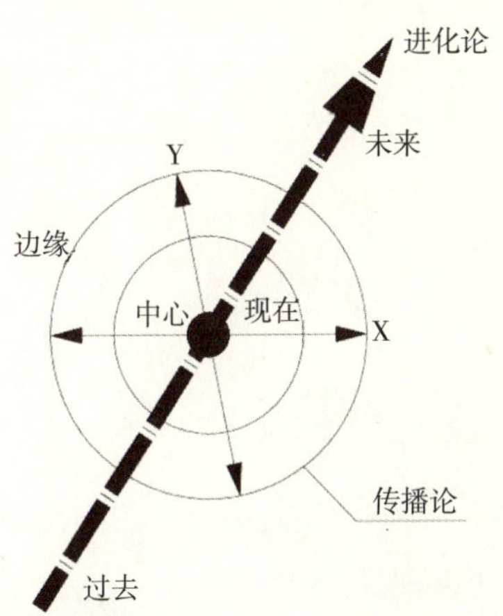

图 3－2　进化论与传播论“二元一体”

传播使文化跨越时间、空间，冲垮各式各样的社会篱笆，打破了不同程度封闭的社会文化体系，不仅影响着文化的形成，而且影响着文化的变化和发展。影响的结果被描述为文化的融合、增值和变迁。

文化融合是指两种或两种以上不同的文化经过接触交往后，彼此借鉴、吸收、交融而形成一种新文化的过程。文化融合是文化传播的结果。这种结果可能是各种文化体系中原有文化要素有的被保存下来，有的被抛弃，有的发生变化，从而形成一种不同于原来文化体系的新文化体系，原来的诸文化体系可能会随之消失。传播不但是文化融合的前提，也是促进文化融合的重要机制。文化的融合与同化为原有的文化圈补充了新鲜的养分，形成了文化的更新，使得新文化的适应、整合功能进一步增强。因为在文化融合的相互取长补短、文明同化的过程中，文化得到了重构，而在这中间，传播起到了重要的作用。中国的建筑教育和建筑设计就是在不断融合近现代建筑知识体系的基础上发展出来的，同时也吸收了本国的建筑传统，即便是现在和未来，我国建筑学的发展也始终与国际建筑界不断融合同化，不断更新自身（图 3－3）。

图 3－3　拉斯维加斯街景

文化增值是文化的放大现象。当一种文化原有的价值或意义在传播过程中产生出价值或意义，或者一种文化的传播面增加从而使受传体文化相对于传播文化有了某种增值放大，这就是文化的增值现象。文化增值也有消极的一面，它会有虚假现象或背离原文化的现象。虚假文化增值不是传播中的文化“生产”，通常会破坏原文化。建筑跨文化传播中也存在文化增值和虚假文化增值现象，外国建筑设计在中国的传播客观上促进了中国建筑设计的当代化和全面进步，这是文化增值；但是某些建筑师一味跟风追随西方建筑新潮，只是虚假的同步，常常脱离建筑学本质的探究，脱离本国实际的状况。

文化变迁泛指文化诸方面发生的任何变化。具体表现为文化特质、文化内容和结构的增减或变动过程。从文化内部因素看，引起文化变迁的主要原因是文化的接触和传播、新的发明和发现、价值中的冲突等。文化传播是文化变迁的重要动力，文化变迁是社会发展的标志，正如英国传播学派代表人物里弗斯所说："各民族的联系及其文化的融合，是发展各种导致人类进步的力量的主要动力。"[5] 改革开放之后，我国的建筑文化在交流中发生了很大的变迁，曾经欧陆风和后现代主义盛行；近十年更深入的开放和交流，又使建筑文化产生了巨大的变迁。这方面只要考察我国城市住区的面貌就非常明显。

3.2 文化传播与对话理论

20 世纪 60 年代末、70 年代初，传播领域展开了以关系为核心的对话理论研究。1964 年，早期的著名传播学者亚伯拉罕·卡普兰就在他的著作中阐述了马丁·布伯的对话观，并运用对话思想分析传播的性质。1967 年，两位美国学者马特森和蒙塔古编辑出版了《人的对话：透视传播》一书。这本书被视为"第一本系统地尝试用对话观点研究传播的著作"。此后，人际传播学者约翰·斯图尔特便是对布伯的对话思想作了系统整理，并发展了对话理论的重要学者之一。继斯图尔特之后，传播学者朱莉娅·伍德也根据布伯的对话理论将人的交流分为三个层面。

布伯认为，人的真实生活是"对话的相遇"。这一原则是建立在人与人相互理解、相互认可和相互尊重的"我—你（汝）"关系的对话之中的。布伯的这一观点对对话理论研究的影响极大。布伯的对话思想至少发展成了对话理论的三个主题。①相遇。人际交流应该以对话为出发点，通过对话建立真实的、相互依赖的交流关系。②追求开放和多元的整体性思维。通过问答、倾听，促进人与人的相互理解。③变化。只要人不封闭自己，能够接受并尝试以对话的方式与他人建立关系，个体的价值与意义就可能经过对话过程发生积极的改变。[6]

3.2.1 对话关系

对话意识。对话意识的反面是独白意识。独白意识有两种：一种是自我中心意识。这是自我独白；一种是他者中心意识，是他者独白。

要理解对话意识，必须首先解构这两种独白意识。通俗地讲，对话意识，就是在交往中抱着一种倾听他人、准备改变自己的开放心态伽达默尔说："谁想听取什么，谁就是彻底开放的。如果没有这样一种彼此的开放性，就不能有真正的人类联系"，借用"和而不同"这一成语，对话意识就是贵"和"的意识和贵"不同"的意识。我们日常所说的"对话意识"主要指的是贵"和"，然而，贵"不同"(差异和外位性)一样重要。用巴赫金的术语来给对话意识下定义，对话意识就是"超视"意识加"外位"意识。超视意识就是意识到自我和他者都有超视，他人的超视就是我的视域缺陷，就是我要吸纳或借用的他山之石；外位意识就是意识到自我的独一无二、不可取代的价值，意识到自我与他者的差异，意识到自我不可失去的主体性。有对话意识，就意味着不将自我看成一个价值自足的系统，开放自我，在言谈中设置和留下对话源点，使对话成为可能；有对话意识，就是既承认主体间的共通性，又承认主体间的差异性，两者缺一不可。[7]

3.2.2 主体间性或主体通性

主体间性又译作"主体通性"、"交互主体性"或"主体际性"。它是对话之成为可能的两大哲学人类学条件之一。

1. 从主体性到主体间性

人们认为"主体间性"概念的提出和它在哲学中占据越来越重要的地位标志着西方现代哲学的一个重要转型。现代哲学就是主体间性哲学，存在被认为是主体间的存在，孤立的个体主体变为交互主体。胡塞尔的现象学在肯定先验主体性（先验自我）的同时，也提出主体间性概念，以摆脱唯我论的困境。而海德格尔则开始由历史主体性向主体间性（共在）转化。萨特的存在主义哲学在早期高扬主体性，但后期又提出"主体通性"（即"主体间性"）来修补"主体性"导致的冲突。伽达默尔的解释学把解释活动看做一种主体间的对话和"视界融合"；哈贝马斯的交往理论把原子式的孤立个体转换成为交互主体。总之，现代哲学扬弃了主体性哲学而建立了主体间性哲学。

主体与主体的关系不是孤立存在的二人世界或多人世界，而是以他们共有的客体世界为前提的。这种客体世界是主体和主体共同分享的经验，这种共同分享的经验是一切人们所说的"意义"的基础，因为主体之间通过共同分享的经验，才能形成互相之间的理解，而意义，在解释学看来，是在理解中不断生成的。

2. 个体性与共在

主体间性即交互主体性，它是主体与主体间的共在。主体既是以主体间的方式存在，其本质又是个体性的，主体间性就是个性间的共在。海德格尔认为有两种共在：一种是处于沉沦状态的异化的共在，这种存在状态是个体被群体吞没；另一种是超越性的本真的共在，个体与其他个体间存在着自由的关系。“实存既是个体性的存在，又是本真的共在。因此，主体间性并不是反主体性，反个性，而是对主体性的重新确认和超越，是个性的普遍化和应然的存在方式。”古斯塔夫·勒庞的大众心理研究表明：一个其成员都保有个性的群体，健康运转和成功的机会远大于一个高度统一的群体。[8]

3. 巴赫金与主体间性

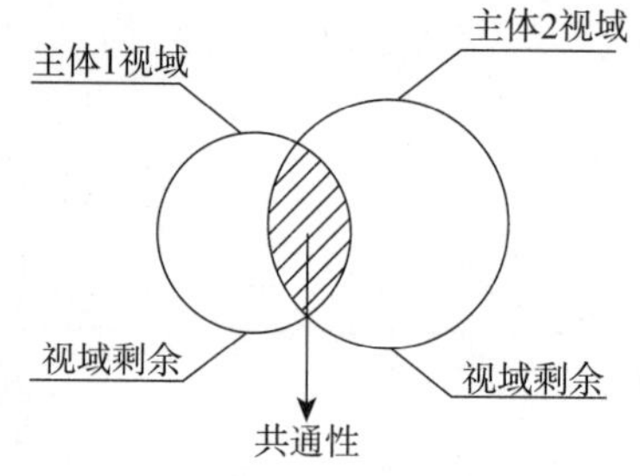

图 3－4 “超视”与“共通性”

巴赫金的对话理论论述了主体间性的若干重要原则：他者的重要性、他者的主体地位，以及人与人之间主体与主体的关系。与主体间性强调诸主体间的共通性不同的是，他强调的是主体间的差异性、独特性。然而，这并不是说巴赫金否认和忽略主体间的共通性是对话的条件和前提。我们从他的“超视”概念里就可以推知共通性的存在。“超视”又叫“视域剩余”，指的是超出他人视域的部分。有超出他人视域的部分，就必定有与他人视域重合的部分，与他人视域重合的部分就可以看成一种共同的统觉背景，就是共通性（图 3－4）。[9]

3.2.3 对话过程

下面根据罗贻荣教授的《走向对话：文学·自我·传播》一书中的相关观点介绍“对话”的过程与原则。

1. 对话前——“前理解”

胡塞尔认为，我们通常对物体的知觉是以统觉的方式进行的，我们不是孤零零地接受感性材料，而是把它们整合起来，组织起来，形成统一的知觉内容。这一统一的知觉内容，包含我们的所感、所知和所设三个因素。统觉背景这个概念类似于海德格尔的“前理解”和接受美学的“期待视野”。在人际交流中，统觉背景就是说者和听者理解言谈所涉及事物的背景知识，是“人在思维时脑海里所闪现的所有的表象”。统觉背景与交互主体性有区别。统觉背景是个性化的，不统一的，而交互主体性是共性化的。[10]

2. 对话后——“新的话语”

在经过了对话与理解之后，主体会吸纳他者视野中的某些成分，使自我主体获得充实，这是对话的认识论意义和主体建构意义之所在。“它的创造力就在于能唤起独立的思想和独立的新的话语”。话语和文本经过对话与理解之后便会产生新的话语和文本，这是对话理论的人文学科意义和文化历史意义。

主体之间的异质成分有可能导致冲突，通过对话和理解，两个主体在立场上会相互向对方移动，导致冲突的因素会得到谅解、消除、避免，会形成“互不融合的两个或数个单体之间的对话性协调”。对话后的状态大于对话前的主体间性。这是对话理论的社会学意义（图 3－5）。

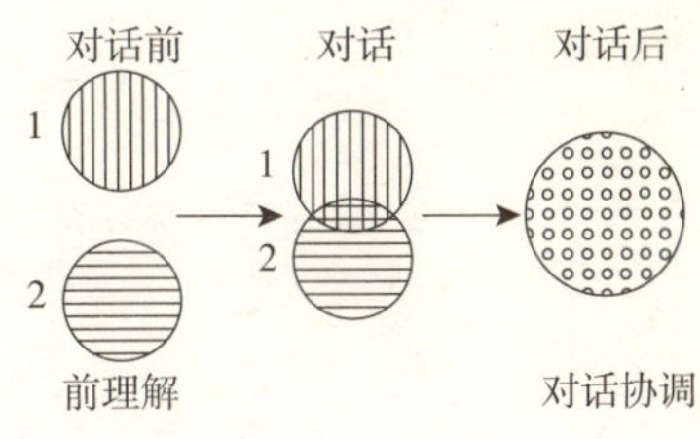

图 3－5　对话理论示意图

3.2.4　对话的原则

1. 消极的中庸之道

中庸之道与对话的差别是：首先，中庸之道讲究不偏不颇，无过无不及。中庸之道在实践中要么以中庸压制他人分歧，要么以中庸约束自我，这样势必只有一个标准、一种规范，一种模式，一个中心，中心之外的任何多样性都处于边缘化或被湮灭的地位，没有了主体与主体之间的关系；中庸成了一个大一统的兼顾各方的终极的东西。中庸反对变化和发展，中庸讲两极之间居中，中庸的本质是反对话的。[11]

2. 积极的“和而不同”

20 世纪 90 年代，“和而不同”开始成为学术界的一个重要话题，古人“和而不同”的理想就是对话哲学。它概括了对话理论的基本精神，既看到不同事物或同一事物不同方面之间互补和调剂的重要意义，也看到异质甚至对立事物的存在对事功、世界和谐以及新事物之产生的重要性（图 3－6）。

然而在史伯和晏婴之后，人们对“和而不同”的理解逐渐变得只强调“和”而忽略“不同”，主流文化所理解的“和”，以及我们一般人日常生活中所理解的“和”，都是齐侯所理解的“和”，即和谐、一致、没有异见。可是巴赫金对话理论强调的是“差异”，晏婴强调的也是“不同”。我们的文化中有了“贵和”（“息争护和”），却没有形成“贵异”的传统。

今天许多学者重提“和而不同”，“和而不同”的理想与“多元共存”的世界格局无疑是一致的。应当看到“不同”是“和”的前提：只有你跟别人“不同”，你才能跟别人“和”，只有你拥有跟别人“不同”的东西，别人才愿意跟你“和”；如果我们一味趋同，“失语”、“失家”，便成了被别人“同化”，而不是“和”。[12]建筑文化的国家交流与对话也是如此，不能只是我们一味模仿外来建筑，应该提高自身的创造力，实现平等的、真正的对话。

图 3－6　美国洛杉矶“小东京”

3. 理解的创新性

互动，就意味着两个含义接触、碰撞后产生新的含义，意味着两个主体的视域融合后产生新的视域，这就是创新。理解的创新性涉及理解的最终意义，在超语言学看来，理解不是为了揭示或达到某个最终的、客观存在的真理，理解的意义就是不断创新、创造和增添人类新的文化财富。理解不可能有止境和终点。中国当代著名作家王蒙先生在谈到中国文化如何应对“全球化”时的一段话，就充分地体现了一种对话意识。王蒙说：世界上的任何趋势都不是单向的，而是双向的，一个是所谓全球化、一体化、数字化、标准化……另一面，那就是在全球化的过程中，每个民族、每个国家、每个人群一直到每个个人都非常珍惜自己的个性，所以融入并不等于失却自我、失却自己的身份和独特性，反而会让人们比过去任何时候都更爱惜自己的特点……文化发展的一个特点，就是只有既保持自己本土的族群特色，又不断地在与外来文化的接触和碰撞中对其加以吸纳才能得到发展……所有活的文化都是充分利用开放和杂交的优势，在和异质文化的融合和碰撞当中发展的……我认为纯洁性的提法是一个逆历史潮流而动的提法。[13]

4. 积极理解

巴赫金说，消极理解无非是复制而已，最高的目标只是完全复现那话语中已经有了的东西。消极理解完全丧失了自我的超视性和外位性，从而消除了与他者对话的任何可能性。在消极理解中，理解者有意识或无意识地让自我主体重合于他者主体，自我主体被他者主体覆盖，所以消极理解中只有一个主体的独自。

而积极理解，能把所理解的东西，纳入到理解者自己的事物和情感世界里去……把所理解的东西，同理解者的新视野联系起来；并且会给所理解的东西增添种种新的因素。

5. “未完成性”与“不确定性”

对话的未完成性和开放性似乎有滑向解构主义不确定性的危险。解构主义认为，能指与所指之间是分裂的，符号是一个差异系统，符号的意义并不在于它与“所指”的对应关系，而在于它在差异系统中的不确定的位置。在差异系统里，“在场”总离不开“不在场”，符号的终极意义根本无法从“在场”中获得发现，完整的观念从不显现，而总是一再地被推迟、被延宕，总是没有最后的确定，因此永远也无法确定一个符号的终极意义。任何企图确定所指最后意义的努力都是徒劳的。意义总是处于流动中，我们所看到的只是它曾经在场的痕迹。语言所表达的现实实际上已不复存在，当目前的东西得到语言表达时，随着时间的逝去它已成为过去。在交流中，全然重复他人话语就是不理解，以自己的话语转述才是理解；而以自己的话语转述的东西显然已不是原来的话语；说出去的话语不可能完全被记录下来，也不可能复原。

对话理论认为含义有“不稳定性”，言谈有“未完成性”，解构主义认为语言有不确定性，起点似乎一样，但它们的目的地截然不同。解构以“不确定性”论证“消解”、“误解”的合法性，而对话以含义的不稳定性、言谈的“未完成性”论证对话的可能性和必要性。对话理论的“未完成性”通向相对的“完成性”，通向对含义的理解和充实，解构主义的“不确定性”则是消解一切走向虚无。而解构主义的不确定性，是一种相对主义，总之，不确定性是一种玩世不恭的游戏，导致文化虚无主义；对话则趋向新事物的生成，趋向共话共存，共欢共赏（表 3－1）。

对话理论与解构主义的异同　　表 3-1

对语言含义的认识	观点	目标	结果
对话理论：含义“不稳定性”，言谈“未完成性”	对话的可能性、必要性	完成性	新事物
解构主义：不确定性相对主义	消解、误解的合法性	走向虚无	消解形态

3.3　建筑文化传播的历史回顾

3.3.1　文化传播历史回顾

在历史上，文化传播的主要途径是人类三种空间上的运动：探险、迁移和地区征服。如发现新航路、美国西部开发、南极考察等都属探险活动，探险者把自己的文化带到新的地区，在返回时又把新的地区文化带回自己的家乡，实现了文化传播。文化传播的途径有以下几种：①自然传播。②商道传播。③战争传播。④移民传播。⑤宗教传播。[14]从中国建筑历史上看，中国传统建筑也经历过与异域文化的交流与碰撞。佛教寺院即是明例。佛教自东汉初期从印度传入中国，初期的白马寺、浮屠寺、永宁寺等都是“天竺”制式。“以一座高大居中的佛塔为主体，其周围环绕方形广庭和回廊门殿”。到后来，我国特别的气候和人民生活习惯，使得佛寺逐渐形成“以佛殿为主”，从而完成了它的中国化的过程。

早期建筑文化的传播首先是沿大陆延伸的区域性传播，如文艺复兴建筑在欧洲大陆的传播，如中国建筑在东亚地区的传播。中国传统文化好比是太极图，圆满、优美、包容性强，是内敛型的；而西方传统文化的图腾是十字架，即锋芒毕露，刚劲有力，是发散型的。中国人古代修长城是为了把自己同外界分开，而不是为了向外界进攻，中国近代的开放也是在西方坚船利炮的逼迫下进行的。与此相应的是中华文明在海外大范围主动传播的机会较少，对于偶尔传入的异质文化的整合力却非常强；而西方由宗教信仰演化而来的“天赋使命”观，使他们相信西方式的政治制度、价值观念、生活方式是最符合人性的，因而值得在全世界推广，这种基督救世的文化传统决定了他们在对外交往中采取咄咄逼人的姿态。[15]

对中国而言，文化交往中的不平等问题实际上是近代化以来才逐渐凸显出来的。对于西方世界而言，15世纪以后的很长一段时间恰恰是向往东方化、特别是中国化的过程，中华帝国的强大以及中国文化的包容性，也使得中国欣赏并接受西方文化传统，这开创了近代史上中西方思想交流的平等而自由的历史时期。明代，以利玛窦为代表，全面开创了中西文化传统交往的历史。利玛窦首先以其著述《乾坤体义》向中国著述介绍西方天文学，这部著作被《四库全书》称为“西学传入中国之始”。继而与李之藻及徐光启分别著述《盖通宪图说》及《几何原本》，这些著述对当时中国的知识界产生了重要的影响。利玛窦绘制的《万国舆图》，前后共翻刻15次之多，万历皇帝甚至把这幅地图做成屏风，每日观赏。在哲学及人文学术方面，西学东渐并不是20世纪以后才有的事，实际上，在明清时期，就开始了亚里士多德哲学的汉译，亚里士多德的《逻辑学》，在当时称为《落日加》、《名理探》或《穷理学》。实际上，有史料记载，诸如物理学、医学、水利等理、工、医科以及音乐、绘画等艺术学科，都是在明清时期传入中国的。

当然，不光西学传入中国，中国文化也在传向西方，这实际上是开创了所谓西方学术中的汉学传统。利玛窦确立了一种“合儒补儒”并“以耶补儒”的纲领并身体力行，利玛窦认真学习汉文，并用中文著述20余部著作。这些工作，对于在西方传播中国文化传统产生了积极作用。利玛窦向西方引入中国典籍，当然包含着宗教方面的用意，即护教，但有意思的是，许多西方思想家们正是从中国经典中汲取了思想资源，以此抨击基督教，如培尔就盛赞中国文化的宽容精神，抨击基督教会的思想专制，伏尔泰以孔子的仁爱精神对抗欧洲中世纪文化的自我封闭性，莱布尼茨则以中国文化的自然理性作为其理性主义的一种支撑。正像时下许多中国人惯常以西方式的理性与科学精神揭自家文化传统之短一样。当然，更多的欧洲人则在日常生活中接受中国文化传统，曾几何时，“中国热”一样是欧洲人的时尚。这一时期的中西方文化交往之所以呈现这种情形，客观上与中国所处的强势地位有关，这种强势一方面是技术与发展程度上的强势，另一方面是文化传统上的强势，与悠久的中国文化传统相比，西方人无法产生优越感（在这个意义上，欧洲中心主义本身就是近代化的产物），利玛窦们对中国文化传统的敬佩乃至震惊也在情理之中。也正是通过对东方的学习，西方人走出了自己的中世纪，并先行进入了人类的近代，通过现代性从而取得了对其他文化传统的优势地位，这才是中国文化传统在近代以来所遭遇的困境。[16]

3.3.2 古代东西方建筑艺术的传播

传统文化体系分为物质文化、制度文化、精神文化。建筑、景园文化与这三种文化形态均有联系，在文化交流过程中，建筑与景园文化作为一种文化同其他文化形式一同发展传播、交流。

1. 造型设计和形态设计领域中的中外文化交流现象

我国有数量众多的石窟艺术，其中较著名的有敦煌莫高窟、洛阳龙门石窟、大同云冈石窟和天水麦积山石窟。石窟是以壁面为载体的造型、绘画艺术文化，从汉代起一直延续到清代的各石窟中保存的绘画题材内容，差不多经历了1500余年，其中所反映的建筑文化、华盖帐幕装饰、照明灯饰、陈设器具等都有中外文化交融的痕迹。中国北朝时期已形成了汉民族传统的艺术形式和特征，可以看出它明显地受到新疆西域艺术和犍陀罗艺术的影响。但唐代之后，由于高度成熟和发达的汉民族传统艺术已经有了进一步发展，上述西域和外来文化艺术的因素已经完全融合于汉民族传统艺术之中，汉民族是一个包容力极强的民族，这一时期中外文化交融现象最为明显。到1850年前后欧洲文化艺术在清康熙、雍正、乾隆盛世之时开始传入北京圆明园，如郎世宁带来了线法图、景观大小水法、西洋楼建筑等，此时出现了一些中西合璧的形式，对中国造园有一定的影响。此后由于战争及政局的原因，这种文化交流活动几乎完全中断。

2. 佛教文化与中国传统文化艺术的交融和发展

从公元前138年汉武帝遣张骞出使西域，到公元400

年左右，从丝绸之路上传来印度佛教文化，这个经历了大约5个世纪的中印佛教文化交流过程在敦煌石窟中得以长久保存和记录，这一交流对中国传统文化影响较大，时间也较长，并由此形成了两大文化体系汇合的足迹。据史料记载在汉传佛教产生之后，又因此形成藏传佛教这两大体系并存的现象。

3. 伊斯兰文化与中国传统文化艺术的交融和发展

伊斯兰文化传入中国的时代和传入的路线在世界上还有争议。但从新疆维吾尔族的历史记载中可以看出最主要的还是从丝绸之路上的传入。艾山·阿不都热依木在所写的《伊斯兰教建筑艺术》一书中认为伊斯兰文化是在公元751年阿拉伯人进入新疆后向突厥民族传播的。后来到了公元932年，由喀喇王子苏吐克信奉该教后，又在喀什地区传播，10世纪后普及到南疆各地再到天山南北。由此使伊斯兰教寺院遍及新疆各地，并与维吾尔族地方文化相融合发展。

维吾尔族通过丝绸之路把西亚、欧洲文化均吸收到本民族的文化艺术之中，汉传伊斯兰教除从丝绸之路陆路传入之外，还从海上丝绸之路传入，这方面史实可从广州、泉州清真寺的建筑及相关记载得到证实。而汉传伊斯兰清真寺多与中国木构传统结构形式、地方气候及生活习惯等特点所形成的四合院布局形式相结合，如西安化觉巷清真寺，已经完全融合于汉族传统艺术之中，也同时体现了西安当地的建筑文化。

4. 欧洲文化与中国/美国建筑艺术的影响与发展

欧洲景园文化与中国传统景园文化交流表达最为明显的时期是在1715年，即意大利耶稣会的约瑟迦斯提里阿纳（中文名：郎世宁）来到中国北京后。他先以绘画供奉内廷，到1747年（乾隆十二年）又参与圆明园西洋水法及西洋宫殿建设工程，并推荐法国教士蒋友仁参与大水法的设计施工，这是中国第一次在景园建设中引进西方造园水法及西洋建筑艺术。此时，乾隆皇帝继承中国历代优秀的造园艺术，汇集了全国的名园胜景，还大胆地吸收外国的建筑形式与内容，从西方引进线法（透视学）、水景大水法，建造出许多中西合璧的建筑物和景园建筑小品，如海晏堂、远瀛观等。清代在这种东西方文化交融的影响下，在国内上海、南京、广州、海口等沿海大城市中也相继出现了一些中西合璧式的建筑。后由于外来侵略战争及政治不稳定等因素的影响，中西方这种文化上的交流活动几乎中断了100多年。直到新中国成立以后，中国同西方文化的交流才真正得到飞速的发展，建筑文化的交流开始时谨慎、含蓄而缓慢，任何民族对外来文化的接受都需要一个相对漫长的过程。在18世纪以前，欧洲人认识的中国文化大多局限在陶瓷和丝绸上，直到1721年德国建筑师菲舒·冯·埃尔拉赫在所写的《一部历史性建筑的设计》一书中用较大篇幅来描写中国的建筑艺术，才使得中国建筑文化真正进入欧洲人的视野。

较早描述中国景园的是英国学者威廉·坦普尔，1685年他依据荷兰传教士的资料而作的描述当时引起了较大的轰动，而他本人却从未来过中国。中国景园能够在此后迅速传入欧洲，在很大程度上也是因为在18～19世纪，欧洲的许多画家和文学家等开始重新批判和审视几何式的景园风格。英国唯美主义者、画家和建筑师威廉·肯特（1685～1748年）创造了一种新式的英国风景景园，这就是被欧洲大陆在100年中一直称道的“英国—中国园”（Le Jardin Anglosinois）。[17]

18世纪下半叶，英国资产阶级到东方贸易和殖民，增加了对东方文化的了解。遥远的异国，传说中的奇境，正利于逃避现实的先浪漫主义者寄托幽情。于是，中国、印度、土耳其和阿拉伯的建筑被介绍到英国。纳许设计的王室大厅（Brighton，1818～1821年），就是模仿印度莫卧儿王朝的清真寺。大约在1750年前不久，出过一本书，叫做《中国风的农家建筑》（William Halfpenny,？～1755年），1750～1752年间出了再版。同时，在洛克斯顿造过一座中国式的建筑物。18世纪下半叶英国最重要的建筑师之一，曾任王室建筑师的钱伯斯（1723～1796年），年轻时曾两次经商到过广州（1742～1744年）。回国之后到罗马学习建筑。1757年，他出版了一本《中国建筑设计》的书。此后，在其他著作中，钱伯斯继续介绍中国建筑。他特别推崇中国的造园艺术，在1770年出版的《泛论》中，他说：“在中国，不像在意大利和法国那样，每一个不学无术的建筑师都是一个造园家……在中国，造园是一种专门的职业，需要广博的知识；只有很少的人能达到化境。”在钱伯斯的影响下，陆续有一些英国人研习中国园林。饶有自然情趣的中国园林，很快征服了英国先浪漫主义者的心。它所表现的遁迹山林的生活哲学，正合于徘徊在暮鸦声中、夕阳影下的贵族们的心绪。钱伯斯为王室设计了中国式的丘园，其中造了一些中国式的小建筑物和一座塔（大约1757～1763年间），塔8角，10层，高49.7m。[18]

中国式园林一度在英国流行之后，又从英国传到法国，凡尔赛宫的小特里阿农的花园就是中国式的。传教士和使节们关于北京圆明园和其他皇家园林的生动描述，更加引起了欧洲人对中国园林的爱慕。在当时的德国和俄国，其

图 3－7　瑞典皇室夏宫

图 3－8　帕萨迪娜市太平洋博物馆

宫廷也曾经模仿中国的园林和茶亭之类的小建筑。但模仿得不伦不类，建筑物太多而且古怪，园林矫揉造作，斧凿毕现。瑞典皇家度假的夏宫也有按中国建筑的印象建造的建筑（图 3－7）。

古代建筑文化的交流虽然有很大的局限性，交流意识是基于文化主体性的，但仍然反映了文化传播的开放性、多元性与融合性（图 3－8）。

文化主体性有时是决定建筑文化发展方向的主要因素。这里特别要强调的是美国的建筑发展情况，因为这个国家的建筑发展，完整地代表了资产阶级国家和资产阶级本身对于通过建筑来体现国家精神和阶级价值观的面貌。美国是通过长时期的独立战争，摆脱英国殖民地的地位，在 1776 年成为一个独立的联邦国家的。对于这个独立共和国来说，通过建造政府公共建筑来体现国家的原则和立场是非常紧迫和重要的。美国的开国元勋都高度强调这些公共建筑的重要性。

美国建国初期，还有相当一部分亲英国的保皇派分子，他们在建筑上要求接近英国的主流风格，表示对于英国皇室的效忠，这类建筑在美国东海岸，特别是新英格兰地区和弗吉尼亚州一带很常见。而开国的革命者却希望能够通过建筑体现美国的民主精神，他们主张以罗马风格为主，兼容各种欧洲风格，形成古典折中主义的建筑面貌。美国开国元勋之一的托马斯·杰弗逊（1743～1826 年，后来担任美国总统）是促进罗马风格复兴的主要人物。他本人也是建筑家，曾经在法国学习建筑。他在建立美国之后，要求在建筑和规划上消灭一切殖民地的痕迹，建立自己独特的建筑面貌。他亲自设计了美国弗吉尼亚州的议会大厦（1785 年），是以罗马建筑为依据的典型作品。华盛顿市的城市规划是美国折中主义建筑思想的体现，也是美国初期城市规划的一个典型的失败的例子。这个城市的规划是法国工程师皮艾尔·查尔斯·朗方（1754～1825 年）设计的。美国想尽量摆脱英国建筑的影响，所以才邀请法国建筑师来为他们设计首都，其中包括公共建筑和城市规划。虽然华盛顿摆脱了英国贵族形式的影响，但是却严重地受到法国贵族风格的影响，特别是朗方设计的华盛顿城市规划，基本是法国波旁王朝，特别是路易十四时期的巴黎和凡尔赛宫规划风格的翻版。整个城市规划宏大、宽敞，采用几何放射形布局，充满了权力的象征意义，但是在功能上，却完全不符合市民的居住要求，无论是布局、街道安排、城市的尺度大小，都与居住不符。[19]美国文化受欧洲建筑文化的选择性影响可见一斑。

3.3.3 近现代跨文化建筑传播

西方现代主义建筑思潮产生于20世纪20年代，在中国近代中西文化的碰撞交融中，随着其他建筑文化一起传播到中国。在中国有本土建筑师接受现代主义思想设计的现代建筑，也有外国建筑师设计的现代建筑。由于缺乏工业化的基础及当时整个社会思想文化的制约，以及战争和社会的变革，现代建筑仅仅在20世纪三四十年代在中国昙花一现之后便戛然而止。1949年以前现代建筑在中国近代建筑中作为一种流派占有一定地位，这一时期中国的现代建筑与西方保持同步，具有先进性和启蒙性，作为西方现代主义在中国传播的产物，有了良好的开端。

1930年前后的中国建筑界有两点史实十分清楚。其一，在上海、天津、南京、武汉、青岛，以及在日本人侵占的大连、沈阳、长春、哈尔滨等地出现了现代建筑式样，或称“摩登式”、“现代风格”、“万国式”、“国际式”、艺术装饰风格、日本摩登等，其中包含有为数不多但较纯粹的现代主义风格的作品。其二，西方现代建筑文化及思想通过报刊杂志、建筑师的交流、建筑教育等方式在中国广为传播。这说明西方现代建筑运动的影响在其肇端初始就已波及中国，并产生了效应，中国近代建筑界与世界建筑发展保持着某种程度的联系。[20]

20世纪30年代的中国建筑界正是中国建筑师的“自立”时期，在这与世界相通的现代建筑设计潮流中，中国建筑师在具有强烈的民族意识的同时，表现出对现代建筑的热情，此时期从业的主要设计事务所或建筑师几乎都有现代式样的建筑作品。

作为现代建筑的中心都市，上海几所大学的建筑系与国内其他大学的建筑系相比，其建筑教育的体系更倾向于现代主义建筑思想。20世纪30年代沪江大学、之江大学的建筑系将建筑的实用、技术、经济作为教育的最重要部分。1942年创建的圣约翰大学建筑系更是将包豪斯的现代主义建筑教学体系移植到中国。圣约翰大学建筑系由毕业于伦敦建筑学院的黄作燊（1915～1975年）任系主任，他“深深敬佩当时正在英国的现代建筑大师格罗皮乌斯和他的现代建筑思想，1937年追随格罗皮乌斯至美国哈佛大学研究生院师从这位大师，成为格罗皮乌斯的第一个中国学生”。此外，在圣约翰大学建筑系任教的还有受教于德国包豪斯的德国人鲍立克，这决定了圣约翰大学建筑系更现代主义化的教育倾向。[21]

具有中国传统形式的建筑物一直被视为国家形象的表

征。而当人们追溯其源流时往往会惊诧地发现，这种建筑风格是在世纪之交时由外国人发明的。对中国传统形式的再运用首先出现在教会建筑中。这种趋势在以后教会学校的建造中达到高潮。例如，北京协和医学院和燕京大学校园，就是这类建筑的代表性作品。这种由西方建筑师设计中国风格建筑的现象，说明中国近代建筑的民族化从开始就带有国际问题的性质，而并不是一个简单的民族内部事务。中国传统建筑风格用于传教建筑，这种历史现象反映着帝国主义时代的东方与西方的关系。因此，可以用“东方主义”这一概念来解释；反映着西方人对东方的一种优越的责任感，并要教导东方如何保护其自身文化遗产。

然而，在当时西方对中国建筑的了解既负面又有限。例如，当时最有影响的世界建筑史书的作者弗莱切尔将中国建筑视为“个别”、“不具历史性”、“几百年毫无变化”，并因此得出结论认为“中国人缺乏建筑设计的感觉”。另一个建筑史家和东方学者弗格森声称“中国无哲学，无文学，无艺术，建筑中无艺术之价值，只可视为一种工业耳。此种工业极低级而不合理”。[22]

从20世纪20年代起，中国建筑师开始活跃在一向被外国建筑师所垄断的中国建筑的历史舞台上。以中国建筑师为主导的“中国固有式”建筑取代了以洋人为主的“中国式”。虽然在这一过程中，中国建筑师批判了洋人对中国建筑传统形式的无知，但实际上继承了“中国式”结合中国传统形式与现代功能与建筑技术这一基本方向，同时也继承了“中国式”建筑中所蕴涵的东方主义和作为其基础的启蒙史观。

20世纪50年代我国由于政治的原因，在亚非兴建了大量援外建筑。在当时国内复古主义盛行的年代，援外建筑往往成为建筑师实现自己现代建筑理想的机会。如程泰宁设计的加纳国家剧场和马里会议中心。这两个设计是援外项目中的精品，也成为中国现代主义建筑设计的杰作。创作环境的相对宽松以及跨文化的机遇，造成了中国建筑师实践建筑理念的机会。

20世纪80年代以后，中国建筑师特别是青年建筑师经常在国际设计竞赛中获得奖项，这是中国建筑师在中外文化交流中表达他们对理想建筑的追求。20世纪90年代以来，中国建筑设计进入了一个新的多元开放时期：西方先进的建筑理念持续引入，国际设计与合作广泛开展，在汲取和借鉴国外建筑理论与思潮的过程中，中国建筑师对外来思潮具有特别的概括和简化能力，每当流行一种建筑思潮或流派，在设计实践中，建筑师都喜欢按自己的理解将之编成“套路”，并进行“快餐式”的推广和应用。随着中国加入世界贸易组织，中国建筑设计舞台上国内外建筑师同台竞技正在成为常态，建筑行业也出现多元化的局面。

3.3.4 当代跨文化建筑传播

到20世纪90年代中后期，我们还来不及思考是否已走向世界时，另一个核心话语——全球化就迅速在中国登陆。无论我们怎样惊讶与不解，全球化都已成为一种社会各个层面的语境在中国弥漫并扩张开来。在中国本土的学术报告厅里，我们可以听到弗兰克·盖里、斯蒂文·霍尔、矶崎新等建筑大师（笔者注：准确地说是建筑明星）的演讲，在私底下的交流中，也会随时听到中国的“双语精英”分子的“欧洲口音”或“美国口音”等。但全球化并不能掩盖中国仍在延续的历史……[23]以上种种迹象表明，中国已在内力与外力的共同作用下逐渐进入全球化的语境。

国外城市规划设计事务所的项目在中国版图上的分布，正逐渐由点状的经济发达地区中心城市向全国延伸，并形成了局部的面，比如长江三角洲、珠江三角洲城市群中几乎每个市、区、镇都可看到这些来自境外专业机构的规划人员。而随着各地区之间对吸引外来资金竞争的日趋加剧，当地市民对城市环境要求水准的提高，更多的城市政府会更加注重本地区的城市建设。树立城市形象以对外引资，对内刺激投资以创出政绩。这样国外规划设计机构承担的项目无疑将越来越多。

近十年来，境外一流设计公司更加重视中国的设计市场，纷纷在中国的一线城市设立办事处或分公司，业务也在高端项目领域趋于稳定。随着分公司和办事处的建立，设计制作、深化等工作就在中国本地完成。境外公司高额的设计服务费，维持了他们做得少、做得精的状态。越来越多的外国设计师工作、生活在中国，他们不再只是受聘于境外著名设计公司，而逐渐开始在海归公司乃至本土公司里长期或短期工作。国际团队的设计服务也成为市场欢迎的一种服务方式，因此建筑的跨文化传播时时在发生。

在西方往往只是书本、杂志或展览会上出现的畸形建筑，现在中国北京及其他少数特大城市却真正地开始盖起来了。中国真正成了“外国建筑师的实验场”，造成这种现象的原因是极其错综复杂的，这是全球化积极作用与负面影响的产物，是建筑界思想混乱的产物，是我们社会包括我们同行们造神运动的产物。进入新世纪，中国经济社会快速稳步发展，城市化已进入加速时期，无论是沿海还是内地建筑事业都欣欣向荣，规模大、发展速、进步快。可以说我们有着空前的大好机遇，我们在进步，我们有理由相信，一定会出精品、出学术、出人才。但是，我们也应当清醒地看到，我们还未充分利用优越的多种条件，并且还面临着前所未有的尖锐挑战。由于中国建筑设计、城市设计“市场”的兴旺，国际上一些建筑事务所纷纷来中国“抢滩”，甚至作为“新建筑设计实验场”，这一方面是好的机遇，可以更好地交流，另一方面由于种种原因，中国建筑师未能直接主持一些重点工程，一般只作为合作者的配角。中国建筑师应该考虑如何经营自己的舞台。[24]

中国当代建筑设计对外传播——中国当代建筑设计对外传播对象开始时主要是亚非拉。近年来中国建筑师在技术和创意方面也有较快成长，他们积极开拓海外市场，并在前苏联、中亚、非洲以及拉丁美洲活跃，设计出了一批较高品质的作品。笔者在项目中遇到过一位莫斯科开发商，他十分欣赏中国的住宅区设计，他认为中国南方的住宅小区环境优美，建筑典雅，房型舒适，简直无可挑剔。他认为只要照搬到莫斯科就很先进了。这说明在成熟的房地产市场发展中，中国住宅设计水平有了长足提高，并得到周边国家认可。

与此同时出现的是前所未有的中国与境外建筑师（主要来自欧洲、美国、日本和部分其他亚洲国家和地区）之间的对话。当代中国建筑师在国外的学术活动和设计输出是有着对话意识的建筑跨文化传播实践活动。中国目前处于主力军的建筑师在 20 世纪 80 年代后受到向西方和国际开放的建筑教育，其中有些还到美国、欧洲和日本学习。作为现代中国建筑史上的新生力量，他们在 20 世纪 90 年代后期出现在中国的建筑舞台上。他们正以纯粹、解析、建构的现代主义语言，打破装饰的社会现实主义的中国现代建筑传统及背后的自 20 世纪 20 年代引入的巴黎美术学院的基本体系，大有成就历史突破的趋势。同时，他们对自身设计立场的自觉意识也日益增长，而社会本身也愈加宽容，甚至需要新一代的批评和“超前”。这一代建筑师已经出现几批，有更多、更年轻的建筑师正在崭露头角。目前来看，他们中较有影响的包括：张永和、崔恺、刘家琨、马清运、王澍、艾未未、张雷、周凯、李兴钢、张斌、大舍工作室（柳亦春、庄慎、陈屹峰）和都市实践（朱锫、王辉、孟岩、刘晓都）等许多建筑师。值得注意的是，这个话语空间也延伸到海外机构如大学、展览中心和展览活动（如柏林的埃德斯展览馆、巴黎的蓬皮杜国家文化艺术中心、威尼斯双年展），进入一个国际的网络社会。[25]

在中国跨文化建筑传播热闹的背后，也存在明显的问题，主要有以下两点：

体制性不足——现在的市场格局基本是：标志性建筑或城市地标公共建筑通常委托国际知名设计公司进行邀标，部分房地产公司或银行金融机构通常委托国际知名设计公司设计或邀标，这些构成了境外设计公司在中国的主要业务。几乎所有“国际规划设计招标”的活动中，都很少看到国内同行的参与。这样的“国际招标”从逻辑上不通，组织管理上更有不公正之嫌。中国的建筑师、规划师及其事务所难道就不能在这个“国际招标”中有所展示？“国际招标”是一块门帘用以遮丑，还是一块盾牌用以挡箭，在对“国际招标”概念的误读中，规划设计市场从一个自我封闭的极端走到了另一种自我排挤的极端。[26]

又如，有的建设项目，要求投标单位必须是境外或与境外合作的设计机构，难道本地设计机构还要争取“国民待遇”吗？再如，合作设计的机制与操作细节问题，对境外建筑师理念和创意的完善、深化，这部分的知识产权和具有的价值如何实现，本土建筑师的智力劳动不应被淹没，合作设计不是“劳作设计”……市场全面开放，随着执业注册建筑师互认工作的进展，境内外建筑师的界限将越来越模糊，境外独资设计机构的出现，将会吸引不少本土建筑师入伍，那时，出现连施工图也会“统吃”的情况也就不足为奇了。我们的设计院（所）会不会陷入更大的被动，中国会不会成为更大的“实验场”，如何应对这些新的挑战，的确是应该抓紧研究的问题。[27]

主体性缺失——现在越来越多的中国建筑师能到国外考察或学习进修，这是建筑师主体经验的全球化；同时，信息传播的全球化更加快了交流和影响。在形式方面，中国建筑师紧随世界潮流，如新现代、极简主义的流行就是风格上的追随。在心理层面上，从海外归来从业的建筑师往往以所依托的异国文化背景为资源，希望发挥其优势，而形式与文化的差异又容易给人新鲜感，满足求新的需求。所以德国回来的做德国风格，美国回来的做美式风格，各卖各的。中国建筑界在信息传播上已经与世界同步化了，各种国际新潮都能很快地在中国找到影子。年轻一代明显对中国问题不那么担心，他们尤其希望做出高质量的建筑。他们既朝向西方，也朝向中国。他们以更自发的方式运用传统元素，对材料的尝试更甚。随着市场经济的确立和公民社会的逐步展开，这些建筑师今天有了新的社会经济基础，可以以此为依托，表达自己的声音和“作者”地位。同时，国际的关注也是这一新兴批评立场的另一个重要依托。如果仔细观察中国的新兴建筑明星的实践，我们会发现其中西方的影响。直接或间接地，库哈斯、弗兰姆普敦、亚历克斯·沃尔、罗德尼·普雷斯等许多西方人的影子出现在这些中国建筑师的设计和写作中。[28]

(a) 朱家角镇政府西站

(b) 朱家角镇政府内弄

(c) 朱家角镇政府南立面

图 3-9 朱家角镇政府

庄惟敏先生专文指出面对影响国家经济、社会、文化的重大项目，一些国内建筑师自觉将自己的战场移师至中小建筑，避开竞赛，无须投标，最好是朋友直接委托，在相对简单、少制约的氛围中"玩"一把，特别是再碰到一个"哥们"业主，有闲钱、有闲情、有闲时让你纵情玩一把，以此诞生出一批极有"特征"的建筑。建筑师也因此另辟蹊径，独闯出一片天地。在这些作品中，建筑师压抑许久的激情迸发出来，强烈的表现性语汇彰显无遗，追求纯粹的意境，追求超群的特点，有人称之为"实验建筑"。[7]这些建筑在小众的交流中都呈现出一种相似的倾向，那就是中国身份的另类表达，如果说以往的"中国特色"表达是中国形式、现代功能和结构，那么当前的"中国身份"表达的是西方理念、中国表皮与材料，是按照西方新潮的"表皮"思想将或真或假的中国材料"活用"、"新用"，如将青砖吊在屋顶上做顶棚，将瓦砌成隔断墙或铺在地上等。开始具有一定的新意，但又很快变成流行的时尚。从文化层面而言，跨文化的艺术实践由于特殊的背景，获得较大的空间与广度，容易成功。但这种成功是一定层次的成功，是文化杂交和文化交流的成功，不一定导向本体升华的最高境界，如谭盾在音乐方面，张艺谋早期在电影方面。沉醉于这类成功很危险，它使人远离艺术的心灵主体，陷进文化的形式操作，张艺谋就是典型的"东方主义"个案，建筑界也要反思类似问题（图 3-9）。

我们从这些中国建筑师的实践和宣言式的论述中看到的是非线性的和非单一化的对外来思想的撷取。这种具有个人取向式的叠加似乎很难被简单地归结为对某个人或某一种思想的直接应用。其混合的特质既有可能预示着某种条件下新的建筑话语的出现，也有可能是对已有的理论话语的充实或修正。其更重要的价值在于开启了对跨文化交流中复杂性和多样性的思考。这里需要指出的是，中国建筑理论是不断引进一轮又一轮的西方理论来阐释自身实践，还是从主体建筑文化的建设中生产自己的一些理论模式，应该是一个特别值得关注的问题。我们意识到在中西对话之中有一个非对称的情况，西方建筑师对中国高端市场的兴趣并不需要他们面对一些中国的重要问题，为西方建筑师保留了一种后东方主义的可能。同时，我们也可以意识到中国建筑学的发展不能因为与国际接轨的要求，强化媒体炒作而淡化面对本国问题的认真思考。因此，我们可以这样认为，当前中国建筑学的跨文化对话的任务之一，就是要引导参与对话的人员，针对中国基本问题的独特性展开交流。[29]

建筑师所要面对的正是全球化知识传播体系与本地化项目的社会运作这两者相互交织的权力现场。在全球化浪潮的冲击下，跨文化传播日益频繁。作为大众传播媒介和文化艺术载体的中国建筑，必须以积极的姿态应对竞争，广泛参与世界范围内的跨文化传播。洋设计不再新鲜，但已成为设计工作的一部分。中国设计师也在不断学习国外先进设计中不断进步，今天，我们对新技术和新材料已不再陌生，对建筑理论也很熟悉，信息量比较充足；与境外设计师的设计差别正在缩小，可能更多的是思维角度的差异或表现的差别。所以我们更应该从主体间性立场出发，“和而不同”地参与跨文化建筑传播，与国际同行开展真正的、高水平的对话。

3.4 本章小结

本章第一部分主要介绍了文化传播理论和对话理论的重要内容，涉及文化传播的发展如文化的融合、增值和变迁。从历史发展的角度对进化论和传播论进行比较，分析了文化传播的特性如社会性、创造性、互动性、永恒性以及开放性、多元性与融合性，在对话关系方面从主体性视野到主体间性或主体通性视野，并提倡“和而不同”的对话的原则。本章第二部分对建筑文化传播的历史进行了回顾，从古代东西方建筑艺术的传播中看到建筑文化的融合、增值和变迁，从中反映了文化传播的开放性、多元性与融合性；从近现代中西建筑传播看到对话关系的发展；从当代跨文化建筑传播的体制性不足和主体性缺失中呼唤“主体间性”，提倡“和而不同”的对话原则。

这两部分内容构成了文化传播理论与建筑跨文化传播现实的对照。有必要指出，文化传播理论和对话理论既是传播理论的分支，又是与下文跨文化传播理论相关的社会科学理论，因此能够直接应用于建筑文化传播的分析和理解，本章旨在建立“和而不同”、对话发展的建筑跨文化传播认识论。

本章注释

[1] 周泓铎．文化传播学通论［M］．北京：中国纺织出版社，2005：22.

[2] 周泓铎．文化传播学通论［M］．北京：中国纺织出版社，2005：3.
[3] 周泓铎．文化传播学通论［M］．北京：中国纺织出版社，2005：6－7.
[4] 周泓铎．文化传播学通论［M］．北京：中国纺织出版社，2005：34.
[5] 周泓铎．文化传播学通论［M］．北京：中国纺织出版社，2005：18.
[6] 乔治・麦克林．全球化与存在论差异［M］．邹诗鹏译．武汉：湖北人民出版社，2006：126－128.
[7] 罗贻荣．走向对话：文学・自我・传播［M］．北京：中国社会科学出版社，2006：74.
[8] 罗贻荣．走向对话：文学・自我・传播［M］．北京：中国社会科学出版社，2006：86－87.
[9] 罗贻荣．走向对话：文学・自我・传播［M］．北京：中国社会科学出版社，2006：86－87.
[10] 罗贻荣．走向对话：文学・自我・传播［M］．北京：中国社会科学出版社，2006：90.
[11] 罗贻荣．走向对话：文学・自我・传播［M］．北京：中国社会科学出版社，2006：129.
[12] 乔治・麦克林．全球化与存在论差异［M］．邹诗鹏译．武汉：湖北人民出版社，2006：8.
[13] 罗贻荣．走向对话：文学・自我・传播［M］．北京：中国社会科学出版社，2006：74.
[14] 周泓铎．文化传播学通论［M］．北京：中国纺织出版社，2005：115.
[15] 周泓铎．文化传播学通论［M］．北京：中国纺织出版社，2005：50.
[16] 乔治・麦克林．全球化与存在论差异［M］．邹诗鹏译．武汉：湖北人民出版社，2006：10－211.
[17] 刘福智．景观园林规划与设计［M］．北京：机械工业出版社，2003：64－71.
[18] 陈志华．外国建筑史（十九世纪末以前）［M］．北京：中国建筑工业出版社，1979：201.
[19] 王受之．世界现代建筑史［M］．北京：中国建筑工业出版社，2001：20－21.
[20] 徐卫国．中国现代主义建筑的近代先锋——中国现代主义建筑及思想研究［J］．建筑师，1999（91）：4.
[21] 徐卫国．中国现代主义建筑的近代先锋——中国现代主义建筑及思想研究［J］．建筑师，1999（91）：11－12.
[22] 徐卫国．中国现代主义建筑的近代先锋——中国现代主义建筑及思想研究［J］．建筑师，1999（91）：12.
[23] 李东．后媒体时代的建筑理论与批评［OL］.［2006－07－29］．http://www.hrbyuyang.com/art/sheji/jz/2009/0220/72_2.html.

[24] 吴良镛．最尖锐的矛盾与最优越的机遇——中国建筑发展寄语［J］．建筑学报，2004（1）：18－19.
[25] 朱剑飞．关于“批评的演化——中国与西方的交流”的讨论［J］．薛志毅译．时代建筑，2006（5）：59.
[26] 吴志强，崔泓冰．境外建筑师的试验场——境外规划设计事务所近年在中国大陆发展的记录与思考［J］．时代建筑，2003（3）：30.
[27] 宋春华．平心持正静观反思——对当前建筑设计市场若干问题的思考［J］．建筑学报，2005（5）：17.
[28] 朱剑飞．关于“批评的演化——中国与西方的交流”的讨论［J］．薛志毅 译．时代建筑，2006（5）：61.
[29] 冯仕达．王凯中国建筑学中跨文化对话的前景刍议［J］．时代建筑，2006（5）：28.

附录B　倾中外设计名师，造传世精品美筑*

——"苏州·旺山六境"项目启动国际研讨会

这是一场

市与野的兼顾，人工景致与真山真水的对话：

承苏州私家园林的内向层次，合山林环境的盎然野趣。

这是一次

个人化的当代解读，叙述着苏州建筑园林与文化：

在山林中的现场，构筑此时此地的建筑。

这是一席

当代与传统的对话……

全球化与本土化的对话……

2010年11月17日下午，阳光明媚，秋高气爽，"苏州·旺山六境"项目研讨会在苏州旺山环秀晓筑养生度假村召开。"旺山六境"项目邀请了中外著名的建筑师操刀设计：美国南加州建筑学院前院长、美国知名建筑师 Micheal Rotondi，同济大学建筑与城市规划学院博导项秉仁教授，东南大学建筑学院前院长博导、梁思成建筑教育奖得主仲德崑教授，法国与日本注册建筑师 Fred，丹麦知名中青年建筑师 Lars Gitz，苏州大学建筑与城市规划系主任、博士刘晓平教授。本次邀请的建筑师中外各三名，年龄也对应，体现了跨文化交流的对等性；另外，项目设定主题和目标，确定由业主和设计协调人作为决策者，避免了集合设计只顾自说自话，没有交流和协调的环节。项目从一开始到完工，将举办四次交流和协调会，学术媒体也会参与，这样的机制保证了跨文化交流实践的有效性和针对性。

为了更好地理解项目主旨，会前主办方组织了现场踏勘网师园、平江街历史街区的考察，中外建筑师收获良多。研讨会上，设计召集人刘晓平教授介绍了项目的主要概念和建筑学价值的追求，强调以当代的、全球的视野和个性化的语言在旺山表达苏州人居文化与理想，然后解释了项目的设计条件平台。中外建筑师就"旺山六境"谈了自己的看法。项秉仁教授提出集合设计要有适当的控制机制，否则最后整体效果会失控；他提出方案是否可以由参与者表决，如被否决必须修改。仲德崑教授认为，六栋建筑在形式上可以差异化，但需在精神上达到一脉相承。美国知名建筑师 Michael Rotondi 先生发言精辟，他说上午考察网师园让他感受到苏州园林在叙述着昨天生活的故事和世界，因此生活是永恒的，而我们（此次设计）就是要说今天和明天的故事。丹麦知名中青年建筑师 Lars Gitz 也从欧洲人的角度解读苏州园林，他认为苏州园林建筑与室外景观并重，在其间能感受时空体验还有自然光的运用，因此他将借鉴此于作品中。刘晓平教授谈到在前期研究时担心本项目因各地块狭长相邻边较长，担心私密性问题，但重访网师园则颇受启发，有了良策。法国与日本注册建筑师 Fred 就功能设置、建筑细部提出了自己的看法。嘉宾刘伟教授认为本项目要回归东方文化，并期待六个美妙的故事在“旺山六境”演绎。最后在愉快的气氛中六位建筑师分定了六个地块。

本次研讨会由苏州大学建筑与城市规划系主任刘晓平博士主持，《时代建筑》、《中外建筑》、《建筑与文化》与《室内设计》杂志均派出主编或代表参加了讨论会。大家表示十分期待六位建筑师的作品，并将跟踪报道（图 B－1～图 B－3）。

图 B－1　研讨会一行的专家

图 B－2　专家们现场讨论设计

图 B－3　研讨会现场

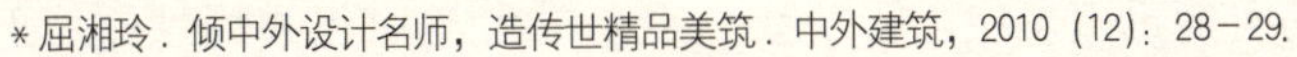

＊屈湘玲．倾中外设计名师，造传世精品美筑．中外建筑，2010（12）：28－29.

第4章　全球化理论与跨文化建筑现象

4.1　全球化理论发展与跨文化建筑现象

无论如何，一个不容忽视的事实就在我们的面前：全球化就在人们的生活世界之中，全球化已经成为我们所处时代的显要特征。在这个意义上，我们更需要深思吉登斯对全球化的判断："全球化并不是我们今天生活的附属物，它是我们生活环境的转变，它是我们现在的生活方式。"[1]

4.1.1　全球化：理论与现实

全球化使每一个国家都进入了一种以市场为主宰的经济大循环之中，在这样一个大的国际循环中，抓住机遇就有可能迅速发展，反之就必定会成为全球化的牺牲品。正如席勒指出的，"全球化"表面上是说任何人都有参与的权利，但如果你不参与其中，那么就要落后或者要失去一切。作为后发展国家，关键是如何利用自身文化的优势，如何在全球化的大众文化中再现自己。近几年，我国学术界掀起了关于东西方文化比较的讨论热潮。这使人想起了20世纪初的新文化运动，尽管时间已过去百年，而所争论的仍旧是东西方文化孰优孰劣的问题。一个问题纠缠百年而未有结论，说明问题的复杂性；两次论战均由文化比较进而涉及政治经济以及科学技术等多个领域，涉及社会发展方向，更使人们对这一论争的重要性和现实意义有了清醒的认识。对于中国建筑师来说，在全球化语境中对东西方文化进行认真的思考和比较，不仅对于个人的创作，特别是对于中国建筑的发展更有重要的意义。[2]

20世纪90年代后，全球化趋势日益明朗化，各种对全球化议题的研究也风起云涌，在当代社会学中，更是视角纷呈。社会学家开始从不同的视角中来寻求对全球化的恰当理解和合理解释，从而大大促进了全球化的研究和社会学自身的发展。尽管有人把全球化的历史推到了500多年前的哥伦布发现美洲新大陆甚至更早的时间，而且在这500多年的历史进程中也不乏人们对这种人类社会由多中心时代走向全球性时代的社会变迁的种种思考，但是真正具有全球意义的全球化及其理论研究应该至少到了20世纪中后期，其标志性事件是新技术革命的来临、市场经济在全球范围的确立、全球性问题的形成与扩展、全球共同意识的崛起与强化等，这不仅在实践上大大加速了全球化的进程，增强了全球化的影响力，而且在理论上也深化了人们对全球化的认识，学者们纷纷从政治学、经济学、历史学、文化学、社会学等不同学科角度来考察与研究全球化议题，并不断加强了不同学科之间的联系与合作。社会学对全球化的理论研究始于20世纪中后期，六七十年代主要有索罗金的全球趋同论、雷蒙·阿隆的国际社会论、贝尔的后工业社会论、沃勒斯坦的世界体系论，七八十年代又出现了托夫勒的超工业社会论、奈斯比特的大趋势论，90年代则形成了更具有全球化研究针对性的吉登斯的制度转变论、罗伯森的文化系统论、斯克莱尔的全球体系论和卡斯泰尔的网络社会论等。[3]

马克思有关全球化议题的观点至少包括：①全球化是一个进步的过程，无论在技术上还是人类发展阶段上都是如此；②全球化的根本动力是经济发展；③全球化造成了各种文明之间的碰撞和交流；④全球化为人类最终的共同解放奠定了基础。[4]

当代全球化理论对全球化的认识主要涉及以下几种观点。

1. 作为全球生产与消费体系

沃勒斯坦曾说过，在某种全新的意义上，现代世界已经成为一个互动的体系——世界进入大规模的互动状态已达数世纪之久，但就其秩序和强度而言，当今世界所卷入的互动达到了一种前所未有的新境界。任何一种文化都必须面对这个新的局面——“现代世界体系”就是一张联结第一世界和第三世界的网，这张网将世界的生产和消费联结到了一起，任何一个国家发展的机会都依赖于它在这个体系中的位置。当前，大众文化作为“组织资本并传播生产欲望的文化，随跨国资本的发展进入跨国化的过程，已成必然”。面对大众文化提供的这样一个既充满危险又充满机遇的环境，我们只有一种更有希望的选择，就是更好地动员各种资源来为大众文化的发展提供动力。我们也看到，文化工业发展不仅与经济相关联，而且也与民族文化的完善相关联，进而成为了一个整体性的问题，只有主动参与到这样一个过程中去，才有可能“扩展我们有理由珍视的那些自由，不仅能使我们生活得更加丰富和不受局限，而且能使我们成为更加社会化的人、实施我们自己的选择、与我们生活在其中的世界交往并影响它”。

从社会学的角度将世界作为单个体系来分析，沃勒斯坦把现代世界体系分化为三种国家类型：核心国家、边缘地区、准边缘地区。罗伯逊（1992 年）对全球化作出了如下界定：“同时表现为世界的压缩与将世界视为一个整体的意识的强化”。[5]

2. 作为现代性发展的后果

全球化的观念同样也融入了吉登斯（1990 年）关于现代性及其发展的分析。在吉登斯看来，现代性主要有以下三点文化或现象学性质的特征：①时间与空间彼此分离，愈益伸延开去；②各项社会制度从地方情境中“抽离”出来或者说提升出来，在更为广阔的时间和空间范围内重新组织在一起；③对知识的占用越来越具有反思性。[6]也就是说，人类社会在工业化以来总体上进入现代性社会，世界各国都在向着现代化和工业化发展，高度工业化和现代化的社会文化自然向发展中国家延伸影响，形成全球性的现代化发展趋势。

现代社会之所以成为现代社会，是由于它具备着一些与以往的社会不同的特性，而这些特性就是我们通常所说的“现代性”。只有当一个社会具有这种特性之后，它才可被称为现代社会。而现代社会与以往的社会的不同，又绝不仅仅只是枝节上的不同，而是有着根本上的差异，或者说结构上的差异。所以，现代社会的根本组织原则和思想原则都是一种崭新的东西……“现代化”是一场全球性的从传统社会向“现代”社会的大变动，它不知不觉地改变了整个人类社会基本的文化取向和价值系统，以至于对每一个民族或国家，“现代化”都成为了一种不可抗拒的诱惑和一个渴望的社会目标。从这个角度可以理解上文中马克思的观点“全球化是一个进步的过程，无论在技术上还是人类发展阶段上都是如此”。因此，全球化并不单单是定位于现代性的历史阶段之内的，它实际上是一种“现代性的后果”。[7]

香港中文大学教授、著名社会学家金耀基先生指出：中国社会文化问题在根本上是一个“社会变迁”的问题。“百年来中国知识分子所主张的保守主义也好，全盘西化也好，中西合璧也好，都是古典中国在西方文明挑战下所产生的本土运动的几个面相。从文化认知的观点来看，就不免有令人失望的地方。我们已明白地看出，中国的出路不应再回到‘传统的孤立’中去，也不应无主地倾向西方(或任何一方)，更不应日日夜夜地在新、旧、中、西中打滚。中国的出路有而且只有一条，那就是中国的现代化。其实，这也是全世界所有古老社会唯一可走并正在走的道路。”事实是，尽管中国（或任何其他国家、民族）的现代性必然地具有自身特殊的历史的具体性，但它并非是与西方的现代性决然不同的东西。今天，西方的现代化理论在基本构架和实证研究两个方面均已有了极为丰富的积累。作为后发展的国家，我们在建构中国的现代化理论时，既不可能撇开这些积累，也不能简单地译述或套用。就文化发展和建筑文化而言，随着欧洲工业化诞生的现代主义设计思想很快成为国际性思潮，甚至出现了“国际式”建筑，这是全球现代化的体现。但是，现代性发展经历了代表后工业社会精神的后现代主义思潮，单一的“国际式”已受到批判、质疑，正如吉登斯分析的，地方性的文化通过“抽离”提升，在全球化的高度进行重组，构造一种新的文化。

3. 文化全球化的认识

针对文化全球化的趋势，存在两种态度。一种认为文化全球化是“恶梦”。全球化其实是现代西方霸权国家以细致（尤其是消费欲望的满足）的方式，进行更全面的殖民主义侵略。席勒还运用沃勒斯坦的世界体系理论，提出了“媒介帝国主义”的概念，指出跨国文化工业的运作切合了资本主义世界体系的运转逻辑与意识形态需要，媒介帝国主义现象之所以发生，是因为发达国家尤其是美国文化工业冲击了发展中国家，使得发展中国家的受众全盘接受资本主义的消费主义价值观，成为西方文化霸权的受害者。约翰·汤姆林森指出，“文化帝国主义”主要有两项控制特征，即资本主义商品文化的控制及西方文化的控制。在这两项优势条件下，现代人的生活是由 Coke、McDonalds、CK、Microsoft、Levis、Nike、CNN、Marlboro 等财团营造出来的一致性口味、风尚、语言观念、价值判断等，而其所看齐与认同的对象是西方文化及其生活形式。面对西方文化的扩张，本地社会若不能积极增加本土文化的抗衡力量，那么其本土文化则将无情地被同化而消失殆尽。[8]

关于文化全球化还有另一种“美梦成真”的观点，认为文化全球化使得个人与团体在社会中拥有更大的活动空间去追求自我的实现，表现与他人的差异性。换句话说，伴随着全球化的是个人化与多元化的社会发展趋势。“世界公民权”的理想将被国际组织制度化加以实现。全球化所形成的“世界社会”是“无统一性的多样性”。[9] 相比之下，美国传播学者埃米尔·麦卡纳尼的观点则略显中立：“全球思维，本地制作”使得文化的价值、规范和认同变得模糊了，“文化帝国主义或媒介帝国主义的说法可能已经过时，但市场标准和内容标准的冲突还将延续”。[10]

4. 全球化与中国发展

民族文化生存在经济全球化的过程中，第三世界各国的文化都有一个“生存”问题。这是由于西方的强势文化对各弱小民族的文化生存构成了极大的威胁。各民族为了自己的生存与发展，学习西方，发奋图强，都面临在学习西方科学技术的同时如何对待西方文化的问题。在全球化浪潮席卷全球，而全球化带来的利益主要偏向发达国家的形势下，广大发展中国家如何参与经济全球化，获得更多的利益，已成为其必须努力解决的课题。全球化是当代世界政治经济发展最根本的特征；是世界历史发展的必然趋势；是资本主义生产关系萌芽和产生以来，至今仍在继续的世界各国的相互联系、相互影响日益拓展和加深的过程。对全球化的研究已经渗透到中国的各个学科领域，多数学者主要从经济发展这个角度来认识全球化的影响。概括总结为以下几点：

1）发展中的社会主义中国必须融入全球化进程。

（1）全球化是世界历史发展的必然趋势；

（2）社会主义发展必须契合全球化进程；

（3）融入全球化是中国后来居上的必由之路。

2）全球化对中国社会发展的冲击。

（1）非政府组织对民族国家实行超国家干预，给中国社会的政治发展带来影响；

（2）世界经济的发展和财富分配的严重不平衡，影响了中国“共同富裕”的实现；

（3）中国优秀人才的大量外流，使21世纪中国的高科技生产力面临挑战；

（4）环境退化与全球化进程同步，将使我国国家生态安全面临威胁；

（5）文化信息全球共享，东西方文化冲突凸现，中国特色的社会主义文化建设面临文化霸权主义的冲击。

随着对全球化研究的深化，关于全球化的认识更加全面、更加客观，全球化理论研究也从认识层面走向方法论层面，关注如何在全球化的现实中积极获益。下面以三个全球化理论观点来考察跨文化建筑传播现象。

4.1.2 “文化霸权”论与跨文化建筑传播

激进的理论家和马克思主义者在全球化的语境中，发现了背后隐含的权力、支配关系和殖民主义的遗产。后殖民理论作为一种文化批评理论也是在这样的背景下产生的。许多研究者特别是非西方出身的学者，都发现了全球化语境中被遮蔽或神秘化了的那部分。杜克大学教授阿里夫·

德里克指出:“全球化变成一种神秘的力量，它迫使所有生活在它的统治下的人们都不惜一切代价遵循它的命令。”萨义德在《东方学》中描述道:“欧洲人以想象的方式创造了东方，然后用这种想象指认东方。因此，西方与东方之间存在着一种权力关系、支配关系、霸权关系。”东方是被西方“东方化”后制作而成的，这就是葛兰西所说的文化霸权。“文化霸权”词条化的解释是:“指一个支配群体运作其控制的权力，这种控制不是透过可见的法规或力量的部署，而是经由公民情愿地默认接受从属地位，他们确认了基本上是不平等的文化、社会和政治实践与制度。”确切的解释却应是，这种霸权不是经由公民情愿地默认接受从属地位，而是通过“积极的赞同”来实现的。这一点我们可以通过当下美国大力推销的文化工业产品，特别是各种文化消费品，将它们所负载的价值密码和生活趣味推向全球，并在各地掀起时尚的浪潮而看出。这种生产、消费的关系，不仅将文化输出国的文化作为普遍的价值标准，以强势话语的方式挤压弱势文化的本土传统，同时还以询唤的方式诱导了被输出国的文化生产。当年，曾在国内引起激烈争论的《红高粱》、《大红灯笼高高挂》、《菊豆》、《霸王别姬》等第五代导演的影片，无论他们为中国的电影发展作出了什么贡献，有一点不能回避的就是，他们正是按照西方的想象叙述了中国的本土故事，它们能在西方首先获得承认并且获奖，与被西方“东方化”不能说没有关系。[11]

面对全球化及其语境中的文化霸权，我国学者也作出了不同程度的回应，但纵观他们的姿态，还不如其他出身于第三世界的学者来得尖锐和深刻。在经济全球化，中国快速发展、扩大开放的经济环境和大规模的建设活动中，中国建筑师处于何种状态，这是业内同行，也是国人十分关注的问题。有的学者直言不讳地指出，“境外建筑师和规划师全面介入了中国各城市的城市规划、城市设计和建筑设计，甚至成为中国城市现代化的主力军”，“然而，中国建筑以及中国建筑师、规划师在国际城市规划与建筑领域中却面临着边缘化的状态。”(郑时龄:《中国建筑面临边缘化》)这种“配角”和“边缘”状态可以理解为，一方面是建筑师的话语权、知名度、作用力和市场份额趋于劣势地位，另一方面是本土建筑文化的影响力、辐射力、感召力表现微弱，这不能不说是个沉重的话题，不能不引起我们的焦虑和思索。[12]一方面我国的决策机制在大型公建项目建设中倾向于外来设计，使中国大陆城市的标志性建筑带有明显的外来痕迹，这种情况在建设高峰期的邻国日本并未出现。我们希望国际化的竞争机制至少应该面对国内建筑师开放，参与权要公平。另一方面，国内的建筑明星参与少数几次国际建筑交流活动时拿出的作品，要么按西方趣味做“基本设计”，要么按西方的“东方化”的视野做“土木”和“竹瓦”。与早期中国电影界非常类似，这似乎验证了建筑传播领域的“文化霸权”现象也是通过“积极的赞同”来实现的。

4.1.3　“全球地方化”与跨文化建筑传播

西方学者中也有很多否定或质疑“文化同质化”的观点，比如，“过去的和现在的文化发展走的并不是文化单一化和标准化的道路”；“全球化并不意味着文化的同质化”等。其中，英国学者汤姆林森的观点非常突出。在他看来，判断文化帝国主义现象的存在与否，取决于阅读这些帝国主义文本的反应。他也通过有说服力的证据表明“认为文本能够穿越各个文化疆界而仍然分毫无差的说法，并不可信”。他还提醒人们，“从人类文化传播的历史来看，不同文化接触后，必然会处于连续的、程度不一的变化状态之中，但这与“文化同质化”是有差别的，不能混为一谈。譬如，当代的阿拉伯文化就不仅仅是本土文化的总和，它在不同程度上受到了来自古希腊与罗马文化、中世纪以及现代欧洲和当代美国文化的影响。但是，不能说阿拉伯世界就此失去了一套有特色的文化认同体系，也正是这种体系把它与世界其他地区分别开来。在这个意义上，尽管全球化时代存在着“文化同质化”的现象，但并不意味着我们已经或即将拥有一个统一的、同质的“全球文化”；相反，由于长期积淀的社会习俗、宗教信仰和民族认同的巨大影响，即使受到冲击，许多人们对于世界的认知也是稳定的，很多文化体系的根本尚难以撼动。一些学者提供的大量证据也显示，与全球文化“同质化”同时显现的一种现象是，“现今世界在意识形态、民族、宗教和国内生活方面不仅更加多元化，而且更加分散了”。两种不同的文化现象似乎同时在发生：一种是沿着美国路线的“文化同质化”；另一种是“部落主义”的复活。这就是一些学者提出的“混杂化”（hybridization）的趋势：同质化和异质化同时存在的一种过程，有时高涨，有时衰落，有时加速，有时减速，而全球化带来的不过是“混杂文化的混杂化”。美国学者罗兰·罗伯森的研究就关注了这种全球“混杂化”现象，“当代全球化意味着全球复杂性和密集性，包括地方复杂性和密集性有了相当大的提高”。他还提出了一种“全球地方化”（Globalizaiton）的设想，指的是“所有全球范围的思想和产品都必须适应当地环境的方式”。他认为，必须将“全球地方化”的考虑与“文化同质化”的观点进行对照分析。在这些论者看来，那些持有“文化帝国主义”论调的学者事实上是否认了世界上任何地方的受众都具有聪明才智、领悟能力、批评精神和想象力，同时指出，所有的国家都需要外界思想的刺激，它们可以从美国学习到许多东西——包括如何以自己的方式扩充自己的力量。[13]

因而，全球化研究应避免将全球化当做是本土化的对立面，或是认为全球化与本土化是相互排斥的。相反地，罗伯森指出，一方面全球化需要“本土”得以进行，但另一方面全球化也是本土的构成条件与存在脉络。即“世界的压缩”已经并且将继续不断地增加本土性的创造和落实。在此观点下，同质化与异质化两个过程对全球化来说是“互补的”及“互相渗透的”。另外，后现代主义学者或后殖民主义学者所提出的“拼贴”(collage) 与“混种化”(hybridization) 等同样也只是描述性的概念，虽然传神地将现代社会生活的暧昧失序与矛盾冲突表达出来，但对全球在本土的具体进行过程以及相关的社会机制并未能作详细的说明。用全球与本土的联结关系能够作更清楚的说明。

我国建筑界经历了从关于“传统”与“现代”这一百年争论议题和当代的“国际化与本土化”议题的延续，这一问题长期得不到清晰的解答。然而，如果我们以“全球地方化”和“全球与本土联结”的观点来理解，就不再是二元对立的二选一思考模式，而是二元相克相吸的关系式思维模式。诚如罗伯森所强调的，全球化是同质化与异质化两者、普遍性与特殊性两者同时进行的过程。

4.1.4 “生活组合建构”与跨文化建筑创新

现代社会在过去的几十年内经历了一个结构性的整体变迁，全球化不仅是金钱、商品、电子、资讯等跨越地理疆界到处流动，更重要的是全球化形成现代人日常生活的意义脉络，在此脉络中行动者赋予其行动特定的象征意义。全球化不应该被单纯地当做是制度组织管理的问题，它更是人类生活意义的问题。“文化全球化”研究应该将意义问题的讨论回归到一个原点上：全球化对现代人日常生活的“生活形式”所带来的影响。其实不论是民族性或是日常行为都是人类特定生活形式的展现，而所谓的“生活形式”指的是社会行动者如何组织其日常生活并赋予其日常生活意义的行为模式，而其建构是在特定的社会结构与社会关系下进行的。必须注意的是生活形式不是浑然天成的，而是人创造出来的，因此是可以改变的。所以当全球化冲击到传统既存的生活形式时，我们更应关注现代人又是如何去构建其生活形式的。

文化全球化社会学研究除了分析“我是谁”身份认同的问题外，同时也必须关注“如何过日子”这一“生活组合”问题，如此才能充分掌握文化全球化的多样性与变异性。这是一种突破性新思维，具有现实意义。[14] 建筑界的“国际化与本土化”议题实质倾向以“身份认同”这一面去判断文化全球化问题，然而，文化研究并不完全就等于身份认同研究。文化除了意义诠释作用外，还有知识学习作用。换句话说，文化并不只有身份认同的象征意义建构层面，还包括生活知识技能的学习传播层面。前者在解答关于“我是谁”的问题，而后者则是回应关于“如何过生活”的问题。从这一观点出发，单纯的生活组合形式并不一定改变身份认同。文化全球化可以改变本土现代人的文化活动，其中有一些是现代人表现其身份认同的积极行动，而有些则是现代人适应时代社会变迁所需要的生活技能。[15]

通过传统到现代的议题，我们认识到现代化是我国的必由之路。通过本土化与国际化议题，大家趋向于以国际视野，发展本土实践特色，这是着眼于本土文化的视点。而文化全球化理论则打开了更真实、更宽广的视野。引进生活组合概念对文化全球化社会学研究（尤其是关于“同质化与异质化”文化争论）具有重要意义。20 世纪 90 年代以来，全球化成为势不可挡的潮流，成为影响社会生活各个方面的主要因素。建筑学的发展和实践也在发生深刻的变化，同时信息传播的全球化更加快了交流和影响。这是今天的建筑师生存和工作的环境。从建筑的消费特性看，口味变化的需求与全球性传播是其作为商品的必然性。从建筑的时尚性来看，追求视觉的冲击和差异也很正常。今天的作者不妨从“文化组合”的视角，把全世界建筑文化作为自己的创作背景。

4.2 全球消费社会与建筑传播趋向

4.2.1 消费主义与建筑消费倾向

为了在全球范围内生产和销售商品，就要在更大的空间内传播需要以及满足需要的方式，以此在全球范围内获得巨额利润。这就涉及全球化的另一个重要内容：消费社会的形成以及消费主义的全球性扩散。特别是 20 世纪 90 年代以来，全球社会正在逐步实现从传统的生产社会到消费社会的转型，消费对经济、社会和文化生活的作用和贡献正在增大，“消费”和“消费文化”已经成为重要的研究范式，进入了社会学家和文化学者的视野。

20世纪90年代到来的“全球化”阶段，也可以说是跨国公司在全球范围内以资本积累为目的的一种进程。作为确保这一进程顺利完成的条件之一，消费社会也随着资本空间化的脚步，开始进入许多后发展国家，而逐渐或正在形成一种“全球消费社会”——尽管在后发展国家中，人们的收入、生活标准与西方国家仍存在着巨大的差别，但人们已经不再满足于过去简单的生活方式，裹挟着消费主义生活方式的消费社会正在逐渐完成全球范围的社会变迁过程。

针对消费主义，通常使用的定义是：存在并产生于消费社会，主要是指以美国为代表，在西方发达资本主义国家普遍存在，并开始在后发展国家出现的一种提倡“需要至上”的消费生活方式和文化取向。它最明显的特征是：将对商品象征意义的消费看做是自我认同和社会认同的实现，看做是高质量生活的标志和幸福生活的象征。从理论上说，这个过程也是从强调商品的“使用价值”到强调“交换价值”以及“符号价值”的过程。这个过程的完成，需要人们的价值观念或者思想观念的转换。我们看到，以百货商场为标志的消费体现的是大众普遍对商品的“交换价值”的强调和对“符号价值”的诱导，这是社会转向消费社会的重要一步。这种变化也就是消费主义文化的开始。其根本特征便是把范围广泛的商品让大众不断地去追求和消费。[16]

随着消费社会的全球拓展，传统的、单一的、民族化的消费方式已经或正在迅速地转为现代化、多样化和世界化的消费主义生活方式。在这个时候，文化工业扮演了重要的角色：为了让大规模生产有利可图，文化工业必须创造出大规模的需要。一方面，大众文化迎合着大众的需要和认同，不断生产和满足着大众的口味、兴趣、幻想和生活方式，已成为消费主义最积极、最有效的推广机制。另一方面，消费主义也恰恰服务于文化工业发展的需要，使其获得源源不断的“需要”的支持。与此同时，随着消费主义的扩散和在新的基础上的发展，符号语言也在不断更新，时尚的变化不断加快，都对文化工业提出了新的要求和挑战。

实际上，人们可以表明建筑中的现代和后现代风格都和特定的技术联系在一起。一个依附于机器统治下的工业文明；另一个依附于被电子化多媒体和计算机统治的正在显露的后工业文明。它们都相应于城市文化发展的不同阶段。激进的现代主义建筑和组织良好的、功能化、均质化的国家垄断资本主义世界相适应。相反，当代的更多样化、美学化和多文化的“软性城市”(soft cities) 和全球的技术资本主义世界相适应。后现代建筑奇观因此是属于全球的、消费主义中的后工业文化、传媒文化和日常生活的美化。[17] 代替现代主义对政治的和哲学的关注的，是大多数对形式的无情戏弄的“狂欢”，代替现代主义对“工艺进步”和通过建筑使社会更新的信念的，是后现代主义者使他们更适应流行文化和品位。

4.2.2 大众文化的特性与建筑传播

文化的“狭义”概念涉及了三种文化形态：高雅文化、民间文化和大众文化。在诞生的早期阶段，大众文化与民间文化一同被排除在“高雅文化”之外。同时，大众文化也不是一般意义上的民间文化，而是一种居于高雅文化与民间文化之间的一种文化形态——在一定程度上，高雅文化和民间文化就是大众文化产生的文化基础。美国学者麦克唐纳率先提出用“mass culture”而不是用“popular culture”来指称大众文化，以此划清大众文化与民间文化的界限。有学者提出“大众文化”的一种研究定义：在当代大众社会中，以文化工业为赢利目的批量生产的、以大众传媒为手段旨在使普通大众获得日常感性愉悦的文化商品。[18] 由于面向的是大众，因此，大众文化也具备了一些特性，这些特性是工业化社会带来的结果，与具有鲜明个性的、强调独创的、审美性的精英文化有很大的差异。大众文化的特性是：

(1) 商业与消费性：大众文化是运用工业社会大规模、机械化、批量化的方式生产出来的，大众传媒将大众喜闻乐见的内容大规模地生产为大批量的文化产品，以满足消费者对这类产品的需求，如 VCD、CD、磁带、电视剧、电影、报刊等。大众文化又是以市场的运作模式进行经营的，大众对精神产品的需求与满足是以消费文化商品的方式进行的，所以大众文化是一种商业性的、消费性的文化。建筑设计作为视觉类文化商品，也是大众文化的一部分，因此也必然体现出消费性。

(2) 娱乐与消遣性：现代社会大众的闲暇时间增多，消费文化的需求突出，因此大众文化从一定程度上淡化了宣传和教育的色彩，以轻松愉快的方式，为大众提供纯粹的娱乐和消遣。后现代主义建筑思潮产生以来，建筑的娱乐性趣味得到发展，文丘里提出了著名的“向拉斯韦加斯学习”的口号，也就是提倡建筑的娱乐与消遣性。在中国消费主义社会背景下，也出现了不少主题景园式的住宅区和具有娱乐色彩的商业建筑。

(3) 通俗性：大众的特性是混杂、受教育程度高低参差，大众文化的商业性特点又要求扩大消费范围，因此其文化内容绝大部分是通俗易懂的，是绝大部分人可以接受的，不追求精神和思想的深刻，只要求能广为流传。同样，建筑界的流行思潮也往往是建筑理论断章取义的通俗版，譬如建筑符号化、标签化表现一度成为后现代主义建筑的代名词；而白盒子、轻构架也成为新现代主义建筑的代名词。还有以扭曲、动感、变异的形式作为解构主义建筑的代名词。也正是这些简单的形式符号才会“通俗易懂，广为流传”。

(4) 易复制与模式化：大众文化产品是大众文化生产者主要根据商业目的生产的结果，如同其他的商品一样，大众文化的生产必然带有复制性和模式化的特性，同时也因为大众文化易复制和模式化，才获得了更广泛的消费市场。建筑跨文化传播中的流行风格也具有类似特点，20 世纪 90 年代初的“后现代”建筑流行，90 年代末的“KPF”风格流行和 21 世纪初的新现代、极简主义风格流行都具有易复制性和模式化的特点。

(5) 流行与指导性：大众文化以其通俗易懂的特性、大众传媒铺天盖地的宣传攻势，在大众中创造流行，而流行又能对社会大众的观念和行为提供指导。[19] 近年国内外建筑媒体往往集中追捧某类风格，在青年建筑师和学生中制造流行，从“安藤忠雄热”、“极简主义”到“新表皮”流行都依靠媒体的推波助澜。

大众文化不仅不断地展示那些能够为人们改变生活方式提供物质条件的先进商品和体现消费主义的生活方式，对受众构成了极大的吸引力和冲击力，还强烈地示范和引导受众，迫使他们通过消费来跟上时代的脚步。罗兰·巴特通过服装研究就指出：所谓“时尚”，就是生产集团为促进服装消费的加速更替而努力维系的一种策略，时尚的逻辑是物的购买永远大于消费。同样，大众文化也有利于制造时尚，时尚的本质乃是“从众”，即在短时间内生产出许多人的行为方式上的趋同。[20] 马尔库塞认为，这种“虚假需要”的结果，就是可能造成个人在经济、政治和文化等方面都可能为商品拜物教所支配，日趋成为一种畸形的“单向度的人”。[21] 马尔库塞的论断未必科学，但提醒我们在建筑传播的时尚和流行中保持批判的能力。

4.2.3 全球化建筑传播中的大众文化效应

在法兰克福学派的批判视野中，大众文化是借助大众传媒而流行于大众之中的通俗文化，操纵着社会大众的思想和心理，阿多诺和霍克海默还强调说：由于出现了大量的廉价产品，再加上普遍地进行欺诈，所以艺术本身就更加具有商品的性质，艺术今天明确地承认自己完全具有商品的性质，这并不是什么新奇的事。但是，艺术发誓否认自己的独立自主性，反以自己变为消费品而自豪，这却是令人惊奇的现象。[22]

1. 流行性与图像消费心理

随着建筑商品化，设计市场化，我国建筑设计领域也反映了消费主义的特征。房产商对国际设计品牌的虚荣性追逐，地方官员对公共建筑的立面海选，都是消费主义文化的支脉。而建筑师在迎合市场口味、提供图像消费方面也挖空心思，登峰造极。

消费主义研究认为，由于大众文化以市场化和商业化为其生存和发展的支配力量，以大批量复制和拷贝作为其主要的生产方式，以高效、快捷、广泛的传播为其获得效益的基本形式，因而能带来可观的经济效益。[23]图像消费已成为一种当代的方式、传统的断裂、个人主体性的丧失，缺乏思想和思考的深度；建筑专业圈内缺乏批判和思考，以图像充斥、图像思考。

2. 明星广告效应

大众文化时代的主要特征是明星现象和轰动效应，这就是所谓的“眼球经济”。对建筑界而言，人们往往关心的是能够引起轰动的设计。无论设计的托辞来自都市分析、技术创新，还是“ 实验风格”，其都能用它娓娓道来的美好前景广泛地征服大众；为了达到更高的曝光率和销售指标，数以百计风格迥异的离奇主题纷纷浮出水面，这些共同促成了一片标新立异的设计大行其道的景象。

明星是文化商品的品牌符号，是流行的聚焦点。商业社会也必然产生建筑师明星，从积极的角度看，明星代表了品牌的力量（号召力）。但在大众传播时代，明星可以包装，可以制造。另外，大众对明星的认识也有一定的盲目性。譬如，在大众媒体乃至建筑业界，人们对建筑大师和建筑明星始终混为一谈。那些设计思想偏激，设计领域狭窄，凭着一招鲜的既定手法走遍天下的建筑明星，被媒体戴上了“大师”的桂冠，误导了青年学生和建筑舆论。而建筑普利策奖等极具代表性的重要奖项，以小众的趣味只关注建筑的形式创新和艺术表现，却被推为建筑界的“诺贝尔奖”，更是对建筑明星评价的误导。

在中国，商业化、大众化也蔓延至建筑界，近年来，由于媒体对明星建筑师急切的推出愿望和媒体素材求大于供，而促使媒体向建筑师示好，明星建筑师们在知识话语上的结构性优势和话语权受到前所未有的重视，批评机制尚未建立，特别是建筑知识分子批评勇气的缺失等都使得建筑师的话语被复制和放大，批评话语普遍弱势。[24]

3. 求新猎奇心理

求新猎奇心理是典型的大众消费心理，是人们对未知、神秘和新鲜感的不断体验的需要。电影和旅游等文化性消费的发展如历史勾沉到梦幻未来，完全体现了大众的求新猎奇心理，大众对建筑商品的欣赏也循此律。

《荷兰建筑年鉴 2》这样表述：先锋派卫士们企图用一种乖张的方法将艺术与生活联系在一起的野心终于变成了现实。文化产业极为聪明地将先锋派的颠覆策略拿来，他们并不是为了对现实口诛笔伐，或是通过实施另一种进步的现实来与主流的神话相抗衡，他们的目的在于打开新的市场。毕竟越来越多的消费者都在向往着一种富于智能且个性化的愉悦，这样的愉悦超越了迪斯尼、Jon Jerde、宜家以及好莱坞提供的被动且大众化的通俗文化。难怪普拉达会抱怨大部分成衣店和鞋店有种“令人厌倦的感觉”。这也是他为什么会接洽“先锋建筑师”库哈斯，并委任其为 200 家普拉达连锁店创造一种新的、无拘无束地购物消费带来愉悦感的目的。商家们发现，民众会极度迷恋于颠覆性与新颖的叙事性组成的艺术化建筑物。现在，从建筑身上（广告效应）赚钱要比举办展览来得容易得多。建筑物本身就是一座雕塑，它不仅仅改变了艺术的含义，还改变了我们赖以生存的空间的内涵。博物馆变成了商店，而商店则变成了博物馆。[25]

我国存在的崇洋本质上也是对新异事物猎奇心理的体现，在全球化的语境中，人们对新奇建筑的信息掌握更多更广，所以更容易实现新奇建筑。但由于信息的同步化，世界变成地球村，人们对空前绝无的新奇建筑的追求会更迫切，因此，对建筑新奇的探索将无穷无尽。

4. 建筑文化大众参与

大众文化时代，建筑文化也具有平民化、普及化的特征。大众需要引导，但大众参与是必要的、有益的。首倡“平民主义”立场的大众文化学者，应当算是法兰克福学派中独树一帜的人物——瓦尔特·本雅明。（在严格意义上，本雅明并不是法兰克福学派的直接同盟者，他一方面与法兰克福学派的学者有联系，另一方面，他又与这些学者保持一定的距离）本雅明在 1936 年发表的“机械复制时代的艺术作品”一文，被世人公认为是“20 世纪有关流行艺术的最有影响力的文章”。在此文中，本雅明率先标明了 20

世纪二三十年代出现的一个新的文化现象：因收音机、留声机、电影的出现而带来的文化形态的变化。他指出，是复制技术使文学艺术作品出现质的变化，艺术作品不再是一次性存在，而是可批量生产。在本雅明眼中，复制技术满足了现代人渴望贴近对象，通过占有对象的复制品来满足占有对象本身的欲望。所以，艺术作品才可能从由少数人垄断性的欣赏中解放出来，为大多数人所共享。就此而言，传统文化形态在大众文化冲击下的大崩溃是势在必行的，而正是文化的革命和解放，将给无产阶级文化带来新的广阔天地。

平民性也反映在当代建筑和城市设计领域，当代建筑已成为大众文化的一部分，拼贴、内爆、流行。查尔斯·詹克斯说：建筑是公众艺术。实际上，人们生活在房屋、区域和社会环境中，因此，建筑至少是构造日常生活的一种模式。[26]当代建筑和城市设计倡导自下而上，建筑空间倡导人性化社区感，平民性也是以人为本的设计原则的体现。

费斯克的主要理论贡献就在于发现，观众不是消极、被动地接受文化工业的产品，而是具有不容忽视的“辨识力”和创造力，他们在接受大众文化产品的同时，也在生产和流通着各种“意义”——这种由大众主动参与其意义的生产和流动就是大众文化。随着技术的进步和媒介环境的迅速发展，针对大众文化传播进行的考察，当然不能忽视受众主动性。就建筑设计而言，建筑师与客户之间也存在着一种相互建构的互动关系或趋势，大众的建筑审美趣味受媒体的影响和流行性指导，但大众文化对当代建筑的趋向产生了重要影响，如商业和住宅建筑领域。文丘里和其同事把建筑看成是一种交流模式，提倡一种丰富多彩的、充满典故、蕴涵和装饰的建筑。[27]建筑界必须重视同大众互动沟通的重要性，大众建筑文化的进步才能推动建筑文化根本的发展！建筑具有大众文化的沟通性也是建筑跨文化传播的基础。

4.3 本章小结

本章通过对全球化理论发展的回顾，阐述了全球化理论的基本脉络和最新成果，这既是对建筑跨文化传播的社会背景的解析，也运用全球化理论中最重要的思想成果来考察跨文化建筑传播现象，即以“文化霸权”理论来考察

“外来设计冲击”，以“全球地方化”思想来对照建筑界“国际化与本土化”话题，以文化全球化理论中的“生活组合建构”思想来对照建筑发展创新问题等跨文化建筑传播议题。通过交叉研究，希望为困扰我们建筑界的建筑跨文化现象提供比较宽广的认识视角，构筑一种认识论。

伴随着全球化而兴起的消费主义和大众文化也深刻地影响到当代建筑传播，我们通过社会学领域对消费主义和大众文化传播的研究成果来考察作为大众文化分支的建筑文化趋向和建筑消费趣味；同时从大众文化的特性来解释当代建筑传播现象。本章通过关联性比照和宏观的社会文化考察让我们更清醒地直面当代建筑实践的现实环境。总而言之，全球化理论为跨文化建筑传播提供了宏观社会视野的认识论；大众文化理论又能使我们从建筑的文化商品属性去理解其传播的内在特性，作为解读建筑跨文化传播现象的一条关键线索。

本章注释

[1] 薛晓源．全球化与文化产业研究［M］//林拓等主编．世界文化产业发展前沿报告：2003－2004. 北京：社会科学文献出版社，2004：2.

[2] 宋春华．平心持正静观反思——对当前建筑设计市场若干问题的思考［J］．建筑学报，2005（5）：26.

[3] 文军．古典传统与当代旨趣：全球化议题与社会学理论的研究［OL］. http：//www. chinese－thought. org/shll/002026. htm.

[4] 文军．古典传统与当代旨趣：全球化议题与社会学理论的研究［OL］. http：//www. chinese－thought. org/shll/002026. htm.

[5] 马尔科姆·沃特斯．现代社会学理论［M］．杨善华译．北京：华夏出版社，2000：336.

[6] 马尔科姆·沃特斯．现代社会学理论［M］．杨善华译．北京：华夏出版社，2000：341.

[7] 约翰·汤姆林森．全球化与文化［M］．郭英剑译．南京：南京大学出版社，2000.

[8] 陈共德．政治经济学的说服［J］．新闻与传播研究．2000（2）：316.

[9] 刘维公．文化全球化社会学研究初探［OL］. http：//www. cc. nctu. edu. tw/－cpsun/liu－wei－gong－global. pdf.

[10] 陈共德．政治经济学的说服［J］．新闻与传播研究，2000（2）：316.

[11] 孟繁华．传媒与文化领导权［M］．济南：山东教育出版社，2003：256－264.

[12] 宋春华．平心持正静观反思——对当前建筑设计市场若干问

题的思考［J］．建筑学报，2005（5）：26.
［13］孙英春．大众文化：全球传播的范式［M］．北京：中国传媒大学出版社，2005：318.
［14］刘维公．文化全球化社会学研究初探［OL］．http：//www. cc. nctu. edu. tw/－cpsun/liu－wei－gong－global. pdf.
［15］陈共德．政治经济学的说服［J］．新闻与传播研究，2000（2）：316.
［16］迈克·费瑟斯通．消费文化与后现代主义［M］．刘精明译．南京：译林出版社，2000：30.
［17］斯蒂芬·贝斯特，道格拉斯·科尔纳．后现代转向［M］．陈刚等译．南京：南京大学出版社，2002：177.
［18］孙英春．大众文化：全球传播的范式［M］．北京：中国传媒大学出版社，2005：31.
［19］单晓红．传播学：世界的与民族的［M］．昆明：云南大学出版社，2003：204－205.
［20］孙英春．大众文化：全球传播的范式［M］．北京：中国传媒大学出版社，2005：294.
［21］约翰·汤姆林森．文化帝国主义［M］．冯建三译．上海：上海人民出版社，1999：241.
［22］霍克海默，阿多尔诺．启蒙辩证法［M］．洪佩郁等译．重庆：重庆出版社，1990：148.
［23］孙英春．大众文化：全球传播的范式［M］．北京：中国传媒大学出版社，2005：34.
［24］周诗岩．向空气中讲空气［J］．时代建筑，2006（5）：82.
［25］孙英春．大众文化：全球传播的范式［M］．北京：中国传媒大学出版社，2005：294.
［26］斯蒂芬·贝斯特，道格拉斯·科尔纳．后现代转向［M］．陈刚等译．南京：南京大学出版社，2002：177.
［27］斯蒂芬·贝斯特，道格拉斯·科尔纳．后现代转向［M］．陈刚等译．南京：南京大学出版社，2002：194.

第5章 跨文化传播理论和跨文化建筑现象

5.1 跨文化传播理论概述

跨文化传播研究是一个处于探索之中的领域。从英文来说，有三种表达方式：一种是 intercultural，另一种是 cross-cultural，还有一种表述是 trans-cultural。这三种表述方式略有不同，首先，cross-cultural，借用中国社会科学院新闻与传播研究所尹韵公研究员的措辞，“跨骑”，cross-cultural communication 标志着以商业贸易往来为基础，以经济利益为起点和终点的文化传播行为，带有临时性、表面性特点，不深入，强调“跨”；而 intercultural communication 则在“跨骑”的基础上，以双边文化关系为基础，以达成相互理解为起点和终点的文化传播行为，在前者的基础上向深入的方向迈了一步，在单纯的“跨”的基础上增加了“文化”关键词的分量，有深入的特点，但却在实际过程中有着单边性的特点，是在 cross-cultural 的商业利益的基础上，获得了文化的话语权之后的行为，或者是朝向获得这样的话语权的行为，最终脱不了利益的干系；再来看 trans-cultural，是在双边关系的基础上，甚至是在根本与经济利益不相干的前提下，考虑各自文化的深层结构，在平等的基调上，以“贯通”（trans-）为手段，以“天下”为己任，构造新的文化周公（天下体系）。[1]

从学理上说，跨文化传播（intercultural communication 或 cross-cultural communication）指属于不同文化体系的个人、组织、国家之间所进行的信息传播与文化交流活动。它所研究的两大对象是文化与传播及它们之间的关系，其中尤为注重文化对传播的影响，旨在消解文化传播与交流中各种层面的阻碍，同时为跨文化传播行为提供借鉴与对策。[2]

跨文化传播虽然是一个新词语，诞生不过 60 年左右，但却是一个古老的现象，如我国历史上的丝绸之路、玄奘取经、郑和下西洋等都是跨文化传播的典范。跨文化传播指的是拥有不同文化感知和符号系统的人们之间进行的交流，其形式有不同人种间的交流、民族间的交流和群体间的交流，既发生在国内的交往中，也发生在国际交往中。[3]

本章主要以当代跨文化传播的研究成果进行理论介绍，并跨学科交叉应用到建筑跨文化传播现象的分析。

5.2 跨文化传播理论的历史

跨文化传播研究的源头可以追溯到以美国社会学家帕克和赫伯特等人为代表的芝加哥学派。帕克等人曾是德国著名社会学家希姆米尔的弟子。希姆米尔首先提出了陌生人的概念，最初将其定义为一种社会体制中的局外人。希姆米尔认为，不同文化群体的人彼此之间是陌生人，这一观点对美国芝加哥学派的跨文化研究产生了很大影响。帕克等人的概念是对希姆米尔理论的发展，这为第二次世界大战后在美国掀起的跨文化研究，奠定了重要基础。

第二次世界大战后，已在经济上、科学上、政治上和军事上处于世界显赫地位的美国，开始推出一系列援助发展中国家的计划，但是不少项目都以失败告终。由此，美国人逐渐意识到，这些项目的失败，不仅仅是技术的原因，政治、经济、文化等因素也对项目的实施产生了很大影响。与此同时，派往其他国家的美国外交官也遇到了语言和文化的障碍。大部分外交官在国外居住在讲英语的人的圈子里，而不了解当地的文化风俗、生活方式、行为准则、风土人情，工作上遇到重重困难和种种阻力。

针对这些问题，美国政府于1946年成立了外国服务学院，对援外的技术人员和外交官们进行培训，负责培训任务的教员主要是人类学家和语言学家。语言学家大部分来自华盛顿特区的美国军队培训中心，他们曾担任第二次世界大战中官兵的法语、德语、日语及其他国家语言的培训教员，语言教学在外国服务学院十分成功。人类学家在外国服务学院主要传授宏观文化知识，诸如外国的社会结构和经济体制。授课过程中，教员们发现，学员们迫切想要知道的并非是这些宏观文化知识，而是与所派往国家的人沟通的具体方法。于是，作为人类学教员的代表霍尔，率先将课程的重点转向微观文化知识，如声调、手势、表情、时间与空间的概念等，即传授如何与不同文化背景的人沟通的知识。1955年，霍尔在一篇题为“举止人类学”（The anthropology of manners）的论文中提出了跨文化传播的范式。1959年，他的《无声的语言》一书问世，标志着跨文化传播已形成一门独立的学科。继《无声的语言》一书出版之后，非语言传播行为成为跨文化研究的重要部分。美国的一些州立大学自20世纪60年代起，开设跨文化传播课程，跨文化传播的教科书也相继问世，其中颇有影响的是萨莫瓦与波特1972年编写出版的《跨文化传播：读者》、格迪库恩斯特和基姆撰写的《与陌生人沟通：跨文化传播的研究》。1977年跨文化传播的重要学刊《跨文化关系国际学刊》创刊。美国国家传播协会也设立了跨文化传播分会。迄今为止，跨文化传播的研究已在美国和其他一些国家形成一定规模，并形成了自己的理论框架和研究方法。跨文化传播的研究自20世纪90年代初方在中国兴起。由于跨文化研究起源于美国，大部分参考资料为英文，因此，从事这方面研究的多为大专院校里英语专业的教师。近几年来陆续也有几本有关的书籍问世，如关世杰所著的《跨文化交流学》、贾玉新所著的《跨文化交际学》等。但从目前总的研究的深广程度情况，以及普及的速度来看，跨文化传播研究远远比不上其他社会科学学科的发展。[4]

霍尔对跨文化传播研究的贡献有四点：①从关注单一文化到两种文化比较；②从文化的宏观层面转向微观层面；③将文化同传播过程相联系；④让人们注意到文化对行为的影响。同时，霍尔提出了如"一维时间观"、"多维时间观"，"高语境"、"低语境"等我们今天已经广泛使用的概念，为跨文化传播学研究奠定了基础。随后，美国逐步把跨文化传播研究制度化。与此相对照的是，欧洲直到20世纪末才初步形成跨文化传播研究的制度化，在此之前，欧洲学界经历了由现代性所导引的跨文化的傲慢与偏见向后现代所指引的"去欧洲中心化"的转变，一些思想家将跨文化传播与交流上升为"人类的对话"，将跨文化问题看做人最本质的精神需求，从人文主义的高度关注跨文化交流的作用与地位，从而为当代欧洲跨文化传播研究奠定了思辨与宏阔的基调。文化可以被视为"意义的共同体和共享的本地知识"。因此，跨文化传播指的是具有不同文化背景的个体之间的传播。这些个体不一定来自不同的国家。在一个多元化的国家里，比如美国，我们可以在一个州、一个社区、甚至一个街区里经历跨文化传播。[5]

整个20世纪80年代和90年代早期，跨文化传播的研究重点都放在对有着不同文化背景的人或是不同的文化群体之间的差异，以及导致这些差异的文化因素的分析上。虽然在研究过程中有时候对文化交流冲突、文化特性、文化依附和自主等问题有所涉略，但尤其强调的是对不同文化的行为差异和不同文化的生活习惯的矛盾以及不同的文化延续发展过程的差异等问题的研究。自19世纪以来，中国人在中西方文化的交流与碰撞中探寻着跨文化传播之路，但由于受到政治、经济等方面的影响，学术视野相对单一。自改革开放以来，中国学者对跨文化传播问题的思考得以放开。20 世纪 90 年代以来，中国的跨文化传播研究主要集中于十大议题：翻译中的跨文化问题、商业与跨文化问题、跨文化交际、文学作品中的跨文化问题、旅游与体育活动中的跨文化现象、教育与跨文化、跨文化心理、不同文化间的比较、跨文化传播理论、艺术表现形式与跨文化传播（图 5－1）。[6]全球化时代，建筑领域也有许多的跨文化传播问题，如建筑思潮、媒介议题、中外建筑比较、跨文化建筑表现思维。但是不是在 20 世纪 80 年代之前就没有跨文化传播的研究呢？这个问题值得新闻传播学界思考。如果我们放眼新闻传播学科之外，就会惊讶地发现，在此之前其他的领域比如哲学、文学、史学、经济学，尤其是哲学、社会学、人类学等，已涉足跨文化传播多年（图 5－2）。

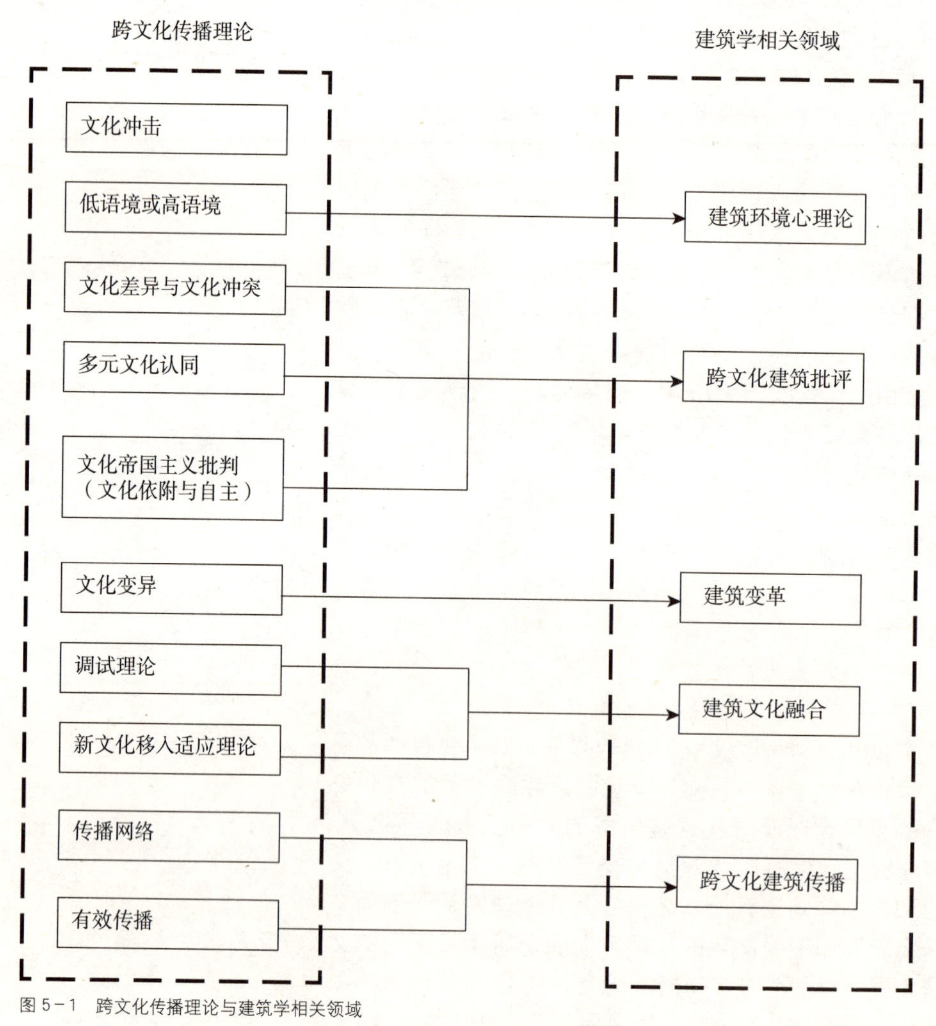

图 5－1　跨文化传播理论与建筑学相关领域

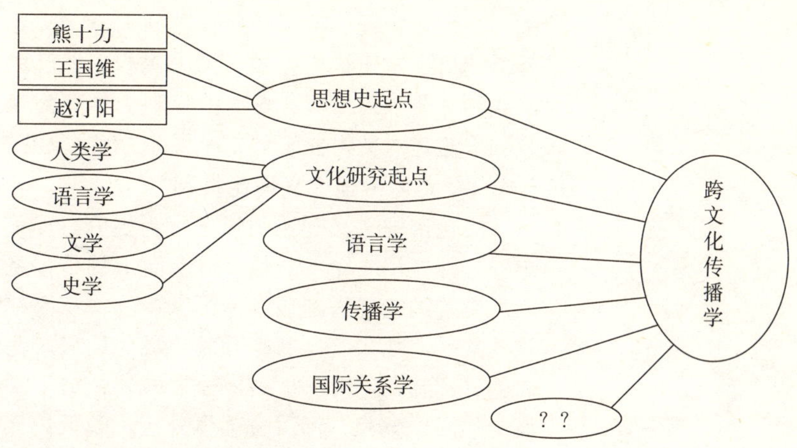

图 5-2　跨文化传播的学科基础

跨文化传播是一种伴随着人类成长的历史文化现象，也是现代人的一种生活方式，更重要的是，它一直是文化发展的内在动力。欧洲文化之所以有强大的生命力，正是由于它能不断地吸收不同文化的某些因素，使自己不断得到更新和丰富。同样，中国文化也是在不断吸收外来文化的过程中得到发展的。众所周知，在历史上，中国文化曾受惠于印度佛教，后者传入中国，促进了中国文化在哲学、宗教、文学、艺术等方面的发展；近代中国文化又不断吸收西方文化，更新自己；改革开放以来，中国文化正是在与世界各民族文化的交流过程中进行着综合性创造。从未来发展趋势上看，世界文化发展的状况将不是各自独立发展，而是在相互影响下形成文化多元共存的局面。

跨文化传播理论作为文化社会学理论，很多方面与建筑学相关，详见图 5-1。

5.3　跨文化建筑交流宏观视野

跨文化理论成果广泛，如文化传播理论、文化变异性理论、侧重跨文化有效传播的理论，还有调适理论、认知管理理论、传播网络理论和对新文化的移入适应理论。这里介绍有助于理解跨文化宏观视野的主要理论。

5.3.1　"文化的全球化"

在跨文化传播研究领域，"文化的全球化"作为一个术语已经代表了一种全新的视角，在全球化阶段，人们所接受的文化信息已经远远超越了他们的物理空间、传播技术和运输技术的发展带来的人口流动、信息流动，跨地区的文化交流从而突破了空间对文化的限制，成为文化全球化的一个主要特征。英国学者格雷姆·默多克指出，跨文化传播的目标是建构完整的全球公民权，即获取信息与知识的权利、要求公正地被表达的权利、参与公共文化生活的权利。这是对文化全球化具有批判性和想象性的建构。

5.3.2 文化帝国主义理论批判

文化帝国主义理论习惯于认为媒介（印刷、收音机和电视）都处于一种单向的、自上而下的传播系统，由占统治地位的国家传送到被统治国家中去，从而在理论上使得被动的受众观和强大的媒介观出现。后来，戈尔丁在他编辑的《超越文化帝国主义》一书中，总结了文化帝国主义概念的四个弱点，即过分强调外因，贬低内因的变化；将经济权力和文化影响混合；认为受众是被动的，本土和抵抗方的创造力无足轻重；总是认为本土的“真正的”有机文化受到了发达国家的威胁，受到了来自西方的、人工的、非真正的东西的冲击。[7]

5.3.3 资本与需要：全球化商业与跨文化传播

在过去的20年间，市场化进程最终创造了条件，使得马克思和恩格斯早已预见到的资本全球化得以实现。在当前的全球市场时代，全球协调的任务交给了电脑网络，而消费主义扩散的关键角色也由电影变成了卫星电视。全球化的、商业化的媒体展示着商品和生活方式的浩大队伍，建造了一种至关重要的新型身份认同，那就是流动的消费主义。当代大众文化和差异文化随着商品和资本的全球传播而迅速扩散传播，这种资本赢利的动力和大众消费的需要使跨文化传播在速度和广度上迅速增长。

作为文化的类型之一，建筑界的跨文化传播现象也可以用上述跨文化理论成果进行解读：（图5－3）

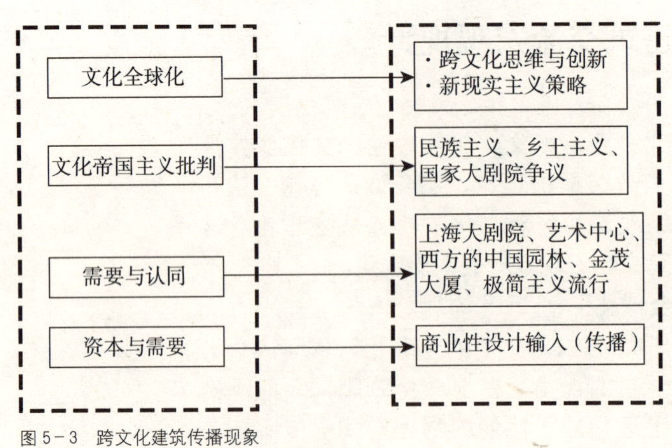

图5－3 跨文化建筑传播现象

5.4 跨文化交流发展的动因

跨文化传播往往具有自我文化诉求的特点。

5.4.1 他者作为自我文化猎奇欣赏的对象

探索未知的世界是人类的共同兴趣。一种文化主体对他者的好奇与探究，乃根源于自我文化身份确认的需要。因为“同”与“异”、“自我”与“他者”是相辅相成的，只有通过对他者与自我表现差异的对照，才能真正识别自我的独特性。从某种意义上说，“东方”是“西方”的一面镜子，反之亦然。当年在欧洲风靡一时的马可波罗的中国游记，将一个古老、宁静、奇异而神秘的东方国度呈现在西方人面前，使那些一直以为欧洲就是整个地球的人们得以发现并猎奇欣赏地球另一边的异国风情。也正是由于这个奇特的“东方”的发现，定义了“西方”的存在。东西方的强烈对比使西方人比以往更加清楚自身的秉性与特征，其自我文化身份逐渐清晰起来。正因为如此，对文化他者的猎奇欣赏心理的迎合，也就往往成为跨文化传播成功的一条捷径。有人认为，以张艺谋为首的中国“第五代导演”之所以得到西方影视界及受众的青睐，是因为他们执导的影片迎合了西方人对东方的想象。在西方人代代相传的文化想象中，东方是古老的、神秘的、落后的、愚顽的、强健的……而以上种种特征，在张艺谋的《红高粱》、《菊豆》、《秋菊打官司》、《大红灯笼高高挂》等影片中得到了突出渲染。张艺谋以他对西方文化心理的了解成了“东方故事”的创造者，他在创造东方神秘往事的同时，也创造了与现代文明相距遥远的中国乡村形象（图5－4）。

图5－4　好莱坞中国影院

作为自我文化猎奇欣赏的对象，一切新鲜的、奇异的、带有异域风情的文化他者的信息，敏锐地进入到特定的文化视野中，得到了大众传媒的突出表现；而和本土文化类同的现代景观、道德规范和世道人心等却在有意无意中被淡化。这样的突出与淡化的结果就是文化他者的“同”被遮盖或模糊，而“异”被强调出来，本文化的文化身份、文化个性被清晰确认。也正是在这样一个漫长的突出与淡化的过程中，跨文化传播中文化他者的形象变得片面、模糊乃至变形。如欧陆风格在中国的流行，是将他者作为自我文化猎奇欣赏的对象，同样“瓦园”之类的参展作品在威尼斯也是作为西方当代艺术自我文化猎奇欣赏的对象（图5－5）。

图5－5　哥本哈根街景

5.4.2 他者作为自我文化烘托陪衬的对象

当对自我文化满意度居高之时，特定文化对他者的诉求一方面体现为寻找他者与自我文化类同的因素，以证实本文化的合理性，烘托自我文化的价值，另一方面又会非常警惕作为对立面的他者。在一般情况下，这些对立面往往被视为落后的、灰暗的、不正确的，从而从另一个方面烘托自我文化的价值与优越性。近些年来，西方一些媒介对中国形象的描述，在这两方面都表现得比较明显。而好莱坞电影中出现的一些中国城市建筑的场景则是被作为自我文化烘托的陪衬。

5.4.3 他者作为自我文化否定批判的对象

美国哈佛大学政治学教授塞缪尔·亨廷顿提出的“文明冲突论”中指出，冷战之后，“在这个新世界里，最普遍的、重要的和危险的冲突不是社会阶级之间、穷人和富人之间，或其他以经济来划分的集团之间的冲突，而是属于不同文化实体的人民之间的冲突”。于是，他者形象在文化对立中被给予不公正的评价也就在所难免。例如20世纪80年代以前，中国对西方文化的全面否定与批判，主要是为了维护本国文化的心理尊严，显然是片面的、不客观的。20世纪90年代以前我国建筑舆论中民族主义的主流话语，对国外建筑思想的批判是将他者作为自我文化否定批判的对象。

5.4.4 他者作为自我文化认同利用的对象

当一种文化对他者采取开放的态度，承认文化的多元性和每一种文化存在的合理性，相信在文化的相互利用中可以促进文化的共同发展；或者当一种文化处于自我批判以求升华的时候，这种文化对他者中契合自我诉求的因素就会积极认同甚至主动利用。中国的“五四”新文化运动，就是中国对西方文化认同与利用的典型实例。当时的中国封闭、落后、专制，面临内忧外患。为了寻找国家和民族的出路，在以《新青年》为代表的进步报刊上，有识之士开始向西方搜寻救治中国的良药，他们以大胆的“拿来主义”精神，将西方的民主和科学的思想引入中国，从而开创了中国思想现代化的历程。20世纪90年代以来，我国建筑界的几次思潮都是将他者作为自我文化认同利用的对象的表现，例如以后现代主义建筑理论来支持国内新乡土地域主义盛行；以欧洲极简主义和建构思想来解释中国国内“基本建筑”思想的回归。

建筑跨文化交流中的自我诉求分析见表5－1。因此，在自我文化诉求的语境下，媒介对于文化他者表现出合目的性的取用，而并不着意于真实的再现。值得说明的是，这种自我文化诉求并非完全表现为自觉的文化行为，有时则出自一种文化本能，以集体记忆和集体无意识作为主控机制去言说他者。那么，自我文化诉求是怎样成为跨文化交流的普遍规定性的呢？考究其最终根源，就是文化主体身上根深蒂固的文化自我中心主义（cultural egocentrism）。[8]

不同建筑文化的传播交流也反映了文化主体的自我诉求，有必要进行剖析和认识，从而超越文化自我中心主义。

建筑跨文化传播中的自我诉求表现 **表 5-1**

跨文化解析		建筑现象
他者	作为自我文化猎奇欣赏对象	1. 中国流行的欧陆风格； 2. 威尼斯建筑展中的“瓦园”； 3. 南大德国“土木”展
	作为自我文化烘托陪衬对象	1. 好莱坞中国影院； 2. 好莱坞电影中的亚洲城市形象
	作为自我文化否定批判的对象	1. 中国对建筑中的“洋、贵、飞”的批判； 2. 对北京国家大剧院的争议、批评
	作为自我文化认同利用的对象	1. 后现代主义理论用于中国乡土主义； 2. 极简主义用于中国“基本建筑”回归； 3. 建构理论用于对抗中国商业主义符号泛滥

5.5 跨文化建筑传播的特性

改革开放30多年来，中国建筑界对于来自海外，尤其是来自西方发达国家的跨文化建筑传播无论在文化政策、社会心理层面，还是在传播实践层面都发生着巨大的变动，取得了长足的进展。但在许多方面依然存在着认识误区，对一些基本问题还缺乏应有的共识。为应对全球化、市场化、文化多元化态势下跨文化传播的新局面，在跨文化传播中提高自己的原创能力，出精品、出人才、出理论，根据上文的讨论，我们初步提出跨文化建筑传播的定义：跨文化建筑传播是指不同建筑文化之间所进行的信息传播与交流活动。它关注建筑文化的比较与发展、变迁与转型、整合与创新、传播与再生产。下面我们考察其重要规律。

5.5.1 跨文化建筑传播中的同化融合现象

随着改革开放的步伐加快，西方的建筑思想、设计模式都逐渐渗透到发展中国家如中国的建筑文化之中，表现出来的建筑文化融合现象有明显的文化同化现象，大众传播促进当代不同建筑文化彼此借鉴、吸收、认同，呈现出相似或相同的话语背景；还有组合现象，例如有所谓的“和风汉骨”（王兴田语），是指将日本建筑文化和中国传统建筑文化融合。这些融合性表现是跨文化建筑传播的主要现象，当然也有对比求异倾向和增殖效应。

5.5.2 跨文化建筑传播中的资本市场规律

全球化首先是经济全球化，是资本寻找市场的全球化，伴随着资本从经济发达地区和国家向经济欠发达地区和国家的输入，商品文化也由资本输出地区和国家向资本输入地区和国家传播。近现代的建筑文化的传播就是如此，当代建筑文化也基本从资本输出地区和国家向被输入地区和国家传播。这一方面是资本集团通常带着本地区和国家的设计进入被输入地区和国家，另一方面，输入地区和国家也向往和欢迎资本发达地区和国家的建筑和产品设计。

5.5.3 跨文化建筑传播中的文化优势规律

建筑文化同化是指两种文化通过彼此互动而逐渐趋于一致的现象。在伴随资本输出的同时，一般来说，先进、文明程度较高的文化对于落后、文明程度较低的文化具有较强的同化作用。比如，中国古代建筑文化以其较强的同化力，对古代日本、朝鲜等东亚国家进行了不同程度的同化。英美国家当代建筑文化对于其他国家当代建筑文化有影响和同化作用，是建筑传播的输出国。

5.5.4 跨文化建筑传播中的增殖创新

建筑传播带来的文化增殖，实际上是传播媒介的信息符号的放大作用。它一方面表现为量的增放，另一方面表现为质的扩充。量的增放主要是指传播面的扩大，是同一信息的广泛散布。建筑文化增殖是一种文化放大现象。在文化融合和同化的过程中，原有的文化补充了新的血液，并在原有的基础之上又产生出新的价值或意义。现代传播手段的日益发展，使得传播的时间大大缩短，效率大大增加，也使各领域的创新不断加速。西方城市设计的理论和经验为中国的城市发展提供了营养，使中国探索出自己的“山水城市”的生态城市理念。文化增殖中还包括质的增殖。质的增殖是指信息在传播中价值意义的增加。中国的园林艺术在向日本传播的过程中，与那里的文化融合成独特的枯山水庭院，相对于母体形成了一种文化增殖。

5.5.5 跨文化建筑传播中的变迁重构

自 20 世纪 80 年代起，我国的文化发展一直伴随着中西方文化关系的争论，基于不同的态度和立场，学术界出

现了几种思潮:

第一种思潮为精神封闭论。认为物质可以现代化，精神必须固守传统。

第二种思潮为全盘西化论。全盘西化论者是反传统的，他们认为文化现代化并不是古典文化的现代转型，而是在清除传统文化的基础上将西方文化移植过来。

第三种思潮为新儒学，它立足于文化决定论，坚持传统主义在当代复兴。

第四种思潮是西体中用论，主张渐进西化，以西方的体在中国发展成适宜的用。

因此，在跨文化传播的语境中，不能不对传统文化的深层结构进行深刻的反思与变革。为了适应这个多变的世界，从传统社会中走出来的人们必须具备新的人格，形成新的信念和价值观念，这种从传统到现代的历史性转变是一种十分微妙的文化变迁。上述几种思潮在跨文化建筑传播中都有投射反应。

建筑文化的变迁和重构是一个自然的历史过程，又是人们主动参与和创造的过程。作为一个自然的历史过程，就必须尊重客观规律。在今天改革开放的有利形势下，通过中西方建筑文化交流，力求在当代世界视野上将中西方文化之精华融合，重构中华建筑文化体系。在跨文化传播过程中，无论对待中国传统建筑文化还是西方的近现代建筑文化，都不能囫囵吞枣，或简单地肯定或否定，而必须将文化进行分解、筛选、过滤，在此基础上去其糟粕，取其精华。

5.6 本章小结

20世纪后半期以来，全球文化交流的日益频繁，跨文化传播已成为广泛涉及各个社会领域的一种社会行为。跨文化传播作为一门学问，重视发现和驾驭跨文化传播的规律，思考处于文化交流场中的人们的现实处境。在本章，我们的目标不是进行价值批评，而是尽量提供理论交叉的视角。

本章首先介绍了跨文化传播理论概况，跨文化传播的历史渊源和思想基础，接着介绍了跨文化交流宏观视野理论和跨文化交流发展的动因和特性，在跨文化传播的理论成果的介绍中，笔者尝试将跨文化交流宏观视野理论中的“文化的全球化”思想对应建筑跨文化思维；将“文化帝国主义理论批判”对应于建筑空间殖民主义批判；将“需要与认同”思想对应于全球化商业资本传播的市场对建筑传播的决定性，通过这些分析，试图使跨文化传播理论成为跨文化建筑传播的认识论工具。而将跨文化交流发展的动因和特性引入建筑传播领域，使我们对当前文化建筑现象有了更深刻的认识工具，这正是学科交叉带来的优势。

本章注释

[1] 姜飞．跨文化传播研究的思想史起点［M］//明安香主编，白贵执行主编．传播学研究：和谐与发展．北京：新华出版社，2006：237.

[2] 马勒茨克．跨文化交流［M］．北京：北京大学出版社，2001：31.

[3] 陈力丹．传播学是什么［M］．北京：北京大学出版社，2007：9.

[4] 刘双，于文秀．跨文化传播——拆解文化的围墙［M］．哈尔滨：黑龙江人民出版社，2000：170.

[5] 理查德·韦斯特，林恩·H·特纳．传播理论导引：分析与运用［M］．刘海龙译．北京：中国人民大学出版社，2007：42.

[6] 单波，石义彬主编．跨文化传播新论［M］．武汉：武汉大学出版社，2005：416.

[7] 单波，石义彬主编．跨文化传播新论［M］．武汉：武汉大学出版社，2005：379.

[8] 单波，石义彬主编．跨文化传播新论［M］．武汉：武汉大学出版社，2005：53.

第 6 章　建筑跨文化传播理论建构与解析

6.1　建筑跨文化传播理论背景

前面第 2 章到第 5 章分别从文化传播理论、全球化理论和跨文化传播理论三个理论工具来透视建筑跨文化传播现象，从而拓展了跨文化建筑现象的认识论。建筑的传播性是研究跨文化建筑传播与传播学理论的共同基础；而由于建筑学与社会学、人类学、哲学也有关联，因此它与起源于社会人类学的跨文化传播理论和起源于社会学的全球化理论也密切相关；建筑具有艺术性，随着语言学转向，与文学中的对话理论有对应同步关系；建筑文化又是兼具物质文化和精神文化的文化分支，因此适于以文化传播学来考察，因此，建筑跨文化传播与人类学、社会学和文化研究、语言学、史学相关，还涉及传播学和国际关系学。

我们展开讨论的立足点是建筑学的学科特点，目标是探究建筑学的发展轨迹，建构建筑跨文化传播的研究范畴。因此，我们有必要建构针对建筑跨文化传播的原理和方法。

6.2　建筑跨文化传播的伦理建构

如果说伦理表现为维护人类生存与健康发展的基本准则，那么，跨文化传播本身就极具文化伦理意味，因为它是打破文化的封闭状态、保持文化的生命力的道德方式。但是，现实的跨文化传播总是不成功的，充满着霸权、曲解、对峙乃至冲突。我们希望全球化能基于人的生命共同体的意愿促进各文化圈的对话，可是它常常借助于政治、经济的力量导致霸权的流行；我们为了反抗帝国主义的政治、经济扩张而反对“文化帝国主义”，可是在反抗的过程中，过度的文化根源意识又演变成了排他性的原教旨主义、封闭主义；当西方种族主义者从鼓吹“种族之间生物学的不平等”转向鼓吹“文化之间差异的绝对化”时，那迷惑的言辞已让许多人失去警惕，并在一部分人心中已有伦理的合法性。殊不知，其实质是以文化间多元主义为理由实行“文化内一元主义”，以文化特殊为借口践踏人的文化选择权、文化交流权。这样一来，跨文化传播面临着尖锐的文化伦理问题：如何处理人的生命共同体意愿与人的文化根源意识的内在紧张关系？如何面对文化的多样性与同一性的这个两难选择？[1]

6.2.1 跨文化传播的文化伦理

把跨文化传播还原为某种关乎人的文化生存的伦理事件，其主要任务就是思考在这些充满差异性与紧张对峙的多样文化中，如何实现有效的信息传播与文化交往，如何在这种交往中保持每一个个体与文化的自在价值与文化尊严，从而使跨文化传播体现为人的目的。

跨文化传播的伦理性首先并非源于文化间的文化冲突，而是源于文化自身的伦理性，它是文化对于文化中人的伦理性在跨文化情境下的自然延伸。文化的伦理性乃是文化对于文化中人的指向与保护作用，其集中体现在文化中人体认其文化身份的过程中。文化身份是文化共同体成员对文化的意义体系所形成的群体性文化认同，这种认同是个体社会化的成果，是文化中人将自身身份与文化这一意义体系所标示的文化属性相融合的结果。正如英国社会学家鲍曼所说，由于陌生人的存在或者成为陌生人，“我们的文化，我们已有的生活方式，曾经给我们安全感和使我们感到舒适的生活方式，现在被挑战了，它已经变成了一个我们被要求的，关于它要进行辩论、要求解释和证明的东西，它不是自证的，所以，它看起来不再是安全的”。这样，生存于跨文化情境的文化中人虽然拥有扩展其文化视野、选择更多文化归属的可能性，但在实际上，它最终却极可能成为某种缺乏方向感与文化归宿的无根的文化悬浮者。

不过，这里从文化的角度考察跨文化传播的文化伦理时，我们实际上把文化当成了一个既成的、稳定的、静态的意义与生活方式体系，但正如汤姆林森所说，“我们的生活方式从来不是固定于静态的环境，而总是处于变动之中，是一个过程”，某个特定时刻我们所认定“我们的文化”的东西，实际上都是当时文化记忆的总体化。

6.2.2 跨文化伦理的相关概念

以希姆米尔为代表的欧洲社会学家关于人际关系的理论，被美国社会学家、心理学家、人类学家和语言学家应用于跨文化研究之中，并且在其理论形成和发展过程中产生了一系列重要概念，这些概念成为了解跨文化传播的重要基础。

（1）民族中心主义（ethnocentrism）。即指视自己的文化为中心，并以自己的文化价值观点衡量其他文化，认为自己的文化优越于其他文化。民族中心主义并非与生俱来，它是群体成员在文化濡化过程中学到的。每个人的身上都会或多或少地带有民族中心主义的成分，自然而然地对自己的文化产生一种优越感，不论他（她）所属的这个群体，是大至一个国家、一个洲，还是小至一个体育训练队。

(2) 文化相对主义。文化相对主义与民族中心主义恰好相反，它指的是在某一文化所处的社会、经济、政治、宗教、科学技术环境下评价某一文化。文化相对主义认为，文化本身具有一定共性，各种文化之间的差异是由于其所处的社会环境不同所致。因此，不能因为其他文化与自己的文化不同，就对其他文化产生轻视的感觉。了解和评价一种文化要在其所处的社会环境中进行。在全球化背景下，文化相对主义符合“全球地方化”的思维。

(3) 偏见、歧视和定势。偏见是将自己的文化群体与其他文化群体加以比较，未经足够的调查，即形成了一种对其他群体的态度。例如，非洲人懒惰、美国人聪明、中国学生整日学习，这些都是基于某种假设形成的偏见。偏见不利于不同文化群体之间的了解和沟通。[2] 文化歧视和文化定势在跨文化传播中也是不开放、消极的态度。

6.2.3 伦理建构——跨文化传播伦理

下面从《跨文化传播——拆解文化的围墙》和《文化传播学通论》两本书中引析跨文化传播伦理的重要概念：

(1) 跨文化共同体。跨文化传播作为人类一般传播活动在物理空间和文化空间上的延伸，在为不同文化背景的文化中人建设社会共同体时所起的作用是伦理功能。然而，情况远非如此简单。首先，跨文化传播作为超越文化边界而进行的传播，多元文化因素在其中展现为一幅色彩斑斓、参差混杂的拼图式的文化景观，文化中人遭遇这种充满种种异质意义体系的文化拼图，其直接后果常常是导致文化中人产生文化休克（culture shock），诸如个体情绪上的沮丧焦虑、文化身份的混乱、文化信仰的缺失、价值判断的失据等。实际上，文化中人的文化身份越牢固，他在跨文化传播中产生文化休克的可能性就越大，其文化休克的程度就越剧烈。其次，由于文化身份排他性接受对于传播过程的阻挠，跨文化传播选择的往往是超越文化个性而具有更多普遍性的内容，跨文化传播因此表现为某些表面化的传播内容的无限复制而日益同质化。在跨文化传播过程中，文化族群或国家间的政治、经济关系和文化意识形态因素也都会留下深刻的印迹，于是，一个受到干扰的跨文化传播过程常常表现为拥有优势政治、经济地位与传播手段的文化体系进行全球扩张的过程，跨文化传播的伦理性也因此受到巨大挑战。因此，在当代跨文化大众传播中，信息与文化（产品）流动表现出从西方发达国家流向第三世界国家的绝对的单向流动过程，西方发达国家尤其是美国的大众文化成为世界上最具有市场竞争能力和传播能力的文化样式，当代跨文化传播因此在某种意义上也就成了美国式大众文化的跨文化传播，发展中国家甚至美国以外的其他西方发达国家的文化个性，都在经受着美国式大众文化的竞争考验。更多的全球性问题，例如在应对气候问题、金融危机等全球性挑战，今天不同文化背景的人们必须致力于建设国际社会共同体。

（2）和而不同。和而不同，就是要求在具体的跨文化传播活动中，处理好传播的“我性”与“他性”的关系，既使传播主体体现自我立场和目的，又承认他者立场和目的的正当性。因此，理想的跨文化传播应该是互为主体性、互为主观性的，是一种对话与协商。然而，文化势能自有高下强弱之分，人们的跨文化传播行为，在很大程度上取决于该文化在与其他文化关系中所占有的地位。国家之间必要的相互尊重对跨文化传播来说非常重要。

研究发现，人们虽然喜欢与自己相同的人交往，但是，最佳的沟通伙伴却是双方在某些变量上一致，而在另一些变量上各异，此时，信息交换效果最佳。这就是俗话所说的差异互补等。国家信息化测评中心副主任姜奇平先生也认为：“软技术、文化力逐渐取代硬技术，成为了产业核心竞争力。软实力上的落后，会直接导致产业的落后。发达国家借助硬实力的强大，利用全球化，将消费主义文化推广成一种普世价值，消解着穷国的民族文化。但事情显然还有另一面，东方的知识和价值体系，在物质资源和能源越来越稀缺的大背景下，在以人为本、可持续发展方面，可能取得不亚于西方话语权的价值认同”。他认为：“东方价值将是完全的信息化状态或后现代状态中，最有生命力的价值体系”。[3]

（3）文化世界性与国度性并存。文化的世界性，在当代也称文化的全球性，是指人类总体在文化发展上的共同性。文化的世界性，首先是由人类需要、劳动、交往、意识等几个基本要素的共同性所决定的；其次，其表现形式虽在不同国度和民族的发展上有差异，但人类文化总体的阶段性在所有国度和民族都有所体现；再次，还表现为古往今来的文化交流，在交流中不断学习、借鉴先进的文化。

在当代，随着经济、信息全球化，科技、教育国际化的发展，随着各国开放的扩大，文化的交流与借鉴、融汇与激荡、渗透与冲突空前活跃，这一趋势“只有随着生产力的普遍发展，人们之间的普遍交往才能建立起来；由于普遍的交往……而其中每一民族同其他民族的变革都有依存关系；狭隘地域性的个人为世界历史性的、真正普遍的个人所代替”。在建筑设计领域反映了文化的世界性，如库哈斯、扎哈·哈迪德等明量建筑师都是突破地域性的世界性文化实践者，前卫建筑的探索是无国界性的。

文化的国度性，也称为文化的阶级性、民族性。文化的国度性，来自人类社会在特定历史时期由于文明的发展与社会矛盾的状况所造成的差异。国家作为阶级统治的工具，必然将本国度范围内的社会矛盾集合起来，对文化产生直接影响，形成文化体系，并对其他文化具有一定排斥性。自古以来，几乎所有的文化都带有国度性。即使当代社会文化的世界性发展趋向明显，但并没有改变，更不会代替文化发展的国度性。相反，随着全球化发展的加快，民族化的发展也在强化。民族化发展强化的重要标志是以民族凝聚力为核心的文化发展，民族主义的广泛兴起，民族国家文化的张扬，其实质是民族国家的利益仍然代表着国家民众的利益，世界上还没有代表全人类共同利益的国家和机构。[4]中国在一个世纪的现代化进程和当代全球化的影响下也始终在探索中国建筑文化的国度性，并探求在建筑传播中的话语权。

在当前的跨文化传播背景下，文化倾销、文化保护、文化例外、文化产业、文化冲突、文化重建、文化失语、文化交流、文化渗透、文化传统、文化秩序共同构成了当前中国跨文化传播的生态。因此，跨文化传播中我们应当竖立跨文化共同体的认识，以和而不同和文化世界性与国度性并存作为基本伦理原则。

6.3 建筑跨文化传播的范式

6.3.1 范式——作为学术思维的方式

这里提到的范式指的是看待世界的方法，或者说“一个学术共同体共享的一般性的思维方式。”（Klein & White，1996：10）学术传统影响着研究者的价值观、目标和学术风格，也会极大地影响他们的研究工作。理解学术传统或曰范式至关重要，这是我们阅读和使用理论的基础。也就是说，范式向我们提供了看待人类传播活动的一般方式，而理论是对传播行为某个特殊方面的具体解释。社会学者艾尔·巴比把范式作为社会理论的要素，他在区别范式和理论的差异时指出“范式提供视角，理论则在于解释所看到的东西”。如果从字面上解释，范式的含义还是“看事情的出发点”。[5]

托马斯·库恩（1970年）指出，范式一旦确立就会持续很长时间，直到它们被新的组织世界的方式替代，这些新的看待世界的方式看上去可以让研究者们更好地理解这个世界。库恩把这一过程称为科学革命。例如，在自然科学领域，牛顿的物理学就被爱因斯坦的相对论取代。在传播学中，现代传播理论起源于信息理论和控制论传统（Wiener，1948年）。从信息过程的角度进行传播理论研究是20世纪50～80年代的主导范式。虽然这一范式目前还没有从传播研究中消失，但是已经不再有昔日的辉煌。目前传播研究更愿意从社会结构或现象学的角度来建构理论，而不再遵从过程模式。

6.3.2 跨文化建筑传播的范式

20世纪60年代以来，国际传播领域被以下三种知识范式所主导：“传播和发展”范式、“文化帝国主义”范式以及当下仍在寻求的一种具有内在一致性理论样式的、修正主义的“文化多元主义”范式。

1. “传播和发展”范式——建筑媒介化及西方追随批判

“传播和发展”范式源出20世纪60年代早期的发展主义思想。——丹尼尔·勒纳（1958年）和威尔伯·施拉姆（1964年）则把焦点聚集在“心智”之上，他们认为是某种心智支持了或者阻碍了社会变迁。他们认为发展中国家的传统价值观是政治参与和经济活动的主要障碍物，而政治参与和经济活动恰好又是发展的关键元素。他们的“解决方法”是推广传播媒介的使用，以改变人们的态度和价值观。

这种视角后来遭到严厉的批评，被认为是种族中心主义的、漠视历史的和线性的，因为它把发展放在一种进化论的、内生的方式中来看待，这种解决方式被认为实际上加剧了而非帮助克服发展中国家的依附性。[6]

图6-1 传统与现代：新加坡一景

当代的建筑媒介高度发达，西方建筑界用各种传播手段传播其“中心议题”和趣味偏好，从而引导了被传播国家的建筑师，这些建筑师自愿成为西方趣味的追随者，渐渐放弃了对所在国现实的关注和科学的研究。而满足了输出国认为的“文化同质化”和“文化同步化”发展表象，丧失了真正的对话能力（图6-1）。

2. “文化帝国主义”范式——空间殖民主义批判

“文化帝国主义”认为：全球化其实是现代西方霸权国家以细致（尤其是消费欲望的满足）的方式，进行更全面的殖民主义侵略。约翰·汤姆林森指出，“文化帝国主义”主要有两项控制特征，即资本主义商品文化的控制及西方文化的控制。在这两项优势条件下，现代人的生活是由Coke、McDonalds、CK、Microsoft、Levis、Nike、CNN、Marlboro等财团营造出来的一致性口味、风尚、语言观念、价值判断等，而其所看齐与认同的对象是西方文化及其生活形式。面对西方文化的扩张，本地社会若不能积极增加本土文化的抗衡力量，那么其本土文化则将无情地被同化而消失殆尽。

图6-2 丹麦哥本哈根两岸

“空间殖民主义”是指20世纪70年代的西方资本携带建筑设计输入发展中国家，其中西方建筑在跨文化传播中占有主导地位，对很多发展中国家产生建筑设计以及建筑文化导向的控制。20世纪初，葛兰西的“文化领导权”理论和法农的“民族文化”理论，对后殖民主义的产生和发展起到了积极的推动作用。米歇尔·福柯的“话语”和“权力”理论，则成为后殖民主义思潮的核心话题。后殖民主义批评在理论上的自觉与成熟，则以赛义德（也译萨义德）（1935～）的《东方主义》（也译作《东方学》）的出版（1978年）作为标志。[7]

3. “全球文化多元主义”范式——范式建构之一

“传播与发展”及“文化帝国主义”两种范式是违背跨文化传播伦理的，因此也会导致对立与冲突。在新的伦理观的引导下，面向现实和未来，我们要建构积极的跨文化建筑传播范式（图6-2）。

“全球文化多元主义”范式的基本观点——文化全球化使得个人与团体在社会中拥有更大的活动空间去追求自我的实现，表现与他人的差异性。换句话说，伴随着全球化的是个人化与多元化的社会发展趋势。全球化所形成的“世界社会”（world society）是“无统一性的多样性”。[8]在这个意义上，尽管全球化时代存在着“文化同质化”的现象，但并不意味着我们已经或即将拥有一个统一的、同质的“全球文化”；“现今世界在意识形态、民族、宗教和国内生活方面不仅更加多元化，而且更加分散了”。两种不同的文化现象似乎同时在发生：一种是沿着美国路线的“文化同质化”；另一种是“部落主义”的复活，这就是一些学者提出的“混杂化”的趋势：同质化和异质化同时存在的一种过程，有时高涨，有时衰落，有时加速，有时减速，而全球化带来的不过是“混杂文化的混杂化”。

全球文化确实存在“同质化”倾向，库哈斯的“广普城市”（generic city）深刻地揭示了全球化时代人类生存的城市的“彼此趋同”现象，他认为广普城市可能始于美国，深刻地缺少原创以致它只能是舶来品。但广普城市现在已经遍布亚洲、欧洲、澳洲和非洲。因此，广普城市不是现有的任何一种城市类型，它是全球化时代的必然产物，它显得历史不在场，充满了商务活动和大众娱乐文化。因此，体现了全球共同的“文化经验”。但是同时现今世界在意识形态、民族、宗教和国内生活方面不仅更加多元化，而且更加分散了。这被称为是“部落主义”的复活，在建筑界，始终存在着反抗趋同，张扬主体个性的个人和团队，不断贡献出独特的思想和作品，推动建筑艺术不断发展，使全球化的文化呈现丰富多彩的景观。因此“全球建筑文化”是被全球化推动的，而“多元化”的建筑实践是其不断“混杂化”的基础。

建筑传播的交流模式（Barnlund，1970 年）强调，在建筑传播过程中信息的传送与接收同步发生。说传播是交流，意味着这一过程是一种合作，传受双方都对传播的影响与效果负有责任。在线性模式中，意义从一个人传向另一个人。在互动模式中，意义通过传者和受者之间的反馈得以传递。在交流模式中，人们建立共享的意义。建筑文化多元化是建筑传播的基础，交流模式是建筑多元共存的保证。

“全球文化多元主义”应建立在全球泛对话的交流模式中，今后建筑发展的原创力量不以国家和地域划分，而是归于个人和学派。个体化发展成为建筑文化多元化的基础，而交流模式是建筑多元共存的保证。许多当代活跃的建筑师都具有超越国界的多元文化背景，如库哈斯、扎哈·哈迪德、里勃斯金和 FOA 等。

4. “地域认同的塑造与再塑造”范式——范式建构之二

所谓文化认同，是由和某些特定的时间和空间相关联的人们所创建的时间—空间活动及地域与身份之间的联系。重要的文化形式和社会习俗对于形成某种身份意识具有重要作用，而它们大都带有一定的地域性：人们总是将自己和某个国家、地区、城市和社区联系在一起；当然，这里的空间性并不只是地理意义上的场域，空间性当然包含着场域，但它同时还必须指涉于生活世界的意义空间，从而使单纯的场域性赋予场所性。[9]

在一些学者看来，“认同”也是一个引起广泛争论的概念。近年来，学者们就不同的个人、集体、地域是否永久地拥有并且保持某些排他性的典型特质，提出了很多质疑。作为个体而言，我们每个人是否拥有某种一成不变的个性或特质？在有生之年，我们是否在不断地获取、形成、培养新的特性？对此，内斯特·加西亚·坎戈里尼（1990年）启用了两个术语，即“去疆域化”（deterritorialization）和“再疆域化”（reterritorialization）。前一个词指的是，建筑在地理、社会意义层面上的领土与文化之间，某些“自然”关系的丧失。与此同时，这又是一个所谓“再疆域化”的过程，这一过程包含着对各种“新、旧符号产物”在地域间进行重新分配（加西亚·坎戈里尼，1990：288）。安东尼·吉登斯（1990年）也使用了相似的概念，提出了“脱域”（disembedding）和“再嵌入”（re-embedding）两个术语，并将它们和“时空延展”（time-space distanciation）概念联系在一起（图6－3）。[10]

图6－3 苏式水巷邻里再造

全球化时代，人们常常发现某些文化实践已经“非疆域化”或“脱域”了，已经和与它们相联系的某个特定的地理范围相脱离。与此同时，所谓的“再疆域化”或“再嵌入”，则包含了对地域和身份认同两者之间关系的再确认。比如，民族文化遗产或民族独特性的认定是有陈规的，面临来自全球化的种种威胁，各种器物和习俗的本真性（authenticity）就需要重新确认。再比如，如何认定人们在搬离其原住地的同时，却立即寻求在新居住地的一种永久归属意识。加西亚·坎戈里尼（1990年）曾经指出，移民到了新的定居点后，会尽力将自己和一般的旅游者和短期访客区别开来，并以此建立起他们对新地域的永久归属感。同样地，文化形式和习俗也会迁徙且“非疆域化”（就好像摇滚乐、爵士乐、节奏布鲁斯不断向世界各地延伸，再也不仅仅限于美国某个特定的地区）。文化习俗也会通过诸如“巴西超重金属乐”之类的音乐风格或“非洲裔美国人”之类的民族—种族范畴而被“再领土化”。关键在于，种种认同总是不断地和地域联系在一起的；不同的人和事也总会不断地被联系在一起，而并不会成为毫无指涉的、可以被简单分离四散的后现代能指（图6－4）。[11]

图6－4 欧式水巷再植入

建筑文化在传播过程中，各种社会习俗和文化认同因素在被“去疆域化”、“脱域”或者“非定位”的同时，又不断在传播中“再疆域化”、“再嵌入”或“再定位”。事实上，文化作为一种完整的生活方式，作为一种话语实践，乃至作为各种商品化了的器物或广告形象，在其被携带或流动的历史过程中，绝不是某种一成不变的静态事物。文化是有生命力的，文化认同也是不断被创建、塑造和再塑造的，在新的地域里，身份认同会在某种特定的基础上被“再疆域化”。

基于认同的被创建性，以及它所具有的促进或限制的作用，那么对地域已有的特性进行进一步改造也就成为了一种可能。从这个意义上讲，地域是可以被赋予各种认同的，并且这些认同也并非静态的，始终都处于冲突和变革之中（表 6－1）。[12]

跨文化传播中的地域性塑造比较 **表 6-1**

坎戈里尼	去疆域化	现代主义传播（密斯、伦佐·皮亚诺）
	再疆域化	批判的地域主义（安藤忠雄、阿尔瓦·阿尔托）
吉登斯	脱域	创新，反地域（国家大剧院——安德鲁）
	再嵌入	新的归属（中国中央电视台大楼——库哈斯、原广司的都市集落表现）

5. “文化商品化与传播”范式——范式建构之三

商品即产品的现实化的社会性存在形态。在高度发达的社会化生产的现代社会，一切产品都是作为商品而存在的。艺术作为一种生产活动，其产品——艺术作品自然也不会例外。在当代社会的现实中，艺术的商品化，或者说艺术作为一种文化产业的崛起，已成为引人注目的事实。对此，固守于传统美学价值观念的人们视为艺术和社会的双重堕落和异化。也有观点认为商品经济是生产社会化的必然产物，而艺术作为一种生产活动，其产品——艺术作品也内在地具有商品的属性。因此，这一属性在商品经济高度发达的现代社会中的现实化，并非艺术的异化；反之，在某种意义上可视为艺术之价值和功能的更加充分的实现。艺术的商品化不仅不是艺术的堕落，而且是艺术的解放，是社会进步的表现。[13]

随着各种产品生产和消费的全球化，世界各地一些已经形成和正在形成的地域特征已逐渐被全球化的特征所取代，建筑领域也是如此。许多国际资本在全球的输出伴随着代表全球性生活方式的通用式建筑。事实上，大量的建筑是作为商品存在和被使用及销售的，大量建筑设计也是追随房产市场的需求而产生的。今天的城市面貌某种程度上也取决于房地产开发的风尚，而过去功能明确的建筑类别都走向综合性商业利用。最受关注的建筑评价是“开发利益最大化”。确实，在商品化转型中，文化商品如建筑设计存在庸俗化的潮流，但宏观来看积极作用更多：

从消费的角度来看，艺术生产商品化可以促进艺术形式、风格的多样化和丰富化。一方面，商品生产是以消费为主导的生产方式，艺术生产者要使自己的产品成为畅销的商品，便必须去深入地了解、研究什么是真正的社会需要，从而确保自己的作品能够成为人们乐于接受的消费对象；另一方面，商品消费的自由机制可以使人们对艺术的消费需要自然而然地体现出来，而一定时期内的社会成员对艺术的风格、式样、趣味的要求必然是多种多样的，且这多种多样的社会需求经商品消费的自由机制反馈出来，便会促进人们自觉地依据社会需要进行多样化的艺术生产。这种多样化，不仅表现为原初的艺术创作的多样化，而且更表现为后续的艺术生产的多样化。艺术作品成为一种畅销的商品，吸引着越来越多的商家在利润的驱使下介入到艺术的产业化生产之中，使得大量的中外艺术史上各种品类、式样、风格的名著以各种各样的复制样态进入人们的艺术消费视野，极大地丰富了人们的艺术生活，从整体上促进了社会文化素质的提高，进而促进了艺术生产与消费的发展及其整体水平的提高。[14]

从传播角度看，赞同“文化同质化”(homogenization of culture) 理论的学者认为，各种“全球性品牌”、消费品也催生了一种缺乏独特性和原创性的所谓的“全球性文化”。但是品牌的传播对提升全球的文化制造水准起到关键作用。我国这 20 年建筑设计建造水平的长足进步与境外先进技术的传播有直接关系。

作为主要的范式之一，当代建筑艺术的跨文化传播很大程度上可以从文化商品化角度来解读，大量的建筑是作为商品存在和被使用及销售的，大量建筑设计也是追随房产市场的需求而产生的。它们极大地丰富了人们的生活，从整体上促进了社会文化素质的提高，进而促进了艺术生产与消费的发展及其整体水平的提高。

相反，持本土抵制论据的学者则认为各种信息、媒介形式、商品和社会习俗会通过各种不同的方式被重新利用、界定和梳理，并被赋予某种新的意义和用途。两种观点都认为对于商品的使用，与理解一个人的自我意识和身份认同密不可分。“文化同质化”理论的欠缺在于，它过分强调了商品的直接影响，认为受众主体都是完全被动的。而反对意见的不足则在于，它把商品看做是一种自然客观的存在，没有探讨某些产品、服务、习惯和风俗为什么能够，以及又是怎样得行其道的。概括地说，持此种立场的学者，没能认真地研究消费逻辑及其对商品在全球范围内的分配所带来的影响力。[15]

伯德利亚尔认为，由于消费的符号化和象征化，现代社会的消费传播正在越来越体现出“差异化”的特点，即追求个性和与众不同，所谓“风格传播”的特点越来越突出。在这种消费结构下，商品和服务的流行性越来越强，而流行周期则越来越短。大众传播不断创造出新的流行语和流行话题，含义充斥而激烈变化。各种各样的广告、公关、CI 和营销活动也不断策划出新的符号和新的意义，把提供新的“概念”（即消费意境）作为打开商品市场的主要手段。消费的符号化和象征化的确成了我们这个时代的一大特色。建筑作为商品，建筑跨文化传播也遵循着商品品牌全球扩展和风格流行的规律。

前文进行了五种传播范式的分析，前两种是批判性范式，而后面三种范式构成本书建筑跨文化传播的建构性范式体系，作为剖析当代建筑跨文化传播的理论框架。后面两章将以建构性范式来进行建筑跨文化传播评析，建构跨文化设计思维模式（表 6－2）。

跨文化建筑传播范式一览 **表 6-2**

批判	“传播和发展”范式	建筑模仿、追随发达国家
	“文化帝国主义”范式	空间殖民主义，建筑文化同质化
建构	“全球文化多元主义”范式	建筑文化多元共存，全球地方化
	“地域认同的塑造与再塑造”范式	批判的地域主义，脱域，再疆域化
	“文化商品化与传播”范式	建筑品牌扩张，全球流行与消费复制

6.4 本章小结

跨文化传播作为一门学问，重视发现和驾驭跨文化传播的规律，思考处于文化交流场中的人们的现实处境。20 世纪后半期以来，随着经济全球化的发展，以及传播科技促进下全球文化交流的日益频繁，跨文化传播已成为广泛涉及各个社会领域的一种社会行为。目前，对跨文化传播的研究沿着微观和宏观两个层面展开。在微观层面，人们着重于对有效传播及沟通能力、行为调适能力的探索；在宏观层面，则致力于不同文化间的理解和对话的研究，以寻求消除因文化差异造成的传播歧义和文化冲突的途径与策略。

本章回顾了跨文化传播的发展历史，通过对其理论成果的消化和分析，探讨了跨文化建筑传播的规律和伦理问题，进而分析了多种跨文化建筑传播的范式，并从中提炼了“全球文化多元主义”范式、“地域认同的塑造与再塑造”范式、“文化商品化与传播”范式作为研究当代跨文化建筑传播的建构性理论范式。

本章注释

[1] 刘双，于文秀．跨文化传播——拆解文化的围墙［M］．哈尔滨：黑龙江人民出版社，2000：172.

[2] 刘双，于文秀．跨文化传播——拆解文化的围墙［M］．哈尔滨：黑龙江人民出版社，2000：195.

[3] 萧默．新现代主义——现代主义的复归与超越［J］．建筑学报，2005（8）：14.

[4] 周鸿铎主编．文化传播学通论［M］．北京：中国纺织出版社，2005：121.

[5] 度继光．从施拉姆的论断看传播学新使命［M］//明安香主编，白贵执行主编．传播学研究：和谐与发展．北京：新华出版社，2006：128.

[6] 詹姆斯·库兰，米切尔·古尔维奇编．大众媒介与社会［M］．杨击译．北京：华夏出版社，2006：86.

[7] 邱运华．文学批评方法与案例［M］．北京：北京大学出版社，2006：253.

[8] 刘维公．"文化全球化"社会学研究初探［OL］．http：//www.cc.nctu.edu.tw/-cpsun/liu-wei-gong-global.pdf.

[9] 乔治·麦克林．全球化与存在论差异［M］．邹诗鹏译．武汉：湖北人民出版社，2006：2.

[10] 约翰·汤姆林森．全球化与文化［M］．郭剑英译．南京：南京大学出版社，2002：143.

[11] 詹姆斯·库兰，米切尔·古尔维奇编．大众媒介与社会［M］．杨击译．北京：华夏出版社，2006：317-318.

[12] 詹姆斯·库兰，米切尔·古尔维奇编．大众媒介与社会［M］．杨击译．北京：华夏出版社，2006：322.

[13] 董志强．消解与重构——艺术作品的本质［M］．北京：人民出版社，2002：115.

[14] 董志强．消解与重构——艺术作品的本质［M］．北京：人民出版社，2002：142.

[15] 詹姆斯·库兰，米切尔·古尔维奇编．大众媒介与社会[M]．杨击译．北京：华夏出版社，2006：324-325.

附录C 解读当代中国现象的误差*

——与美国学者关于上海"一城九镇"的通信

2010上海世博会期间，国外的建筑同行纷纷来到上海，9～10月间我在罗店新镇接待了三批来自瑞典住宅发展协会、马尔默市规划局以及乌普萨拉市规划局的访问团，不断地回答外国朋友的提问，介绍上海"一城九镇"的背景、开发模式和发展现状，回答他们关于中国城市化、新镇的可持续发展方面的问题。对旁观者尤其是来自遥远国度的人而言，多少都会有些隔膜和误解，而我感到"一城九镇"最容易被误解成是建筑风格的话题，我也一直想向同行们作出我的解释。特别是两年前和"一城九镇"的美国研究者Bianca Bosker女士交流后，我意识到对"当代中国现象"的解读存在问题。

2008年7月11日，我收到了美国普林斯顿大学Bianca Bosker女士的电子邮件来信，谈到她正在写作的关于上海"一城九镇"的书，以及请我接受她的采访。通过她信中的简述，首先让我感到惊奇的是外国学者对中国现象关注的热情，其次，我觉得她和许多人一样对"一城九镇"存在片面的理解，同时还存在把"一城九镇"这个郊区发展计划与中国建筑学的趋向混为一谈的误解。我觉得今天国外的同行们对中国密集的建筑活动和现象存在太多的误读和误解，这里借笔者对她的回信以向广大的国外同行们作出说明，希望能为认识"一城九镇"及相关议题提供更科学的视野，更真实全面的理解。

Bianca Bosker女士的来信

刘先生：

我从SWECO设计公司（译者注：瑞典最大的设计公司）总建筑师Ranhagen Ulf先生那里得到您的联系方式。Ulf先生让我找您，因为他说他们公司和您以及上海建筑设计研究院在上海罗店新镇项目上成功合作；我去年冬季也有幸参观了罗店新镇项目。

我是普林斯顿大学的一名新研究生，我在写一本暂时命名为《大量地仿造：中国的建筑奇景——仿造外国建筑的热情》的书，这本书是基于我更大的论文，一本220页并获得了普林斯顿大学东亚研究系表彰为最佳论文的Marjory Chadwick Buchanan 奖的论文。我的这本书将聚焦在上海的“一城九镇”发展计划，这个在上海市政府指示下建成的重大的、史无前例的建筑实验。这个地标性计划受命建设十个各自带有不同的欧洲国家建筑风格的卫星城镇。这些城镇样板区每个容纳30万人居住，建筑风格从布扎(巴黎美术学院派)到包豪斯风格都有。

对西方古典建筑范例复制的表现是出现在整个中国更大的建筑潮流。设计作品的外来影响，各种建设项目之间的对比，以及其他更创新的建筑，构成了当代中国的建筑景象，引发了关于中国建筑学轨迹的一些令人兴奋的问题。我将在我的书中进行探讨和分析。

因为您在中国广泛的工作经验和您在罗店新镇项目中承担的重要角色，您对我的课题的观点以及您对中国城市发展的视点将对我非常重要。我想问您是否愿意帮忙，给我几分钟时间作一个简明的、有组织的采访，主题聚焦在中国这个不寻常的建筑“运动”（指一城九镇）和罗店新镇建设过程中。

当然，我会就您方便的时候（采访您）。谢谢您能考虑并接受我的采访，我等您的答复。

祝好!

Bianca Bosker

给 Bianca Bosker 女士的回信

Bianca Bosker 女士：

你好!

承蒙Ulf先生向您推荐，我确实是上海“一城九镇”计划的参与者，也是中国关于“一城九镇”计划的少数研究者之一。所以，很意外您作为外国学者也在关注它。2004年我曾写过关于“一城九镇”的论文①，另外在我的博士论文(2004~2008年间完成）“当代跨文化建筑传播现象研究”中也通过跨文化建筑传播理论进行了相关的讨论，形成了比较全面的看法。② 于我个人而言，“一城九镇”计划验证了我完成于1995年的硕士论文里对中小城镇空间发展类型的设想和对故乡性与异乡性的观点；更为重要的是对“一城九镇”建设经验的总结让我重新树立起对建设理想的

① 刘晓平．上海“一城九镇”新镇实践对我国城镇建设的启示［A］//中国建筑学会编．“城市边缘——区域规划国际论坛”论文集，2005.

② 刘晓平．当代跨文化建筑传播现象研究［D］．上海：同济大学建筑与城市规划学院博士论文，2008.

"可持续城镇"的信心（这种信心曾经在我硕士论文期间十分失落）[①]，因此，这几年里，我一直在苏南的中小城镇进行可持续城镇和理想主义城镇空间的实践和传播，曾以"新江南系列"作品参加第六届上海国际青年建筑师作品展，其中的芳茂村生态社区中心获得二等奖。

对"一城九镇"的意义决不能片面地理解，应当有多个层次、不同侧面的解读。在我的研究看来，从中国现代化进程和中国城镇建设的历史沿革中来看"一城九镇"，是具有非常多的积极意义的；在全球化的语境中来考察"一城九镇"，也是非常有原型意义的。

这里，针对你的信中对"一城九镇"的理解，我提请注意以下几点：

（1）"一城九镇"中不全是外国风格，其中朱家角镇被定位建设成"中国风格"的小镇，现在也有很多令人瞩目的"现代中式"项目建成，它们传承和创新着朱家角镇的明清江南建筑风格。

（2）"一城九镇"中不全是复制外国建筑风格，其中的安亭新镇和浦江新镇其实应当理解为外国建筑师在当代在上海（此时此地）的原创性设计。这些建筑师没有模仿过去的建筑，而是在设计中竭力创新。近来建设中的"临港新城"，德国GMP设计公司也是按自身的一贯风格在进行设计创作，没有模仿的意图。

（3）对"一城九镇"的视角更多地应当从郊区城镇规划和当代城市规划实验探索的角度来考察其成果。目前建成的每个镇都有优美的生态绿地和干净的水体景观，都有中国少见的高品质的步行环境空间，它们的总体规划布局都集中体现了当代城市规划的理论成果和可持续发展原则。这在中国是具有示范价值的。

（4）对于罗店北欧新镇和松江泰晤士小镇以及高桥荷兰镇，可能这三个镇的异国情调比较浓，我觉得这要从文化消费和传播的角度来理解，不要放在建筑学的取向层面上理解。因为，上海就是想把这些异国小镇作为旅游度假地来运作的，您可以按照当代主题景观区及度假地的取向来理解。实际上，现在这三个镇已成为婚纱摄影基地和广告摄影基地了——总之把它理解成特色大公园也行。既然在上海附近的许多江南古镇现在都成了4A级旅游著名景区，那么优美的异国风情的小镇当然也会有旅游价值——但这决不代表上海或中国的建筑创作方向或思潮，绝不是

① 刘晓平．苏南中小城镇聚居环境发展理论初探［D］．南京：东南大学建筑系硕士论文，1996.

一个层面的议题，中国学术界也没有这样认为，所以中国建筑学会把 2004 年在安亭新镇召开的新镇专题研讨会定名为“城市边缘—区域规划”(图 C－1～图 C－4)。

图 C－1　罗店新镇

(5)“一城九镇”的积极影响还是很大的，在房地产界，很多集团都在学习这种城镇规模的土地运营模式（这是不同于珠三角郊区大楼盘的新模式），而罗店新镇的开发商——上海置业集团也已成功组建“中国新城镇发展有限公司”并在新加坡上市，他们将新镇建设作为一种商业模式，在中国无锡、沈阳、长春发展。他们在各地的新镇项目结合当地的产业结构进行不同的定位，塑造不同的建筑风格，但共同的模式是土地整体规划、整体建设和控制，以及景观环境建设的大手笔与环境的文化情调感。这些理念在各地都受到政府支持和响应。这恰好证明了“一城九镇”的先进性和示范性。

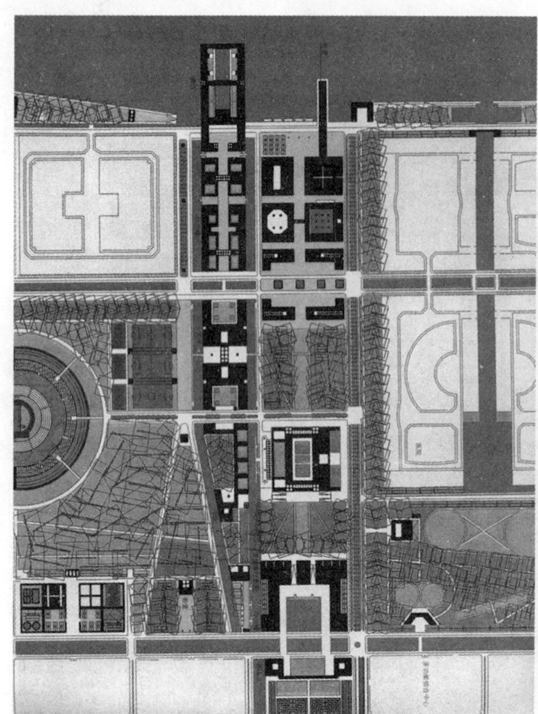

图 C-2　浦江新镇

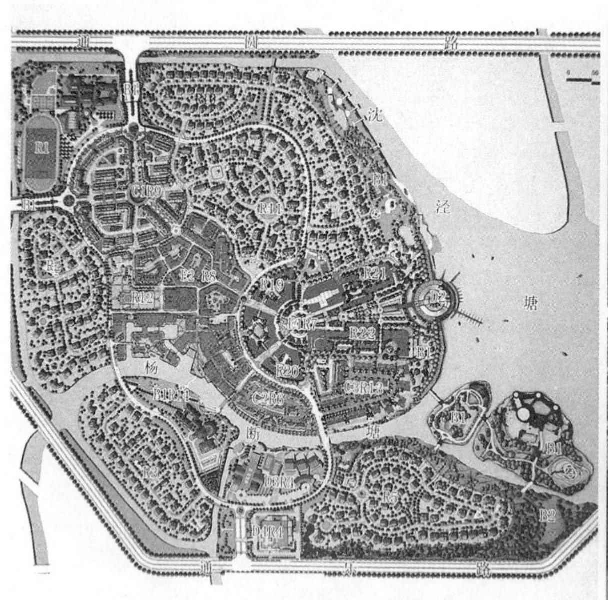

图 C-3　泰晤士小镇

一些地方城镇的领导也纷纷赶来学习考察“一城九镇”，并回去跃跃欲试。所以我感觉到，在某种程度上“一城九镇”和发源于美国的“新城镇主义”及其运动有相似性，都是对城镇发展现状反思的结果，都是对理想居住环境的探索和追求，都可以成为一种规划建设模式被传播和学习——请认真考虑两者的相似性和关联性。

为了表达意思的准确性，我先用母语中文作以上简单回答，如果您理解有问题，我可以再用英文表达。我的研究方向也是关于全球化与当代中国建筑现象，以后可以多交流。

诚挚的问候！

刘晓平

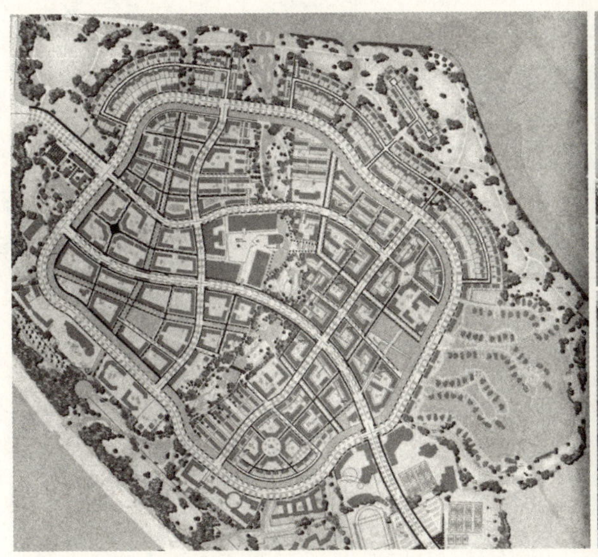

图 C-4 安亭新镇

* 刘晓平．解读当代中国现象的误差．中外建筑，2011（01）：14－19.

附录C1　解读“一城九镇”的实践意义与启示

上海“一城九镇”计划在新世纪探索我国郊区城市化方面有颇多启示：在操作上地方政府与财团合作；以新镇生活为目标，多元功能结构，当代城镇理念，环境保护与改善；强化与中心城的交通联系，以产业生长支撑空间发展；在规划建设操作方面对我国现状也有重要意义。

1. 整体设计与开发

传统城镇建设往往因地就势；有宗族约定规范为据；宗社礼仪形成庙、市、塔、园等空间与秩序，容纳了居住、商业、贸易、手工业多种功能，以步行、船行交通为主，这个时期经济活动的环境压力小，保持了自然田园型状态。在当时是适用型整体性环境。

工业型城镇是对传统城镇的“否定”：缺乏规划控制，土地利用效率低，环境污染，工业需求驱动，相对密度大，用地较单一，不完整的城镇生活，嘈杂粗糙，缺乏人文邻里社区感；乡村农业景观同时被破坏、污染，汽车、卡车交通主导。

而一城九镇新镇建设是对工业城镇的否定、传统城镇的“升华”。有较强的控制（政府背景）、先进的整体规划、产业经济结构，以居住、商业、无污染工业、娱乐消费功能混合。土地利用高效，基础设施完善，环境整治与保护，高质量的建筑与空间品质；内聚力的城镇及邻里社区感；妥善处理车行与步行区的关系以及与大城市的连接交通；强调步行区的城镇生活重要性；相对稳定的规模，清晰的边界；不再无限制地侵蚀农田。这是精致型整体性环境。

2. 当代性与传统发展

新镇建设对于本土化与国际化问题作出了有益的探讨，中西方城镇发展的交汇与对话是建立在全球化背景下的当代性，何为当代性？在现代主义之后发展的某个横断面上，各国所处阶段所面临的问题与对策会有关联与共性。20世纪初以来，发源于欧洲的现代主义运动以及后来的各种思潮随工业经济的全球发展演变成各国共同的经历，发源于90年代后期的美国的新城镇主义运动也很快在各国被接受和实践。发达国家经历了郊区发展的得失，也在调整策略；我国正面临郊区的无序发展，在寻找对策。因此，境外设计师在上海进行的当代的规划设计，从根本上讲，是与时俱进的创造活动。而这种种跨国界的设计传播都促使着当地的观念更新和传统发展，也伴随着当地与外来者的交互影响。今天，以国际的团队，以当代全新的建设理念，新镇建设开拓了城镇发展建设的新方向。它是一个居住空间和生活秩序的定义，是一种生活方式的定义，是中西方文化再造的定义，它集成了今天的艺术与技术，它正在发展我们的城镇传统。

3. 可持续性

新镇建设也积极探索如何减少环境的压力，如何维持生态平衡，恢复田园环境。注重应用环保节能技术，营造自然生态系统平衡，恢复生物多样化共处；在建设上，一次规划，分期实施，留有余地；在经济人文方面，通过产业支撑、文化营造保持地区活力。

4. 营造理想家园

尽管目前我国在全世界的建筑市场上数量领先，但我们往往习惯于跟随开发商和潮流，而丧失了梦想与理想。新镇秉承了理想主义精神，在社区邻里、生活方式、能源利用、信息技术等方面为未来建造了21世纪中国的乌托邦。

5. 问题与挑战

“一城九镇”新镇建设是建立在上海繁荣强大的房地产市场基础上的，加上政府产业政策对郊区的支持，它一次性投入成本巨大，因而导致其房价较郊区原有水平高出很多，使用成本也高，高门槛限制了本地城镇人口进入，新镇人口将由以下人群构成：①大城市中产阶级；②各地成功人士；③城市养老一族；④本地新贵。对于上海这样的大城市而言，新镇建设承接大城市地产的发展，带动了郊区环境发展，从而以点带面改善郊区自然、生产、人文环境。对于购买力较低的本地居民则从土地中得到安置住房补偿，同时可共享新镇环境设施。在新居民和原地农民之间还需要注意避免突出贫富的差距，还有社群认同问题。

中小城市往往缺乏资金引力和产业支持，对中等城市而言，郊区城镇难以得益于城市疏散的辐射；房地产市场往往依托城市边缘向郊区扩张，虽然这样的城市生活的成本较低，但城市的交通问题会日益突出，郊区景观会逐渐消失。中小城市本身应借鉴新镇规划理念，从而增加自身环境魅力。对远郊城镇而言，可以汲取其规划思想和操作模式，做好高水平整体性规划，开发方式结合实际，如公共设施政府建、住宅居民自助建。可根据资金情况延长建设周期，更应结合当地条件，采用低技的生态能源技术保护环境。众多教训表明，严格按规划控制实施是成败的关键。

---

* 刘晓平．上海“一城九镇”新镇实践对我国城镇建设的启示［A］//中国建筑学会编．“城市边缘——区域规划国际论坛”论文集．2005.

附录 C2 故乡与异乡——城镇环境形象创新的一种思路

城镇空间衍变是十分复杂的自然、人工过程，前面的调研分析是从空间形象的地方性延续角度出发的。在设计中，地方性传承总是与创新问题纠缠一处。关于城镇环境形象的创新，下面从类型学出发表达一种思路。

1. 原型的差异性

以意大利的罗西为代表的城市类型学派强调城市的历史传统和城市建筑，追求从历史出发，对历史上的建筑类型进行总结、概括抽象，抽取出一定的原型并结合其他建筑要素进行组合、拼贴、变形或根据类型的基本思想进行设计，创造出既有“历史”意义，又能适应人类特定生活方式的建筑。类型学的思想辩证地对待“传统”与“现代”、“不变”与“变”的关系问题。阿兰·克尔孔提到“如果建筑的意义依赖于那些早已建立的类型……要么它被看成隐藏于现实中，单体建筑物无限变化的形式后面不变的常数；或者被看成历史留给我们的片段形式，但这种形式的意义并不依赖于它们在特定时间内按照特殊方式的组织”。类型学作为一种方法，揭示了城镇与建筑的历史性发展方式，但其视野似乎尚未涉及不同文化、不同地域的类型，这正是我们要关注的原型的差异性。就世界范围而言，东西方城镇有着不同的空间原型；就我国来说，不同地域、不同民族也有着各种空间原型，这些空间原型（片断形式）是人类漫长的生活史所积累的不同形式，它们都与人的存在（常数）保持着本质的联系。就特定的人或群体而言，便分为“故乡的”和“异乡的”两类。作为当代的人，当我们试图从不变的“常数”出发塑造环境时，故乡的、异乡的空间原型都是可能的选择。

2. 碰撞与磨合

建立在原型的广泛性和差异性基础上的类型学认识，在设计方法上不再是类推和转换，而是碰撞与磨合。本文已提到过中国城市公共空间是“街道原型”的，而西方城市是“广场原型”的；西方城镇有宗教性空间原型，中国城镇具有语言性空间原型；不同民族、不同地域形成丰富的场所景观，如苗族吊脚楼、客家土楼、江南水乡、陕北窑洞等，所有这些正蕴藏了无限生机和可能性。在当前世界文明交融共享的时代，我们以历史的高度将各民族的历史经验看做共同的“历史痕迹”与“记忆”，那么我们就有理由将东西方及各民族多样的空间原型作为创新的土壤。在这一过程中，我们保持了历史的“不变”——人的存在性，而将空间原型作为历史或文化符号进行新的编码，及碰撞与磨合。这个思路超越了地方性传承的狭隘，更体现了人的主体性，在创新上更主动。

3. 苏南城镇形象的构想模型

建筑类型学研究有一段很长的历史，经过一个多世纪的探讨和争论，类型学已成为必不可少的批判性和实用性的双重工具。同时类型学作为建筑创作的工具这个问题极为复杂，并不存在一种比较严格的特征。笔者以为它提供了一种理性思维的逻辑。至于具体的形式操作则有很大的主观性，这一点，类型学建筑师的不同作品与理念即可证明。因此，类型学可被看做是逻辑练习和灵感练习的结合。我们根据类型学的基本原则和方法，试图还原出苏南城镇环境形象的原型，应当承认该原型不是唯一答案，只是一家之见。我们认为苏南城镇环境形象的原型有两条线索，一是水乡情境，一是园林意境。

在原型的基础上，我们的模型主要运用“碰撞和磨合”来创造新的环境形象，这也是一种“元设计”，也应指出，这种元设计因要素不同、方式不同，可以产生若干不同的“元方案”，这正给设计者发挥个性留有余地。这里为了说明问题，我们以故乡性为逻辑，作了“水乡＋园林”的构想模型①（图 C2－1）和以故乡与异乡碰撞为逻辑，作了“江南小镇的明天”构想模型（图 C2－1）。② 这种模型研究虽不严谨，但笔者认为不失为一种定性研究的直接手段。

---

① “水乡＋园林”构想模型：回归理想，把私家园林的空间要素、虚实布局和环境理念在尺度上放大到整个城镇的尺度，在城镇中来布局建筑群和水景、山景等，让城镇变成可居、可憩、可游的“山水城镇”。同时，利用江南河道进行现代水镇的形象创造，把“园林”从文人的理想居住场所转换到大众的理想城镇。

② “江南小镇的明天”构想模型：立足当代，把东方的街道院巷为肌理和西方的广场、标志性公建为主体的类型融合为一体，满足当代人既追求安静、私密性，又渴望繁华、交往的城镇生活的双重需求，也是基于对世界文明交融共享的目标的认同。

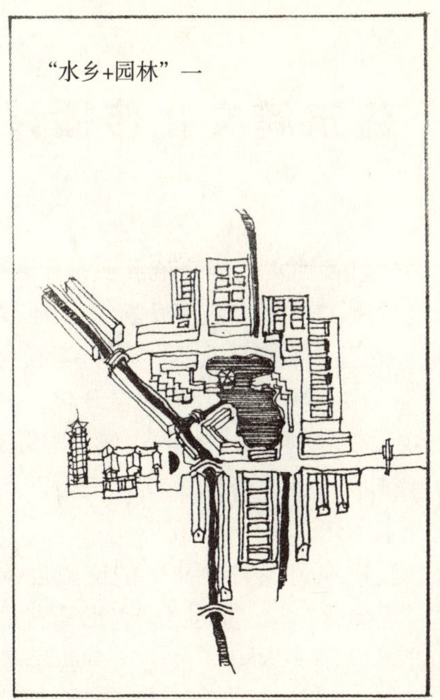

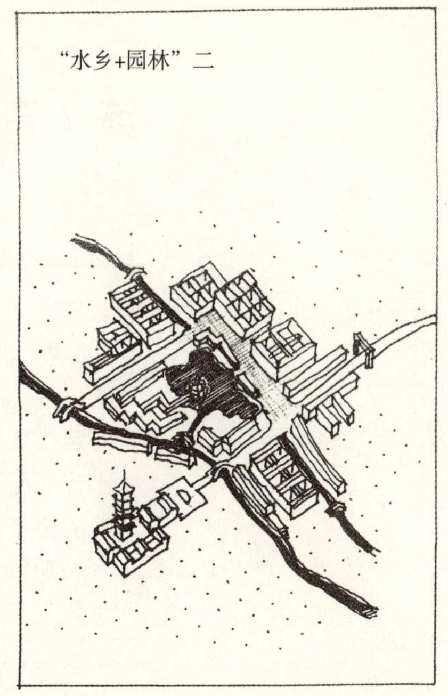

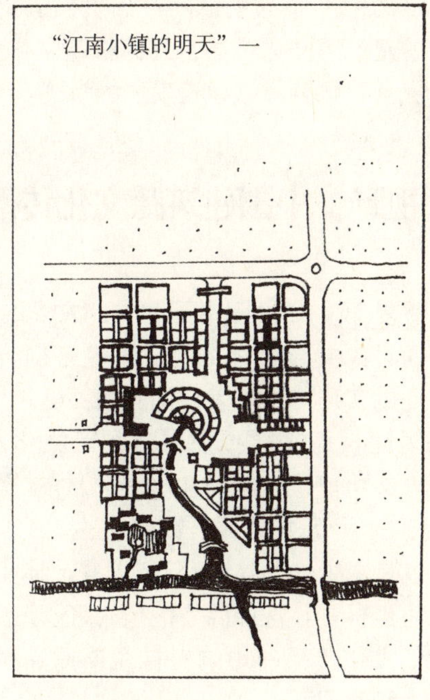

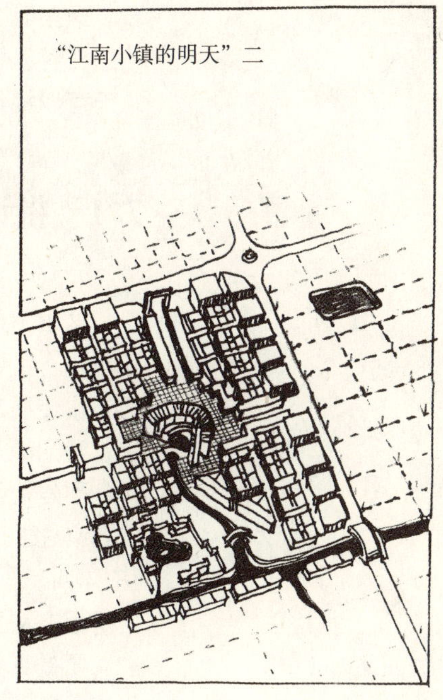

图 C2－1　小城镇发展构想图

* 刘晓平．苏南中小城镇聚居环境发展理论初探［D］．南京：东南大学硕士论文，1996.

第 7 章　建筑跨文化传播评析

全球化的时代，各种文化的交流互通是个趋势，然而，地域界限、时空限制的弱化不应等于人文、地理特点的同化，“统一性只能在整个系统的所有因素平等互利的整合中才能出现”。于我们中国来说，我们的全球化、国际化只能是立足于本土物质、精神基础的全球化、国际化。同样，本土化也不可能排斥与世界各国的文化交流。所以，中国建筑的全球化、本土化必须一体化。[1]

长期以来，我们在讨论各种文化的交流现象时采用的话语体系都是“国际化”与“本土化”，话语背后是主体性思维模式，因此常常陷于对立。最近，有些学者提出上述“一体化”的思想，表达了文化融合的思想，但是全球化与本土化到底怎么融合，一体化到何种形态呢？似乎难以想象。这里我们从文化传播的主体间性出发，运用第 6 章建构的三种积极的建筑跨文化传播范式评析跨文化建筑现象，从而可以描绘出全球化背景下建筑发展的轨迹。

7.1　批评视野：中国建筑跨文化传播实践

这里不再重复第 3 章关于中国建筑跨文化传播的历史和现状，主要通过跨文化传播的范式理论来剖析我国建筑跨文化传播的问题实质，从而发现问题的关键。

我国历来对建筑跨文化传播与对东西文化态度相似，即：不是用西方文化取代中国文化（西化），就是用传统的中国文化抵制、排斥西方文化（如复古主义）；不是鼓吹“中体西用”，就是主张“西体中用”。这些“体用论”者都是以西方文化为坐标系，按照西方的模式来改造中国。[2]

要提高我们文化传播的影响力首先要提高主体的跨文化传播实践能力和意识。

7.1.1　“传播与发展”和“文化帝国主义”范式批评

有学者说：长期以来，在没有自力更生的文化创造的前提下，东拼西凑，迎合欧美口味的国际化努力，是为普遍原则。在西方“先锋派”建筑观的影响下，一些中国建筑师放弃了符合中国国情、具有中国特色的追求，盲目跟风，在城市建设和旧城改造中逐渐失去了自己的个性。许多貌似多样的形象，包括欧陆风在内，实际都是西方各种流行甚至过时手法的杂凑。这样，就必然会涌现出一批广告式低俗的以新奇为本的作品。有的中国建筑师好像也有自己的理念，在市场经济的借口下以迎合所谓“大众趣味”为己任，或以张扬个性为目标，在“先锋”、“新潮”、“前卫”、“实验”的旗号下放纵自己，更以怪诞、反常与浅薄的手法主义为最高追求，这也就是为什么当前出现了一股先锋美术家忽然都投身到建筑创作行业的原因。他们把建筑当做一种“纯艺术”，并不懂得“建筑”和“建筑艺术”的真义。赵汀阳先生在其《观念图志》中对这类“艺术”做过如下描述：“他们需要突破，突破本身变成了艺术的任务和目的，开始是为了突破古典艺术概念，后来变成互相突破其他艺术家的思路。艺术不再追求成熟和完美，而是追求叛逆、造反、破坏、革命、另类与变态”。[3]

当所谓的“先锋”建筑师们为“洋选”展览和涉外“买办”的青睐沾沾自喜的时候，建筑师刘家琨清醒地认识到了国际交流中的关键问题，他说：“如果左右手手指张开并互相靠拢，就可以形成交叉编织。在我近些年和国外同行的交流中，更多的却像是一只手张开一只手并拢，所以往往只是一种‘重叠’，甚至只是一只手在另一只手上的投影。”

他说：“情况极不对称，不知不觉，西方的一切已经渗透到我们的日常生活。而他们对我们的了解还只像是听见了远处的雷声。这些外国朋友，大多数都是些诚挚的专业人，对东方、对中国有一种向往，但可能是由于‘传播时差’，或者确实是因为我们自己变化太快了，有时候我觉得他们像是从我们正在穷追的未来世界里走回来和我们讨论我们的过去的人。”

他说：“几年交流下来，我已经熟悉了西方的阅读习惯。如果你依循西方的那种政治正确性，抓住几个关键词，就比较容易得到认可，这已经形成一套技巧，大家心照不宣。当然，这些热门话题并没有错，至少可以算是社会信仰缺失后的某种替代品。我也这样做，同时却心存抵触。切身体会告诉我，当下的中国现实不应该限于用这套话语去表述，但应该怎样去表述，我还说不出来。我说的某些更真实的话很少引起注意，而他们在意的那些，虽然也不是假话，但我总觉得有点像在骗谁。这也难怪他们，人总是容易听见熟悉的‘声音’，就像在街头喧哗中也能听见自己的名字。问题在于，这种态势可能会孕育出一代用盗版的西方标准来处理中国现实的中国建筑师。”[4]

近年来出现的国际新潮追随现象和地域主义倾向并存发展，是建筑文化思维混乱的背景，而市场化商业主义的兴起更加剧了观念的混乱。“本土化”与“国际化”等表面性话题的多次讨论始终不能解决根本的认识问题。许多人在思考探索（图 7－1）：

图 7－1　南京国际建筑实践展

今天，任何传统的艺术样式都共同面对着当代化的话题，我们的日常生活毕竟已经被充分地当代化了，由表及里的转变是不可逆转的。其实，在艺术样式的背后，隐藏着更为宏大的话题，那就是传统文化的转型和新兴文化价值体系的建立……现在，这种对地缘文化战略的思考是不能回避的。中国建筑界对这些问题的思考已经开始，与其他视觉艺术门类的艺术家们相比，建筑师们的思考将会更多地考虑人口、生态、美学和科技问题，从这一出发点来说，他们的思考和实践可能会更现实、更有成效。[5]

毋庸讳言，我国自引入现代建筑以来，长期处于传播关系的受传方地位，因此，过去长期困扰于“民族文化与外来文化”、“中与西”这样单边依赖又矛盾对抗的状态中的，基本是处于“传播与发展”和“文化帝国主义”范式的话语群。

评论家指出：中国艺术界的主导倾向是被“洋选”展览和涉外“买办”控制着的，但是在文化上普遍地还被困在被动的“殖民地心态”之中。值得与法国国民的心态相比较，一个法国人，每天的衣食住行水平与一个中国市民相当，但他却可以在世界任何地方自信地行走，这是因为他觉得自己有文化。在美国人面前和在中国人面前他的态度差不多是一样的，为自己是法国人觉得骄傲。法国有自己悠久的文化传统，这一点可与中国媲美；法国有现代文化，这一点同美国抗衡。美国没有悠久传统，但还可以以新的创造为荣，就像一个出身贫寒的大将。而中国人如果仅仅是强调悠久传统，现在却无所长，反倒像个文弱的名门之后。中国国家已经强大，在国际上必定被重视，而其人民和文化不一定受尊敬。尊敬是出于理、发自他人内心的情感；重视是出于力、发自他人内心的畏惧和利益的欲望。要想在国际上受尊敬，单有古老悠久的文化和强大的国力还不够，必须有创造性的现代文化。[6]

作为今天主体批评的视野，可以用“全球文化多元主义”范式和“地域认同的塑造与再塑造”范式以及“文化的商品化与传播”范式来考察中国当代跨文化建筑传播现象。

7.1.2 “全球文化多元主义”范式批评

自从 20 世纪 50 年代到如今，我们对于国外当代的建筑和艺术，经历了“文革”之前的“看不着”、改革开放之初的“看热闹”和近一个时期的“看门道”阶段。今后理应进入“看自己”的新阶段。[7]世界文化已经出现了跨文化发展的趋势，中国现代建筑的发展也必需顺应这一潮流，否则将没有出路。但中国建筑跨文化发展的前景如何，正像我们前面所说的，将决定于我们对东西方文化的精神实质能否有一个深入和全面的认识。程泰宁院士指出：“文革”以往的 30 年……因此，如果说我们过去是“食古不化”的话，那么现在则可说是“食洋不化”；“食古不化”造成“复古”，“食洋不化”则导致“仿洋”。试想，如果我们既不真正了解自己，又不真正懂得别人，而是心态浮躁的一再重复“复古”、“仿洋”这种低层次的文化操作，还怎么谈得上跨文化发展去突破创新呢？如果我们能够在深入了解东西方文化精神的基础上，坚持在全球化语境中的跨文化对话，坚持多元文化视野中自身文化精神的重建，那么实现中国建筑创作的突破和创新，就是可以肯定的了。[8]

国际现象学会会长田缅尼卡在一次世界哲学大会上明

确提出，中国文化至少有三点值得西方学习：一是崇尚自然，要消除人与自然的对立，主张人与自然的和谐；二是体证生生，“生生”是从《周易》中“生生之谓易”来的，就是说要充分认识并适应万物生生不息的变化；三是德行实践，就是要规范人的行为准则。社会发展到今天，西方文化本身必须摒弃旧质，吸收新质，加以改造，否则必将对社会发展起阻碍作用。相反，东方文化也绝非一无是处，因为人们可以从东方文化中找到对今天社会发展有用的东西。在新世纪中，它很有可能融合中外，发展创新，构建成一个具有东方精神的新的文化体系。因此，中国文化发展的“路向”不应走西方文化的“路向”。100 年的历史证明，“全盘西化”此路不通，“全球化即西方化”也将在现实面前碰壁。优势互补，走跨文化发展的道路才是正确的。

当代中国已被公认为建筑实践的中心，许多西方学者也在研究中国的城市建筑现象，例如库哈斯在珠三角的研究，是带着目的和问题的，有时甚至是很深入的对亚洲的阅读。它是向亚洲学习的过程，试图在都市化、现代化的最前沿吸取最新的挑战，以此对西方的理论和批评思想试行改造。库哈斯说：“重要的是不把欧洲和亚洲、东方和西方对立起来，而是寻找它们的平行关系，从中找出有关的结论。”这里的跨文化视野，带有明确的矢量指向。它是西方理论家从亚洲吸取能量，将其转化成新观念，以改造西方的理论思想。

如果用主体间性的视野来摆脱长期以来意识形态领域里中西方的对抗，然后从自身建筑发展的诉求和问题出发，从“外部”寻找批评的力量，进行“内部”的转化和“借用”的论述，从而摒除了在取向性的问题上借用“外部”因素对解决本地问题的积极作用，这为跨文化研究中对象和方法的选取与使用提出了新的维度。如同 20 世纪 60 年代英国的阿基格拉姆和日本的“新陈代谢派”一样，虽然它们各自以本地的条件为基础，但在回应城市的发展和技术的进步上具有更实质的交流。也许可以这样说，不同地区的建筑理论与实践不是一个对另一个的验证，而是在具体条件下形成的独特的建筑知识，可以普遍化地为其他文化所共享。

我们应该有冷静地面对文化趋同的现象。有学者认为“建筑文化趋同”现象是体现建筑的国际性的一极，“建筑文化的民族化”是体现国家性的另一极，此二者可以同时并存。在当今世界，建筑文化的发展和进步，既包含前者向后者的转化，也包含后者的吸收与融合，这两者既对立又统一，相互补充向前发展。过去，我们一直片面地强调创造国家性建筑，所谓“中国固有之形式”、“民族形式”、“中国的社会主义建筑新风格”等皆然，这种片面的提倡，其实是对文化趋同的一种消极的抵制。在21世纪，随着亚洲的崛起，作为一个文明古国，更应当发扬东方文化的优势，变消极抵制为主动参与。在东西方文化交融中积极创造国际性建筑，即创造带有中国或东方特色的国际性建筑，使中国传统与现代的建筑文化，更多地成为国际性的建筑文化，让21世纪文化趋同的重心，向东方文化和亚洲特色转移![9]从文化多元主义范式来看，国际和国家的人为限定未必合理，因为许多国家如我国是多民族文化的，而未来更多的国家将是多民族的，因此以文化的多元化来描述比较科学。“建筑文化趋同”现象实质是文化发展中的融合，而“建筑文化的民族化”概念在全球化的背景下将不再适用，而应该归为“文化的多元化”、“文化的差异化”，这种多元和差异不限于民族范畴而是更宽广的学派、个人和文化团体（图7-2）。

（a）英伦风情园

（b）东南亚风情园

（c）地中海风情园

图7-2　顾村公园异国风情园

从“文化多元主义”范式看待国外设计进入中国的现象，我们应理性学习境外著名设计机构当代设计的思想方法，学习其先进的专业知识。另外，还有它们的经营模式如客户管理、设计运行管理、人事管理、市场开拓等，这些都是全球化、市场化转型期的中国设计机构所需要的。

从“文化多元主义”范式出发，我们应当欢迎有实力的境外事务所介入国内的规划设计市场，但反对一些地方政府和媒体把国际竞赛招标演变成闹剧或看西洋镜。在今天全球化语境中，我们更应当建立平等竞争机制。业界大众既要改变排外态度，更要改变一味崇洋的态度，科学地认识国际交流的规律，平等地对待和评价国内外的设计师，真正在跨文化交流中取长补短。

从“文化多元主义”范式出发，我们也要看到自身的优势和机会。高速城市化的发展给中国建筑师提供了前所未有的机遇，中国建筑在设计的经验和设计的效率方面超过世界同行。我们在大规模住宅区项目和高层建筑方面的设计经验尤其丰富。今天影响、改变着西方建筑和设计实践的全球的非西方的现代化力量，同样也出现在中国和其他发展中国家。今天的全球现代化，不再为西方独有，它在世界各地以不同速度、不同强度运动着。

7.1.3　“地域认同的塑造与再塑造”范式批评

今天，不少人在其所谓对抗全球化的策略中的重要一条就是凸显地域性，而地域性的主要表达手段就是向传统的回归……历史作为时间的进程充满了未知的挑战，而传统作为一个既成的事实也被人们在不断地修正，不是简单地在传统的庇护下苟延残喘，而是在自身能力不断增长的条件下开创新的传统，传统是在时间维度上的变量。[10]

“地域认同的塑造与再塑造”范式最重要的理论贡献在于它揭示了地域认同的可变性，也即科学地指出地域认同是在时间积累中塑造起来的；正因为此，它不是一成不变的，而是可以被再塑造的。这个思想是在地域主义和批判的地域主义思想基础上有所突破发展的，使文化符号和场所之间获得了再组合的自由。

图7-3 山西民居

地域主义建筑的思想是把建筑按地域进行区划，然后将建筑文化限定在特定地域进行发展，但最终陷于创新和继承的矛盾圈中不能自拔。批判的地域主义提出针对特定地域因素作新的创造，也即“此时此地的创造”，这点与“地域认同的再塑造”是相近的认识。但后者还包含的“去疆域化”或“脱域”以及“再疆域化”和“嵌入”等思想则更加自由，它为当代跨文化传播中的许多现象提供了依据，如移民建筑文化、跨文化建筑传播、文化杂交现象(图7-3)。

有学者考察：贝聿铭在中国内地的第一个作品是鼎鼎大名的香山饭店，这个作品也是有关地域性表达的典型例子。可以肯定的是香山饭店具有中国传统的意韵，但其选用的符号是来自江南园林，这种南北的错乱说明了什么呢?如果认同在一个国家的范围内，不同地域的符号、形式或者平面布局可以超越地域的限制，并且以如此的设计来标榜地域性，那么很显然这一逻辑的必然结果就是民族主义而不是什么地域性的问题了。这是偷换了概念，地域性成了一面旗帜，但具体的行为同地域毫无关系。这一评论并不否定香山饭店的美学价值，只是对某些理论以此为例表示疑义。抛开地域性，形式的选择只是一种审美倾向……[11]

图7-4 苏州博物馆

以这个案例来讲，若按上文常见的民族和地域的概念来理解就有矛盾性，然而如果用“地域认同的塑造与再塑造”范式来解释就没有问题：中国建筑文化对身处美国的贝聿铭来说已是一种记忆的符号，江南文化符号“去疆域化”(或“脱域”)后在北京郊区“再疆域化”使建筑“嵌入”地段中，这是文化符号和地域的重新组合关系(图7-4)。

作为一个多民族国家，我国各地也有不同的民族和地方建筑文化，他们之间也存在跨文化传播的现象。20世纪80年代以来，地域主义盛行并被尊为法则，地方建筑风格表达的倾向集中在形式层面的表现，而文化交流的对话本质被忽视了。这里以位于西藏拉萨市的上海政府办事处项目的设计案例来说明问题。上海的设计方经过内部方案评选，提出了模仿西藏传统民居建筑形式来表达西藏地方建筑文化的设计方案。但出乎设计方意料的是，西藏的同志非常不满意，他们说："我们要看西藏民居还不容易，周围都有货真价实的，还要看你们新的假的？恰恰相反，我们希望看到能代表和体现上海文化特征的新建筑！"这次小小的"文化冲突"给上海设计方很大震动。这个案例也确实值得深思：从地域主义设计思维来看，上海设计方思路似乎天经地义，但从"文化多元主义"范式理论来看，西藏方面的观点更有合理性，因为西藏上海办事处是代表上海的，应当着眼于表达上海的建筑特色和形象，为西藏提供一个了解上海的窗口，也实现文化的对话。从"地域认同的塑造与再塑造"范式理论来看，应当将上海建筑文化"去疆域化"然后"再嵌入"拉萨的地块。当然，在气候和建造适应性方面还是要融入西藏的地域因素（图7-5）。

图7-5 上海驻西藏办事处

概而言之，就是某些文化实践已经"非疆域化"或"脱域"了，已经和与它们相联系的某个特定的地理范围相脱离了。如购物中心建筑类型从美国向全世界复制，它已不再受地域的限定，再如源于欧洲大陆建筑印象的欧陆风格在亚洲盛行了几十年，但它却从未在欧洲流行过。地中海风格在房地产项目中的流行也是同理。"脱域"这种现象更加普遍，当代建筑明星如库哈斯、哈迪德、里勃斯金、盖里、埃森曼等人的实践大都不考虑地域环境文脉，甚至蔑视地域因素。因此，他们的作品与环境形成鲜明对比，从而突出自己。这也是在全球化背景中个性化追求的策略。

图7-6 水之教堂（安藤忠雄）

与此同时，所谓的"再疆域化"或"再嵌入"，则包含了对地域和身份认同两者之间关系的再确认。安藤忠雄在设计中强调通过抽象的、严谨的几何学构图与自然形成精心的对峙，实现建筑的"再疆域化"或"再嵌入"，如他的代表作"水之教堂"（图7-6）、"直岛当代美术馆"和"飞鸟历史博物馆"等都体现了这种思想。他的策略是在大自然中让建筑自成疆域，并与周围既融合又对比，在城市肌理中，让建筑"嵌入"地段中。因此，安藤忠雄被肯尼思·弗兰姆普敦称为"批判的地域主义"实践的代表人物。J·斯特林的代表作"斯图加特美术馆"也是典型的"再疆域化"或"再嵌入"的建筑作品（图7-7）。

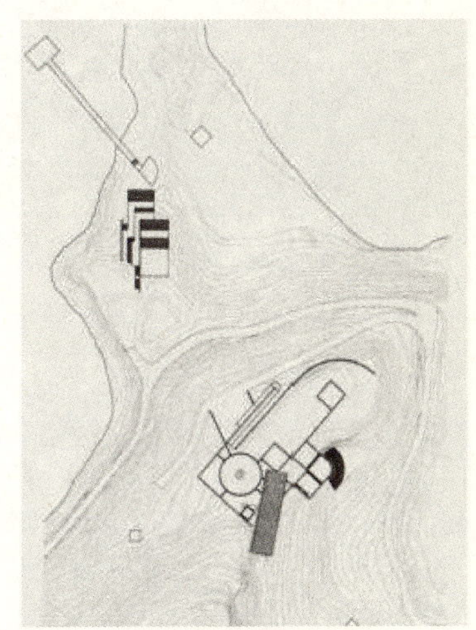

图7-7 直岛当代艺术博物馆

另一种"再疆域化"的表现更加明显，也就是人们离开其原住地，寻求在新居住地或项目所在地的一种归属意识。跨国设计公司正是使用"再疆域化"的表现的好手，在全球尤其是亚洲拓展业务中屡试不爽。上海的金茂大厦就是SOM事务所结合"再疆域化"体现当地特色的范例；

图 7-8　金茂大厦

东南亚度假地的酒店也是西方设计公司“再疆域化”体现当地特色的范例；中国各地新建的机场也是跨国设计公司“再疆域化”策略的实验场。

建筑跨文化在传播过程中，同时存在被“去疆域化”、“脱域”或者“非定位”的现象和“再疆域化”、“再嵌入”或“再定位”的现象，这也从一个侧面证明了全球文化的多元化。但笔者认为这在深层次上也许是由人类求认同和求新异这对矛盾统一的审美心理决定的（图 7-8）。

7.1.4　“文化的商品化与传播”范式批评

“文化的商品化与传播”范式首先可以从建筑商品化角度来解读建筑跨文化传播，由于大多数的建筑是作为不动产商品而被使用及销售的，在外来资本的驱动下，房产投资及消费市场迅速与国际接轨，促进了房屋生产与消费的发展及其整体水平的提高。房地产市场化发展的 20 年来，作为商品的建筑在满足消费需求的过程中，产生了各种新的建筑类型和功能，使建筑服务当代社会的能力增强，更加具有人性化。这也是与国外投资商带来的新观念和新设计分不开的，国内外的交流带动了我国建筑业整体水平的提高。

随着市场的开放，愈来愈多的境外设计公司进入中国，占领了不小的市场份额。对于这个外来设计现象不必牵强地解读为“空间殖民主义”。“文化的商品化与传播”范式认为作为商品的建筑产品具有娱乐与消遣性，这是当代大众文化的特性，不同的建筑文化常常作为建筑娱乐和猎奇的素材；因此，境外设计的跨文化的新鲜感更能够满足消费的需求，有时也可以理解为投资方的“商业炒作”。

外来建筑文化在中国的传播具有流行性和阶段变幻性。从后现代主义、解构主义，到建构概念以及新现代和极简主义，每次都引起一阵浪潮，此起彼伏。对此，我们不妨从作为商品的建筑艺术的流行属性来考察，这种流行是文化全球化的体现，流行的内在要求也促使建筑不断制造新的流行。对于这种流行与变迁，既不应盲目抬高到学术创新，也不要贬低，要平常地分析其利弊。当前在全球范围内流行的“表皮”创新，是对新材料、新构造的深入发展，对建筑外观设计有新启发，但不应吹捧得好像成了建筑的新出路。毕竟，建筑还要面临许多复杂的课题。对极简主义的全球流行也不能和“现代主义”运动相提并论，倒是应该从流行的口味变换的角度来探讨大众的消费和审美心理，也就是说，它是厌倦对后现代主义语汇泛滥的修正倾向的。

从上述三个跨文化传播范式理论展开评析，我们尝试从更宽广的视野去把握当代中国跨文化建筑现象，并希望为许多纠缠不清的学术话题提供理性的答案，这正是本文研究的价值所在（图7-9）。

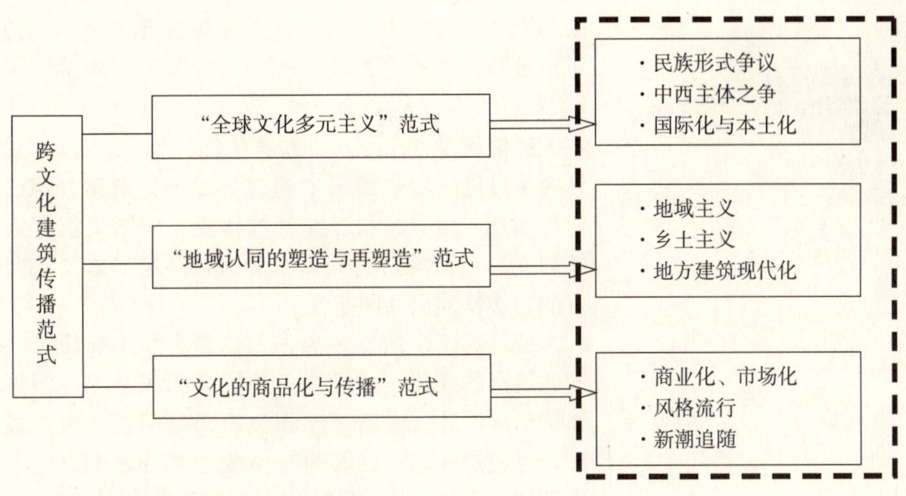

图7-9　建筑跨文化传播范式与实践问题关系图

7.2　他山之石：外国的建筑跨文化传播考察

7.2.1　日本建筑设计的跨文化传播

在日本历史上曾经有过在飞鸟奈良、平安时代和镰仓、室町时代两次对外来文化的学习和吸收，明治维新以后，也有三次国际化浪潮。这种外来建筑文化和日本本土建筑文化之间包含着复杂的内容。从历史上看，它们既有彼此在一定时期内共存的一面，也有产生激烈冲突的一面。由此引起了日本建筑系统整体结构的变化，这是一种开放、吸收消化、再创造的过程，也常常表现为开放和闭守两种政策上的反复交替。日本已出现过数次国际化的浪潮，按照铃木博之的提法，第一次浪潮是完全的学习时期，属于雇用外国人的形式，是在积极引进西方文明的潮流中通过这些人达到学习欧美的建筑文化和技术。第二次浪潮是把西方建筑更加机械化、合理化和现代化，属于实务型，因为这一时期引进的作品并不华丽，而是通过它们学到了合理的设计和施工体系，对日本的建设业产生了巨大的影响。

图 7－10　大阪新梅田大厦（原广司）

第三次浪潮已经从接受指导进入到接受影响的阶段，可称为作家型的外国建筑家的形式，这时是追求有个性的建筑师的作风和才能（图 7－10）。

至于这第四次浪潮，铃木博之认为和前三次都不相同，追求的是一种“同时代性”，即不仅是追求一种异国情调，而是追求和别的国家“现时”同一水准的内容。因为经过战后近半个世纪的发展，日本的建筑界已经相当成熟，建筑机械和先进的施工技术也相当普及，日本的建筑师经过 20 世纪 60 年代的高度成长期以后，也已经人才辈出，“日本人也能够设计出不次于欧美的优秀作品”。所以铃木博之认为虽然这一次也给日本建筑界以一定刺激，但已经不是对日本加以指导、加以推动的作用，外国建筑师为在日本找到发挥自己能力的机会而高兴，并把日本建筑师作为良好的合作伙伴而共同工作。

但从另一个角度考虑，无论是大型国际设计竞赛中外国建筑师的夺魁，还是众多的民间工程努力去聘请外国名建筑师来设计，或聘请外国建筑师共同进行概念或构想设计，也还是表现了日本的有关业主和开发商，还是要在许多领域力图选择优于日本的设计，或个性更突出的构思。甚至是更为新潮、前卫的思想和做法。这件事情的本身就说明是在努力填补一些空白，缩小存在的差距，也并没有完全达到铃木博之所说的“平起平坐”的地步。引进本身就是一种学习，就要付出一定代价，不然也不会花上高昂的设计费去做些平庸无奇的设计。

不同文化背景的建筑师在互相对比和启发之中，形成了丰富多彩的独特景观。如熊本县从 1988 年就为提高环境设计而努力，并在 1992 年召开博览会，当时由原县知事细川护熙邀请奥地利建筑师汉斯·霍莱因、英国建筑师理查德·罗杰斯和汤姆·梅恩参加设计。福冈国际住宅展则由日本建筑师矶崎新总策划，在第一期工程中邀请 5 位外国建筑师、1 位日本建筑师一起设计 192 户共 19800m² 的住宅，并于 1991 年竣工。其中有西班牙建筑师奥斯卡·托斯凯（1941～）、法国建筑师克里斯蒂安·包赞巴克（1944～，巴士底歌剧院设计人）、奥地利建筑师马克·麦克（1944～）、荷兰建筑师雷姆·库哈斯（1944～，“解构派建筑展”参展者）、美国建筑师斯蒂芬·霍尔（1947～），他们和日本的石山修武一起，创造了一个风格和住宅类型都很有特色的居住区。同样，富山县为了重新认识当地的文化和环境，除在 1992 年举行了第一届富山博览会外，还选择了一批合适的地区，建设了一批有象征性的文化设施和环境小品，名之为“富山的面孔”，由矶崎新为总协调，全部邀请遥远国度具有异国文化背景的外国建筑师和景观设计师9人共7组进行设计，如西班牙的埃里克·米拉勒斯、英国的伦·赫伦等，内容包括公园大门、汽车站候车室、桥梁瞭望台、休息室等，独特的构思、材料、色彩确实让人耳目一新。[12]

从跨文化传播的范式来看，日本早期经历了“传播与发展”范式和“空间殖民主义”范式，在第四次国际化浪潮中进入了平等交流的“全球文化多元主义”范式阶段，在这个阶段的熊本县博览会，福冈国际住宅展以及富山环境设计等集合设计既是跨文化的国际交流，也体现出对“地域认同的塑造与再塑造”范式的探索。而当代建筑跨文化交流更有着商品化的烙印。因此，评论认为：这一次国际化的浪潮将要深刻地影响到日本的建筑界。当然，如前所述，日本目前的经济地位和文化背景与以前各次相比有了一定的差别，而且从国际化浪潮中各国建筑师在日本的作品来看，确有一些上乘之作。尤其是一些大型项目，从手法运用、空间组合、材料使用、东西方交流方面看都有特点，运用也十分熟练，让人耳目一新。但从已建成的作品看，还很难说有那种建筑史上的划时代之作，也许这正反映我们已经进入了一个更为复杂和多样化的世界。相当的作品表现了一种明显的商业主义倾向，业主追求个性、新奇甚至是畸形的商业价值和宣传效果，建筑师也就借此推波助澜，正像有的评论认为这是在“泡沫经济”中出现的“泡沫大厦”，有的评论认为：确实外国建筑师的作品个性强也很有趣，但仅仅就是这样地拼合在一起，10年或20年后能形成街景的美吗，对此抱有疑问。有的评论认为：真正的国际化，即不单纯是时尚那种表层的设计，而是在传统的背景下的国际化，努力理解外部文化，而在接受时加以调整，为此，最重要的是从事设计的人们互相对彼此的文化加以理解。

这正反映了日本跨文化建筑交流中的“文化的商品化与传播”范式，即多种多样的社会需求经商品消费的自由机制反馈出来，建筑作品成为一种畅销的商品，吸引着越来越多的商家在利润的驱使下介入到建筑的产业化生产之中，使得大量的中外建筑史上各种品类、式样、风格的名著以各种各样的复制样态进入人们的艺术消费视野，极大地丰富了人们的艺术生活。综上所述，我们通过跨文化传播的范式理论研究可以全面地认识日本跨文化建筑现象的规律性和必然性，表面性和内在性。铃木博之强调：“现在所进行的国际化，是一个不可逆转的变化，不认识这一状况，就无法承受下一代日本的巨大变化。从这一意义上讲，

图 7－11 日本某现代庭院

图 7－12 广场旅馆

图 7－13 朝日啤酒吾妻桥大楼（斯达鲁克）

第四次浪潮具有第二次开国的性格，这些年的动向将要决定日本今后的几十年。”（图 7－11）

外国建筑师登陆的一大背景是由于日本 20 世纪 80 年代后期开始的第二次经济起飞与欧美建筑业的不景气形成的势差，但其背后有更为复杂的原因。日本经济“大跃进”的同时带来浮夸风，日本全国曾一度处在夸大妄想的情绪中，建筑便开始追求迄今为止日本还没有的新东西，这样，有强烈个性、引人注目的建筑师便成为社会所求的目标。另一方面，在激烈竞争中求生存的日本企业，均把公司产品质量、公司形象的提高作为重大课题，公司的建筑自然是最好的招牌，“与众不同”、“标新立异”、“一炮打响”等设计要求接连出现还有，在地方都市的开发浪潮中，无论是民间还是官方，寻求都市中出现醒目的标志性建筑的欲望是强烈的。这样，被认为是“设计先进国”的欧美建筑师随之登场。

“文化的商品化与传播”范式是普遍性的，作为当代大众文化，不同的建筑文化常常作为建筑娱乐和猎奇的素材。罗西在日本的出场就是这样的背景，甲方说“当时也曾邀请另外三位日本建筑师，但方案比较下来，还是罗西的方案突出。要吸引客人必须建造好的建筑，也必须选好的建筑家……要设计完全欧洲样式的建筑样式，还是欧洲人更为优秀”，最后认定“如果要做今天日本还没有的设计，那就是罗西了”（图 7－12）。[13]

欧美建筑师参与日本建筑设计市场的途径是通过如矶崎新和黑川纪章等著名建筑师引荐。还有在国际社会的压力下日本建设部和建设业界对外开放，改变了以前日本建筑体制的排他性，外国建筑师便随之来到日本。至于日本建筑界接受外国建筑师的一种重要心理因素在于，将来有一天，这些时髦的西方建筑师的作品会作为建筑史名作留在日本的土地上。在日本留下作品的当代建筑明星有亚历山大（盈进学院，脱域化设计）、盖里（神户“鱼”餐馆，再嵌入）、法国斯达鲁克（朝日啤酒吾妻桥大楼）（图 7－13）、意大利罗西（福冈旅馆，脱域化设计）、博塔（美术馆）、格雷夫斯（千叶幕张综合商业设施）、埃森曼、福斯特、皮亚诺等。[14]

日本建筑对外输出传播也经历了几代人的历程，早在 20 世纪 20 年代日本在教育和实践上就受到“包豪斯”现代主义的影响，而柯布西耶和赖特的实践播下了现代主义的种子，使日本建筑在 50 年代走向盛期现代主义。引领日本现代建筑进入成熟时期的领袖人物非丹下健三莫属。由师从丹下健三的槙文彦（1928～）、黑川纪章（1934～）以及大高正人（1923～）、菊竹清训（1928～）四人在 20 世纪 60 年代倡导的新陈代谢运动，使主流的欧美建筑界开始认真关注一个亚洲小国——日本的建筑活动。可以说新陈代谢运动是日本现代建筑发展的基石，也是随后其建筑发展的原动力。

被槙文彦称作“野武士”、出生于 20 世纪 40 年代的一批建筑师在 80 年代高举着后现代主义的大旗登上了日本的建筑舞台。他们中的代表人物有关东的伊东丰雄（1941～）、长谷川逸子（1941～）、石山修武（1944～）、山本理显（1945～）和石井和纮（1944～），有关西的安藤忠雄（1941～）、高松伸（1948～）和若林广幸（1949～）等人。这一群体是新陈代谢运动的直接受影响者，他们从中获得了巨大的能量，成为日本 20 世纪 80 年代建筑界的中坚力量。如果把建筑设计方案视作建筑师制造的产品，那这群“野武士”也是日本目前出口设计的主要生产者。

五十岚太郎引入了 Super Flat 概念描述日本年轻建筑师们作品中的 Super Flat 现象。他特别归纳有两点：一是将建筑表现集中在其表层，一是打破建筑中各层面的构成和顺序间的关系，不再区分或强调建筑中的主与次，而将其等同排列后重新定位考虑。隈研吾、妹岛和世、西泽立卫和青木淳等人被其称之为“Flat 派”的代表，即他们的作品呈现出对建筑表层的关注和对既成建筑体系的无视。这与 Super Flat 概念的具体内容极为接近。由他们引领的 Flat 建筑潮流，其影响不仅仅局限在日本国内，也已经波及到世界的一些地区（图 7－14、图 7－15）。[15]

图 7－14　富士电视大楼（丹下健三）

图 7－15　京都原点 I 大楼

在考察日本建筑对外传播的历程时，我们发现其中重要的因素有：建筑媒体的作用，双语建筑杂志的传播，政府的建筑政策。另外，日本产业经济的发达，如索尼、丰田等品牌的输出，还有建筑师被政府征召分配公共投资项目任务的政策，对日本建筑设计的能力和影响的提升都大有裨益。

肯尼思·弗兰姆普敦认为：尽管日本的大都市看来似乎与西方的同样混乱和异化，但日本却创造了遗产丰富的建筑文化。日本政府直接或间接地在国家重建中起了显著作用，在整个时期内，公共部门的资助都有私人工业和企业的补充。另一个影响日本建筑产出品位的前提因素，是日本建筑业独特的将手工生产和理性化的工业系统相结合的，以及它为了开发新材料和新方法而投入的自我维持的研究工作的能力。这种建筑研究存在于企业中的制度，也就是很多企业拥有自己的建筑和工程设计所的做法得到了一批在意识形态层次上有影响的刊物如新建筑、A+U、GA及SD等，还有一些主要大学组织的文化活动的支持。尽管这里和其他发达工业国家一样，后现代主义的建筑时尚也很流行，并且往往带来了损害性的后果，然而这个国家仍然能够产出相当数量的高品位构思并实施的作品，它们既具有某种批判性，又有某种诗意。[16]

回顾日本建筑设计，其在20世纪70年代的输出主要是在中东石油国家和东南亚国家，伴随着日本的资本海外扩展；而80年代以来的设计输出则更多地具有学术话语交流的意味，在后现代的背景下，西方期待发现日本的独特性，并带有猎奇欣赏的心理，矶崎新、黑川纪章受到关注和邀请，在欧美留下了一些小规模的文化建筑作品。而20世纪末期安藤忠雄在海外的受宠是与后现代主义后反思的浪潮背景相关的，建筑界从安藤忠雄独特的实践中看到了现代主义原型的生命力。伊东丰雄早期受高技派影响，他比较注重新技术在建筑中的应用，同时比较接受当代的新事物、新潮流，通过大量的交流合作来保持与世界的平等对话，他的近作都与库哈斯、扎哈·哈迪德等建筑师选用同样的结构工程师——Arup工程公司，始终通过及时的交流和探索与世界先进保持同步，因此与前面的几位不同，安藤忠雄和伊东丰雄输出的其实不是日本文化，而是其建筑本身的独特理念，在创新的意义上，他们真正站在世界前沿，必然掌握输出的话语权。

7.2.2 意大利和法国的建筑跨文化传播

作为拥有灿烂古典建筑历史文化的意大利，在现代建筑史上也有着重要的地位和影响，20世纪60年代开始涌现出一批具有国际影响的建筑师，如早期的斯卡帕、超级视窗工作室等，在七八十年代后现代主义浪潮中，意大利理性主义建筑学派给国际建筑界作出了宝贵的贡献。近年来，尽管在诸多双年展中受排斥，很多评论家也保持了很长一段时间的沉寂，但重新探讨当代意大利建筑却正成为一种慢热且又逐渐升温的现象。经过20余年的规划和建设危机之后，意大利的建筑场景在新一代年轻建筑师和一些“明星建筑师”作品的推动下重焕生机。这些明星建筑师在设计中并不故步自封，而是敢于突破自我（图7-16）。

图7-16　拉维莱特公园（法国巴黎）

20世纪80年代以后意大利的建筑作品和机遇严重缺乏，由于这种无情的变化落差持续了一段时间，国际评论家持续关注特定类型的意大利建筑师这一现象不复存在。那些年被加以关注的对象是那些建筑师兼理论家，他们常以文章和设计而非自身的建筑作品在20世纪70～80年代产生决定性的国际影响。这类建筑师有阿尔多·罗西、维多里奥·格里高蒂、弗兰科·普里尼、乔治·格拉西、吉多·卡纳拉、卡洛·艾莫尼诺、安德里亚·布朗吉、吉亚奴哥·波里塞罗、卢西亚诺·塞梅兰尼、保罗·波托盖西这一代建筑师，他们利用自身在文章和编辑活动上的积极努力，向国际建筑界和学术界敞开一个窗口，来保持和发挥他们重要的影响力，但是由于全国上下从不将它视为必要经验，这些文字的力量很少有物质化的支撑。随着时间的流逝，这些贡献的理论力量也逐步被耗尽了。这说明建筑理论传播具有重要价值，同时建筑必须具有实践的支撑才能更有生命力。[17]

20世纪90年代中期，意大利开始意识到关注建设的社会品质问题以及将建筑作为城市有意识转变要素的重要性。关注建筑的政府和民间部门日益增多，媒体也逐渐对建筑作为一种社会现象给予了更多的关注。意大利建筑迎来了新一季的国内外竞赛，使意大利从北到南的大多数城市都卷入其中，在本土与国际建筑界之间形成了一种有益的碰撞，同时建筑系学生在欧洲更好的大学间有了大规模的流动，而数字技术和因特网也被引入建筑领域。建筑文化的进步离不开社会舆论的关注，也需要跨文化建筑交流与传播的推动。

当前意大利建筑形势的焦点可以表现为两个不同而又并列的层面，由大量国际明星建筑师参与的国际竞赛引起了全国范围内重要公共建筑体系的建设，这无疑将提升意大利当代城市公共空间的质量。从扎哈·哈迪德的MAXXI

博物馆或者欧蒂娜·戴克的罗马马克罗大厦开始，包括戴维·齐普菲尔德的威尼斯圣米歇尔公墓的扩建以及哈迪德、矶崎新和齐普菲尔德的米兰新展览中心居住区，还有一些已经完工的重要作品，如福克萨斯的新米兰展览中心，马里奥·博塔的米兰斯卡拉剧院重建工程或者意大利年轻一代“5+1”与鲁迪·利奇奥迪合作的新电影宫。另一方面，我们也应当关注全国范围内蔓延的各种现象，一批跨时代的建筑师正在着眼于创作多元化国际文脉和丰富主题的特别作品。[18]进入全球化时代的意大利建筑师也在“全球文化多元主义”范式中找到自己的根基。

意大利建筑师在后现代时期处于跨文化传播的重要位置，这和意大利作为欧洲建筑文化发源地，建筑历史渊源深厚有关；当年关于历史和现实的关系恰恰是后现代建筑的核心内容之一。后现代思潮过去的今天，格里高蒂、皮亚诺、福克萨斯等具有批判的地域主义思想的建筑师仍然具有国际影响力，而具有批判主义传统的意大利超现实的建筑学派如将异端形式作为对现实颠覆性的、概念的和讽刺的行为（从莫里诺·维加诺到超级工作室、阿基朱姆和阿基米亚）也成为世界上探索建筑未来的重要力量。全球化时代，当代意大利在各种跨文化建筑交流中得到融合、增殖，发生变迁，从而为新的对话找到自身的位置。

法国古典主义城市与建筑曾经是别国争相效仿的楷模，20世纪之初，也有着柯布西耶等建筑大师开创的现代主义新传统。曾经法国建筑文化似乎徘徊在这两者之间。20世纪80年代，密特朗总统亲自主持一系列国家工程，采用国际招标选择了许多颇具争议的设计，这些项目的开展和建成既是跨文化建筑交流又对法国新建筑的发展带来强烈的冲击和影响，让·努韦尔、包赞巴克等一批法国建筑师在世界舞台上崭露头角，显示法国仍然是最新建筑思想的实现土壤，如罗杰斯的波尔多法院、库哈斯的残疾出版商住宅和里尔会议中心等。众所周知，法国人热爱自己的文化和历史，在全球化时代，法国主张文化多元化，为此它更注重国际传播中的自身地位，设立了各种协会和基金开展国际交流，在中国就有“100名建筑师在法国”的建筑专业交流项目，同时在中国的北京、上海都有法国建筑师留下的标志性建筑。法国在“全球文化多元主义”的范式中体现了文化大国的价值。

7.2.3 荷兰建筑设计的政策与建筑传播

1. 建筑气候（职业环境）(以下资料主要参考《荷兰建

筑年鉴》)

20世纪70年代末，荷兰的建筑局面与当时的国际建筑局面迥然不同。最显著的事实就是后现代主义如新古典主义的多样性与文丘里倡导的大众建筑在这里几乎没有留下任何印记。荷兰仍然稳固地处于20年前所谓的论坛一代（Forum generation）而产生的结构主义的后续影响中。在20世纪80年代的第一个五年中，作为工商业不景气的结果之一，荷兰建筑设计公司的数量在逐步地下降。这种下降一直持续到20世纪80年代的下半个五年，甚至还持续到建筑创作已经开始复苏后，在90年代才重又开始上涨。但是政府政策开始着眼于建筑设计职业环境的改善，而且还有大量的激励措施，并且最终形成了第一部政策文件。

1993年，伴随着第一部建筑政策文件，荷兰建筑中心(Architectuur Lokaal)成立了，这是一个“为了文化赞助而成立的独立国家知识与信息中心”。在最初的几年里，建筑中心主要关注于两方面的任务：培养地方建设主管以及帮助建立起一套地方建筑团体的全国性网络。其主要的目标就是要借助建筑政策来推进地方政府的建筑专业知识。通过这样的办法，政策文件的主要目的——促进开明的政府援助——至少在地方性的水平上逐渐地实现了。

很多地方建筑机构都在仿效那些在大城市中的做法，如鹿特丹建筑协会与阿姆斯特丹建筑中心。在20世纪90年代，从设计者的兴趣团体到成熟的地方建筑机构出现了。后来，荷兰建筑基金会成为专门的管理机构，承担发放用于与建筑、景观及城市设计相关的书籍出版活动及研究的特别补助金，制定用于“改善职业环境”的鼓励政策。

第一部建设政策文件《为建筑提供的空间》于1991年的春天公布于众，一年后被国会采纳。它主要是两个部门的计划：卫生、公众健康和文化部，住房、空间规划和环境部。卫生、公众健康和文化部（传统意义上与建筑学相关的唯一部门）与住房、空间规划和环境部（除了各届政府建筑师与政府建设机构遵循的建筑政策外，这个部门谨慎地保持着它与建筑界的距离）的联合是至关重要的。住房、空间规划和环境部的预算比卫生、公众健康和文化部的预算要高出很多倍，这意味着这项提议的政策可以在国家预算之内予以经费上的支持。而另一方面，住房、空间规划和环境部的预算（当草拟这项政策文件时，每年大约有450000000荷兰盾）的很大一部分特别拨给了政府建筑机构的具体建设任务。相比之下，卫生、公众健康和文化部只能提供区区 10000000 荷兰盾的可自由支配的启动资金。这次合作因其后来导致的双赢局面而一举成名，并且在后来成为一个经典的范例：卫生、公众健康和文化部有机会得到更多的预算，住房、空间规划和环境部则可以打着文化的旗帜发放其“可自由支配”的启动资金。

2. 团体与组织传播

在 20 世纪 70 年代，荷兰的建筑界开始着手对自身历史进行谨慎的思考。1974 年荷兰建筑文献中心迁移到鹿特丹的临时办公建筑后，才有了这样一个真正的开始。由于在第一部建筑政策文件中制定的财政支持与预算，使得荷兰建筑学会在 1993 年能够乔迁新居，搬进了位于鹿特丹的艺术中心区特意一直支持着鹿特丹当地各种各样的艺术活动。1982 年，这个协会的建筑分会借鉴了“鹿特丹国际诗歌节”、“鹿特丹国际电影节”的成功举办经验，并以此举办了“鹿特丹国际建筑竞赛”。这次活动征得了大量由国际公认的建筑师与规划师提交的历史研究与概念设计。后来，鹿特丹建筑协会的这些研究在 Kop van Zuid 区的发展中起到了主要的作用。从 20 世纪 90 年代后期至今，这一地区已经成为荷兰开拓地再发展过程中最重要的实例之一。鹿特丹建筑协会通过采取一种独立自主的立场，并同时向一批（部分为国外）建筑师、评论家、研究学者以及艺术家广泛征集意见的方式，使得其随后的各届竞赛同样致力于指导并影响各种辩论以及促进鹿特丹的城市与郊区的发展（图 7－17）。

图 7－17 斯芬克斯住宅（荷兰）

3. 荷兰设计输出传播的原因

当代荷兰的建筑设计在世界建筑界引起关注是十分突出的现象，那里涌现了库哈斯为领军人物的一批富有创新精神的建筑师小组，如 OMA、MVRDV、FOA 等，那里有着现当代建筑的许多著名圣地。人们在承认荷兰建筑师的伟大的同时，也要理性地研究荷兰的建筑发展经验。

1）国土可造

按照 Betsky 先生宣称的（以下为网络上获得的关于“荷兰建筑”英文资料的综述），在荷兰，建筑学和设计是社会的中心热点议题。在一个只有 1600 万人口的国家，荷兰政府慷慨地用每年 2500 万～3000 万荷兰盾的预算支持九个荷兰建筑学会建筑学中心，用于办展览、资助研究项目和设立奖学金，不包括实际建筑设计任务。以 Betsky 先生的观点：荷兰政府必须支持建筑学到这种程度，不仅是因为它是世界上人口密度最多的国家之一（在孟加拉国之后）；也是因为那么多的国土是从海洋中开拓改造出来的，位于海平面之下。荷兰用围田、运河和郁金香田不断地塑造他们的小国领土，例如，在 Schiphol 机场周边地区的 Haarlemmermear 已从海洋中拓展了两次。

荷兰建筑师对“可持续性”的理解就是他们为瞬时性设计而不是让建筑长久地经年累月，因为当建筑建成时就几乎已经过时了。相反，他们造便宜的、轻巧的建筑，以便其最初功能改变时能被重利用或重装而已。冒险和实验是荷兰历史的一部分。Betsky 先生解释说：传统的荷兰民族是由农夫和投机分子组成的。投机分子和有创造力的农夫愿意推动法规去发展新的空间类型，以持续重新安排（规划）他们的人工土地。

Betsky 先生解析了今日建筑师面临的三个关键问题，他认为荷兰建筑师成功地与这些问题实施了对话，他们创造“回应”而不是“结局”。荷兰的特殊国土地理成为“地域认同的塑造与再塑造”的典型，因此，荷兰建筑师几乎不受文脉主义和地域主义的影响，更关注于创造和改变，这样必然出现了引人注目的国际建筑师。

2）创造性与开放性

有一点越来越成为事实，建筑规范、计算机代码、重要的工程技术代码和行为代码决定着建筑的外观。但在荷兰这个宽容自由的社会里，荷兰建筑师成功地运用和推动这些代码去创造新的先例和空间使用的原型。例如 MVRDV 事务所设计的 WOZOCO 高级市民住宅项目，在项目中清晰地体现了法规的要求。各个公寓从立面上外悬，像拉出的抽屉，目的是保留绿地空间和在建筑高度的规划限制中提供要求的单元数（图 7－18）。

图 7－18　WoZoCo's 公寓（阿姆斯特丹）

荷兰文化的两方面影响了这个建筑现象：创造的本质和荷兰文化的外向性。甚至今天，到阿姆斯特丹的人常常惊讶于当地首层窗户的开放性。而在爱尔兰，私密尺度是最重要的，爱尔兰的私密展示止于花园或最多止于窗帘，而荷兰家庭则展现他们的起居室和更深处。这某种意义上是一个宽容性社区的社会控制以及别人能看入某人的家居，看到没有隐藏任何东西。荷兰人的开放性和个性表现容许很多实验。

人们只能羡慕荷兰这个国家，著名的设计师在那里能成为大众的公共人物，例如：库哈斯——在那里你可以到一个他设计并命名的咖啡馆吃早餐。如鹿特丹的 DUDOK 咖啡店满座得难以找到位置。[19]

除了民族心理因素，荷兰建筑政策的开放性也是值得借鉴的。第一部建筑政策文件产生的环境以及它的目的，对于政府是否作为（或者如果这样将会如何）在艺术的品质上作出判断。荷兰的文化政策一直保持着一种谨慎的态度……因此，他们通过对于“建筑品质”的倡导而非表达对于“建筑”的意见，从而避免了如此敏感的争议。第一部建筑政策文件与其后续文件的主要目标因此也被加以调整，以适应“为建筑品质的实现创造有利条件”的方针。因此，对应着维特鲁威“坚固、实用和美观”三位一体的建筑理念，这里对“建筑品质”提出了三个判断原则，即“使用的价值、文化的价值、未来的评价”。但是这里将没有什么尝试——至少没有直接或具体的条款——来鼓励关于建筑学的任何特别形式、风格或立场。最后，在文件中概略说明的政策主要基于两个主轴即由国家政府来充当确定典范的角色以及对于建筑气候的改善，而前者可以也必定会考虑政府自身“所有”的建筑。除此之外，这里还简洁地表达了其他方面的意向，如关于教育（即普通的教育，并特别指出了建筑学的教育）以及对于全球化建筑体系影响的对策。[20]

荷兰建筑近十年的成功，还多少归因于荷兰历史上没有受后现代影响的优势。在过去的 30 年中，荷兰建筑已经越来越成为个性化和全球化影响下的人工景观。政府和开发商、建筑师、艺术家、银行、媒体、科学家和跨国公司创造出了新的引人冲动的事物、体验以及想象，试图在这极端的现实中寻找方向。这种没有内在连续性的状态为设计实验留下了充足的空间。因为没有人知道应该对这样快速现代化的现实情况作出怎样的回应才算适当。在（荷兰的）人造环境中拥有一席之地的派别都在推动和提倡研究、分析和实验。这样一来，大量的新发明有了机会（中国的国情更是如此)。换句话说，这一转变实际上就是一种社会民主体制向特殊形态的自由市场与新自由主义的转变，这种和谐景观在荷兰的核心中产阶级中非常受欢迎。作为现代主义建筑发源地的荷兰于是较早地进入了“全球文化多元主义”范式。

7.2.4 全球化语境中的建筑传播策略

通过上面三种范式对跨文化建筑传播的基本解析，我们可以在认识论上确立全面客观的跨文化建筑传播理解。但更重要的是我们最终要能够掌握跨文化建筑传播的平等地位和独立话语权，从跨文化建筑传播的输入国逐步发展壮大为主要输出国，这将是一个漫长的过程，我们需要借鉴别国的先进经验提升自身的对外传播能力。当前，建筑文化传播的主要输出家和地区为美国和欧洲。美国的情况是比较特别的，二战以后，格罗皮乌斯、密斯等现代建筑大师来到美国，使美国成为现代主义建筑的传播中心，从此以后，世界的建筑理论和实践中心就从欧洲转移到了美国，美国在城市规划和建筑设计领域保持了先进地位。20世纪 80 年代后现代主义流行，与美国社会的商业化和消费主义特征契合，还有它移民国家的背景，使它更成为后现代主义的传播中心，涌现出一大批后现代明星建筑师。从某种意义上说，美国文化本身就带有国际性。在全球化进程中当代美国在经济、技术和文化方面也扮演了主导的传者地位，一方面美国大型建筑设计公司也都扩展为跨国企业，凭借先进的技术和领先的类型建筑设计经验在全世界扩展；另一方面，富有个性的著名建筑师和理论家也活跃在国际学术舞台上。后者的影响比 20 世纪 80 年代稍弱，而前者的全球化发展更加迅猛。美国的建筑传播建立在其强大的政治、经济背景和人才优势基础上，其主导地位毋庸置疑。但更值得我们借鉴的恐怕是那些对世界建筑传播有重要影响的民族国家，从中可以借鉴有益的建筑文化传播发展的经验。

7.3 本章小结

本章上篇运用三种跨文化建筑传播理论范式对中国的跨文化建筑传播进行了针对性的评析，下篇介绍分析了日本、意大利、法国、荷兰等国的跨文化建筑状况，并运用跨文化建筑传播范式进行针对性评析，通过中外跨文化建筑传播状况的对照，试图为建筑跨文化传播提供比较新颖的视角和答案。

本章是将跨文化建筑传播范式运用于建筑传播现象评析的探索，因此也是希望初步勾勒一种工具性的方法论。通过分析和借鉴我们更希望作为世界上最大的发展中国家——中国必须高扬自己的文化理想，而又不失时机地把世界各国尤其是西方发达国家的先进理论和成功经验吸纳过来，在世界文化交流和竞争中把我国建设成文化强国，成为全球跨文化传播的主力军，使中国成为建筑文化输出国（图 7－19）。

集团获奖和排名汇总表（外经合作部分）

美国ENR（工程新闻记录）排名

年份	排名	名次
2001年，	美国ENR（工程新闻记录）国际工程设计公司200强	166位
2002年，	美国ENR（工程新闻记录）国际工程设计公司200强	155位
2003年，	美国ENR（工程新闻记录）全球工程设计公司150强	147位
2004年，	美国ENR（工程新闻记录）全球工程设计公司150强	115位
2005年，	美国ENR（工程新闻记录）国际工程设计公司200强	149位
	美国ENR（工程新闻记录）全球工程设计公司150强	108位
2006年，	美国ENR（工程新闻记录）国际工程设计公司200强	191位
	美国ENR（工程新闻记录）全球工程设计公司150强	105位

上海市人民政府对外经济贸易委员会颁发的奖项

2001年度外经贸工作专项奖（“走出去”奖）
2002年度上海市实施“走出去”战略先进企业
（对外工程承包和劳务合作企业）
上海市跨国经营企业20强（2001年—2003年）
2004年度上海市“跨国经营先进企业”
（对外工程承包和劳务合作企业）
上海市跨国经营先进企业（2005年度）
上海市跨国经营先进企业（2006年度）

中国商务部颁发的奖项

苏丹国际会议厅荣获我国商务部历年来第一次颁发的2006年度优秀设计奖
（对外援助成套项目优秀设计奖）

亚洲建协颁发的奖项

2005中国十大建筑设计公司奖
2006中国十大建筑设计公司奖
2007中国十大建筑设计公司奖

美国ENR和《建筑时报》评选的“中国承包商和工程设计企业双60强”排名

年份	排名	名次
2004年，	中国工程设计企业60强排名	第4名
2005年，	中国工程设计企业60强排名	第3名
2006年，	中国工程设计企业60强排名	第5名

集团承接的主要外经项目

集团近年来在“两个市场，两种资源”的战略指导下，着力开拓海外市场，发展海外业务，已取得了很好的业绩。“走出去”的发展战略为集团在国际市场上赢取了较高的知名度，有效地提高了集团的国际竞争力，为集团的发展提供了更大的发展空间。

集团海外业务已扩展至二十余个国家和地区，其中，东南亚、非洲、南亚、独联体、中东五大市场的业务份额比较突出。

图 7－19　上海现代建筑设计集团国际化战略现状与展望

本章注释

[1] 丁援，李保峰．全球化、本土化、一体化［J］．建筑师，2007（2）：91.

[2] 周鸿铎主编．文化传播学通论［M］．北京：中国纺织出版社，2005：48.

[3] 琳达・弗拉森罗德．超越“中国当代”展：如何使中国建筑师与荷兰建筑师相互借鉴［J］．施辉业译．时代建筑，2006（5）：136.

[4] 刘家琨．给朱剑飞的回信［J］．谢诗奇译．时代建筑，2006（5）：67.

[5] 李旭．都市化时代的中国新艺术［J］．时代建筑，2003（1）：32.

[6] 王林编著．与艺术对话［M］．长沙：湖南美术出版社，2001：299.

[7] 邹德侬．从先锋建筑手法的标新立异看建筑创作的进步和倒退［J］．建筑师，1996（68）：25.

[8] 程泰宁．东西方文化比较与建筑创作［J］．建筑学报，2005（5）：27.

[9] 曾坚，邹德侬．传统观念和文化趋同的对策——中国现代建筑家研究之二［J］．建筑师，1998（8）：45.

[10] 方晓风，卜大艽．全球化和地区性［J］．建筑师，2002（10）：51.

[11] 方晓风，卜大艽．全球化和地区性［J］．建筑师，2002（10）：51.

[12] 马国馨．日本建筑国际化的第四次浪潮［下］［J］．建筑师，1994（12）：77.

[13] 马国馨．日本建筑国际化的第四次浪潮［下］［J］．建筑师，1994（12）：77.

[14] 吴耀东．日本现代建筑［M］．天津：天津科学技术出版社，1997：221－235.

[15] 徐锋，邹晓霞，许懋彦．世纪末孕育的“Super Flat”一代——年轻的1960年代日本建筑师之现状［J］．建筑师，2006（5）：51.

[16] 肯尼思・弗兰姆普敦．现代建筑：一部批判的历史［M］．张钦楠译．北京：生活・读书・新知三联书店，2004：384－385.

[17] 卢卡・墨理纳利．蜕变中的意大利［J］．A＋U，2005（6）：49.

[18] 卢卡・墨理纳利．蜕变中的意大利［J］．A＋U，2005（6）：52.

[19] 作者译自荷兰国家建筑学会网站．

[20] 荷兰建筑学会 编．荷兰建筑年鉴2［M］．边放译．天津：天津大学出版社，2005：50.

第 8 章　跨文化建筑设计思维模式与评价

当原来处于封闭或半封闭状态的文化对外开放时，就很可能出现两种倾向：一种是所谓“先抵抗，后投降”，结果是丧失了自己原有的“根”，把外国的“无根”文化移植进来，以为这样就实现了“现代化、国际化”的目标；另一种是在保护自己原有文化的前提下引进和吸收外来文化中适应本土需要的因素，其结果必然是一种既有传统、又有发展的“跨文化”品质。

判断一个城市及其建筑是否先进的标准是它们创造的新文化是否有利于巩固和发展自身的社会凝聚力。一般来说一个国家、民族或地域在对外开放之前，其内部凝聚力通常是很强烈的，但是容易变得保守停滞。所以这个国家、民族或地域迟早要走上开放的道路，关键是要在国际竞争日益剧烈的环境中保持和发展自己的竞争实力，以免处于被动和被人主宰的地位，因此必需在开放的过程中时刻注意使原有的社会凝聚力转移到竞争性凝聚力上来。[1]

8.1　文化的传承与杂交

图 8－1　马尔默市图书馆扩建

许多人类学家和社会学家把传播学视为文化的建筑材料，即文化是传播的产物，并且是传播的内容。由此可见，文化传播要研究传播对文化的发展、对文化的变革的作用及文化对传播价值的影响。例如，由于“五四”前一批学者对西方文化及马克思主义观点的传播，致使“五四”运动在中国发生。文化的传承问题也是文化传播研究的热点。人类创造符号系统，并用符号系统传承文化。由于人的传播行为，人类进入文明时代，而文化也一直在传播中发展，既有内在的进化，如人的拓殖，也有外部的发展，如通过跨文化传播进行文化间的互补（图 8－1）。

文化传承是指文化从一代人传到另一代人的文化传播过程，也称文化继承。文化传承是文化传播的历史纵向发展。近代以来，不同文化间的交流对特定文化的发展的影响也越来越重要。文化不可能在封闭中发展，只能在交流传播中发展（图 8－2）。

图 8-2 网师园

在全球化时代跨文化传播背景中的文化传承与杂交是文化传播研究中的重要问题。信息时代的来临，使国与国、民族与民族、政体与政体之间，产生一种互相渗透，建立了在最低认同的一致基础上的世界性文化传播网络。正如雷内托·罗萨尔多所提出的那样，杂交性的概念具有两个明显的倾向：一方面，杂交性可以喻示一个空间，它位于纯洁的两个地带的两可之间，在某种意义上，沿袭了生物学上能够区分两种毫无联系的物种的惯例，还使用了由于两种毫无联系的物种的结合所导致的杂交的伪物种。另一方面，杂交性可以被理解为所有人类文化在前进中的状况，它不包含任何纯洁的地带，因为它们经历着持续不断的、跨文化的（这是文化之间借用和给予的双向）进程。这种观点不是要把杂交性与纯洁性对立起来，它是说，自始至终就一直都是杂交性（图 8-3）。[2]

图 8-3 意大利 Centro Torri（罗西）

"当代加速的全球化意味着杂交文化的杂交化。"（尼德温·比艾特，1995 年）。因为在传播时代，文化自始至终就一直都是"杂交性"的。对照我国建筑界，长期以来的中心话题就是民族建筑现代化和地域建筑现代化等都不能成为解决现实中困扰我们已久的问题的出路。

韦尔布那在跟巴赫金的"有意识的杂交性"的概念相对立的"有机的杂交性"中，看到了一种更为明确的差别，它是混合的语言学形式和其他文化形式的一种深思熟虑的调配，是要"通过不同的社会语言和形象之间的蓄意的合成，使人震撼、变化、质疑、充满新的活力或是分崩离析"。可能出现的情况是，这种震撼式的审美是某些全球现代文化生产的一种与众不同的特征，但它却很难描述当代文化互相渗透的全部。那么，我们应不应该由此推论说，文化杂交性的概念仅仅是具有"策略性的"价值……[3] 马清运在中国的设计实践就以杂交性设计思维为策略，他的商业性项目既有对地方民居包装性的引用，又植入了全新的、前卫的形式元素，每个项目都表现出对多元表皮杂交的迷恋（图 8-4）。

图 8-4 张家港购物公园

既然，我们今天的生存环境中，建筑文化在传播中杂交、融合、变迁，那么我们就应该打破建筑民族性的界限，以全球的建筑文化资源为基石，建构面向今天和未来的新建筑文化。前两章探讨了跨文化建筑传播的范式及其评析，主要是认识论和价值论的建构，这里我们进一步探讨和建构研究跨文化建筑设计思维，就是从一个主体性的视野和文化互动的逻辑来建构一种面向全球化现实的建筑设计思维。

8.2 跨文化建筑思维

从社会人类学角度来看，文化是指一个社会具有的，并传给后代的传统体系，包括人们的行为准则、价值观念、道德标准以及独特的宇宙观。文化传统作为“流传物”，总是处于不断流变之中，通过流变获得和展开生命力与创造性，从而实现文化传统的流变，文化传统显然会受到外部世界的影响和制约，但就文化传统的流变而言，外部世界的影响必须转变为文化传统发生动变的内部要素，否则，就有可能导致整个文化传统的失衡甚至崩溃。

不同的文化传统的背后，其实存在着自然生存环境的差异，不同的生命个体、不同的群体依赖关系、不同的社会共同体方式、不同的民族与国家认同、不同的信仰及其体证方式，都有理由形成相应的文化理想，而不同的文化传统之所以从根本上能够对话沟通，恰恰在于人类具有交互理解、和而不同的智慧。[4]

一般而言，当代建筑设计思维可归为三种：第一类是文化传承思维，即从传统建筑类型和形式出发；第二类是建筑本体思维，即从建筑的空间构造材料出发，如近年来对动态空间、复合空间的创新发展，对各种新表皮的研究和表现，对静态结构体系的突破等，都是围绕建筑本体的发展；第三类是反传统和反建筑思维，即拒绝与传统有关联，甚至从建筑文化以外寻找立足点，刻意表达个性和新奇。

图 8-5　奈良市博物馆

第二类建筑本体思维是建筑学发展中相对稳定的逻辑，古典主义时期以建筑造型为本体，现代主义时期以建筑空间为本体，后现代以来本体观念更加多元丰富，最突出的是“建筑材料和建筑表皮”的表现性被创造性地发展（图 8-5）。

第三类中的反传统建筑思维中现代主义建筑是反传统的典范，现代主义建筑大师贝聿铭早期的作品也是拒绝传承过去的形式，例如华盛顿国家美术馆东馆就是个鲜明的例子。那是一个简单几何形体（六角形）的复杂组合，墙面光洁纯净，体形活泼多变。建筑师设计这座美术馆时不受任何历史上的建筑样式和规范的约束，有很大的创作自由。显然，设计人响应勒·柯布西耶 1926 年提倡的“自由的平面”和“自由的立面”的原则，实际上就是自由形式的原则。因为自由到同历史上的任何建筑形象都无联系，因而被认为是抽象——抽象主义。这是现代主义建筑艺术的一个特色。[5]贝聿铭后来引起争议的巴黎卢佛尔宫博物馆扩建项目设计也是采取的玻璃方锥体与古典主义建筑鲜明对比的策略。近年国内典型的案例如北京中国国家大剧院也是反传统继承的设计思维。持这种倾向的人认为，全球文化必然是一种“建构性的”文化，它是与历史无关的、无时间限制的和“没有记忆的”(图 8-6)。

(a) 横滨新码头

(b) 横滨新码头鸟瞰

图 8-6　横滨新码头

第三类中的反建筑思维主要通过表现“非”建筑的形象，打破建筑本体的范畴，以实现建筑的变革。解构主义建筑可以算是代表。另外，日本现在有一群年轻的建筑师(40 岁以下)，似乎是极端派。其中一位代表人物是北河源(1952～)，他说，“我为不知的、悲观主义的、变态反常的建筑所吸引”，“我力图表现我们存在之阴暗和虚妄，在反人性的环境中，人的历史才更富戏剧性。”[6]

这里我们主要讨论第一类文化传承思维，后现代主义以来文化传承思维成为中心话题，相关理论有建筑符号学、建筑类型学、建筑文脉主义以及建筑地域主义。这些理论强调了传统文化对当代建筑发展的意义。今天，全球化的现实背景中，我们面对的不是单个国家或民族的建筑文化传承，面对的是不同国家、不同民族之间的经济文化交流更加频繁，世界各地的文化信息传播共享，特别是建筑教育的国际化和建筑实践的国际化更普遍的现实，如果我们仍然采用后现代时期的理论就会越来越困惑，越来越纠缠在“本土化”与“国际化”的概念冲突中。因此，有必要从民族或地区文化传承思维拓展为跨文化建筑思维。

建构一种跨文化建筑思维来面对全球化的现实，从文化传播学理论和当代哲学发展来看是符合逻辑的。在建筑界，许多前辈建筑学者也都有过相关的思考和提议，这里略举几例：

清华大学教授吴焕加先生在 20 世纪 90 年代就认识到，把不同时代、不同地域、不同风格的建筑元件和建筑形式生硬地集结在一座建筑物上面，如斯图加特新美术馆和波特兰大厦（格雷夫斯）的那种做法，有点类似电影艺术中的蒙太奇和美术中的拼贴画或“集合艺术”……超现实主义画家的作品中常常有类似的情景，“梦幻般的”也是一种美学范畴，对一般人至少具有新奇感，前提是如果观众们已经接受了这种新奇事物。[7]

中国建筑学会副理事长张钦楠先生专门撰文论述过跨文化建筑创作，他认为：这是因为建筑文化的创作必然要解决外来与本土文化、历史与当代文化、社会（社团）与个人文化的结合问题。各种基本创作手法都会在这三种结合中发生“折射”，从而产生更为缤纷多样的创作个性。这说明建筑创作的路子是非常广阔的，但是要下工夫，如果只追求新颖，或是把别人的东西抄抄搬搬，就难免要产生“文化贫困”。在谈到外来与本土文化结合时，他建议大家注意一种现在还不很明显，但是必将发展的趋势，就是“跨文化建筑”（trans－cultural architecture）的创作。“trans－cultural architecture”这个词来自美国哥伦比亚大学肯尼思·弗兰姆普敦教授的一篇文章。文章指出，长期以来，东西方的建筑文化是隔绝的。但是，也有过互相借鉴的例子。例如：英国的纳什在布赖顿用印度传统风格设计的展览馆，以及赖特对日本建筑文化的吸取等，但都只是个别案例。弗兰姆普敦最推崇的是丹麦的伍重，他认为伍重真正地从文化实质而不是简单形式上把东西方的建筑文化有机地结合起来，从而具有一种跨文化的气质。

张钦楠先生甚至认为：20 世纪中出现的现代建筑可以说是第一代的国际风格；20 世纪后期出现的高技建筑将是第二代的国际风格；随着东西方文化在新的世纪内在政治平等的基础上的交流增多而必将越来越多出现的跨文化建筑将会是第三代的国际风格，而总的趋势是一代比一代更丰富多彩。他相信，随着中国的建设事业的发展，肯定会出现中国的跨文化建筑的创作大师。[8]

跨文化建筑思维在具体条件下会有不同的表现。只要用实事求是的态度面对现实问题，我们就会找到问题的症结。吴焕加先生在学术和现实的认识方面是比较开放的，他发现：“如何对待传统，是否继承传统，几十年来，一会儿批判，一会儿提倡，从外国传来的信息也是一时肯定，一时否定。现在，在这个问题上，社会群众和建筑师的心态也比较平和了。当用就用，不当用就别用，不必定于一。”[9]

天津大学邹德侬教授和曾坚教授研究发现发扬民族文化思维，寄希望于从传统建筑形式和经验中去找到可以沿用的和发展的学术话语是不足的。他们提出“国家建筑”和“国际性建筑”两个概念，希望可以适应当代学术话语。[10]

以上都是学者们的相关思考，而我们在此提出跨文化建筑设计思维的概念，就是以世界上不同民族、不同地区的建筑和文化传统为资源，以平等开放、多元包容的原则，进行适当的选择，通过不同建筑文化要素之间的融合、碰撞、磨合、错位等策略，产生新的场景联结效果，实现跨文化的传承与创新。下面，我们可以通过回顾和比较来看跨文化建筑思维的特点。

8.2.1 关于发扬民族文化的思维

自20世纪初叶以来，面对西方文化的冲击，我国三代建筑师对传统建筑文化的追寻、探索与拓展，一直是创作活动和学术活动的重要流向和不变的追求，立基传统的建筑创作，在我国近现代建筑的发展道路中，留下了曲折但清晰的轨迹。

20世纪50年代建国之初，在那百废待举的日子里，我们提倡“民族风格”，以表示新中国的建筑不同以往；20世纪60年代所提倡的“社会主义新风格”，目标所指依然是发扬民族文化的思维。然而，近一个世纪的发展证明，我们只能融入世界发展潮流，不可能关门发展。狭隘的民族主义是没有科学和历史依据的。有学者指出：过去，我们一直片面地强调创造国家性建筑，所谓“中国固有之形式”、“民族形式”、“中国的社会主义建筑新风格”等皆然，这种片面的提倡，其实是对文化趋同的一种消极的抵制。在21世纪，随着亚洲的崛起，作为一个文明古国，更应当发扬东方文化的优势，变消极抵制为主动参与。[11]民族建筑文化思维往往要么导致符号化的形式主义操作，要么导致狭隘的民族保守复古情绪，只能满足民族认同的心理需要，不能提升创造力（图8－7、图8－8）。

图8－7 杭州悦榕庄

图8－8 香格里拉藏族民居

8.2.2 关于地域文化继承创新思维

改革开放以来，受后现代主义影响，我国建筑界主流话语认为建筑设计应从本民族或地域文化出发，因为建筑受到特定的地理、气候、材料、习俗影响，因此，建筑的发展应当从过去的建筑中汲取经验和灵感，我国的新乡土建筑和地域主义建筑盛行一时。这种思维超越了宽泛的民族政治概念，使视野转向更真实的地域特征。这在一定程度上繁荣了建筑创作，但也有人比较极端，甚至总结出地域建筑的基因和“遗传规律”，试图推演出建筑发展的“生命规律”。事实上，建筑不是独立的生命体，它紧紧依附于社会的发展变革。近20年恰恰是中国社会的转型变革期，而建筑强烈地反映了这种变革，经济生活融入全球化、房地产市场的迅速繁荣、急剧的城市化、建筑空间的商品化等浪潮根本不会按照所谓“建筑基因遗传”的理论去发展，因此这种书斋里的学术话语真有点脱离现实（图8－9）。

图8－9 浙江省美术馆（程泰宁作品）

8.2.3 关于片面追随西方潮流思维

既然片面继承传统一定程度上不能适应社会现实，人们的目光就又投向他方。20 世纪 90 年代末以来，随着境外建筑设计大量进入中国设计市场，以及海归建筑师在国内的实践展开，国内的“先锋”建筑思潮开始片面追随西方潮流，西方先进的建筑技术和陌生新鲜的建筑语言，在发展中国家引领潮流。媒体和展览的趣味明显受到西方潮流影响。这种现象引起了争议，反对的观点认为这是仿造不是原创，而且不适应国情。宽容的观点认为：在全球化的今天，我们应当看到，世界文化是在不断地趋同，但同时它又在不断地变异。核心问题是建筑的话语权问题。笔者认为，追随模仿本身是正常的，但是对原创的追求也是我们不能放弃的原则，这是实现跨文化交流对话的基础（图 8-10）。

图 8-10 MVRDV 的东莞松山湖建筑

将近半个世纪以来，“全球化”的趋势日益强劲，建筑文化趋同现象日渐明显，加上人们对建筑的政治属性的淡化，以及现代建筑所具有的优点，中国建筑界与建筑文化趋同现象的对立状态已经逐渐缓和。在这种条件下，建筑教育领域是科学的普及、教育内容的趋同；在工程技术领域是日趋统一的技术标准和实施手段；在社会生活中是伴随西方的科学技术而来的西方的价值观；在学术领域更是统一在一个言语模式之下。[12] 同样，西方建筑师在亚洲和中国的实践也试图寻找地方性契合、地方性表现——金茂大厦、上海商城、上海大剧院等外来设计恰恰是某种跨文化设计思维的作品。对比上面三种思维，跨文化建筑设计思维有以下特点：

（1）跨文化建筑思维既不偏执于本民族和本地域文化的传承，也不片面追随国外潮流，人云亦云，而是立足当代，放眼世界。立足于全人类建筑文化资源上的继承和创新，因此继承的文化资源更多，创新的立足点更高。

（2）跨文化建筑思维在全球化时代背景下，是一种开放的思想和视角，但仍然会与建筑本体的探索和反传统、反建筑的设计思维长期平行发展。

（3）跨文化建筑思维可分解为“跨文化”+“建筑思维”，是指跨不同文化类型，并不专指建筑文化类型，因此，概念范畴要比建筑类型学更宽广。“跨文化”既有“trans-culture”——在不同文化间转换的意思，也有“cross-culture”——“跨不同文化间”的意思。因此，跨文化建筑思维既有融汇不同建筑文化元素的意思，又有在多种文化元素基础上整合的设计策略。

8.3 跨文化建筑思维的人文逻辑

8.3.1 跨文化社会审美心理

建筑设计作为一种艺术活动，往往与人们的社会心理紧密相关。跨文化交流的社会心理反映在人性方面有两条轨迹：

1. 故乡与美景：人类对历史性文化资源的怀旧心理

怀旧是人类与生俱来的心理，因此全世界建筑文化遗产都是今天的旅游风景，尽管我们在建筑发展中不断追求新的造型和空间感觉，但我们仍然会眷恋如丽江古城、江南古镇那样的历史生活空间。由于今天国际旅行更加普遍，丽江古城也是外国游客休闲的聚集地；东方人也会由衷热爱和留恋意大利的古城镇或英国的乡村田园。世界各地的历史建筑和城镇都是人们怀旧的温柔梦乡。因此，今天怀旧的场所资源可以是跨文化的。柯林·罗在《拼贴城市》中对此也有论及：最后，许多怀旧之源，可以是科学的或是未来的，也可以是“浪漫”的和过去的，或者可以采用不同的方式，也许仅仅是优美的乡土化的或是“波普”的。在这个意义上，人们想到海上石油平台、卡乌斯·塞斯蒂乌斯的金字塔、卡纳维拉尔角的火箭发射场和室内气候、在波玛佐的维诺拉的坦比哀多、古罗马的陵墓、美洲小城镇、一个沃邦要塞，以及文丘里们所神往的拉斯韦加斯或其他条街。[13]

吴焕加先生也感到：近 20 年来，怀念过去的心理在众多方面表现出来，服饰、玩具、钟表、装潢设计等地方都有老款复兴和回归历史的现象。技术乐观主义被技术悲观主义所顶替。在批评现代化的负面的同时，大家强调历史的价值、基本伦理的价值、传统文化的价值，反对简化，注重复杂性，从强调关注物质转而强调人及人的精神的重要，从欢迎新奇事物转而注重返璞归真。[14]

后现代主义建筑核心的理念之一是对历史的回归与借用，某种程度上也体现了跨文化的思维。在后现代时期，这种设计思维满足了大众对建筑的景观差异性和历史怀旧的需要，弥补了现代主义的冷漠和缺乏人情味。近年上海旧城区的新天地商业项目（图 8－11），就是一个典型的案例。开发商通过保留上海石库门民居的外观，对内部功能结构进行改造，整体街区按照现代休闲商业的业态来布局。这种“旧瓶装新酒”的方式获得了巨大的成功，它不仅满足了城市小资的怀旧情怀，更满足了外国游客探询上海旧民居的猎奇心理。因此成为境外游客的旅游目的地，也是小资白领寻找浪

图 8－11　上海新天地

漫感觉的温床。自上海新天地以后，许多城市开始建设怀旧空间，如南京的“1912”民国建筑街区、西湖的新天地等，都很成功。而上海建设的泰晤士小镇则更将英伦风情搬到上海，满足了上海人异域风情的怀旧心理。

2. 喜新与求异：对新事物的追求与好奇心理

跨文化建筑思维的动机中还有人类的另一个心理需求，就是对新异事物的追求。人们总是希望不断欣赏新鲜乃至新奇的事物，在信息日益共享的今天，人们挖空心思追求差异化、陌生化，建筑设计领域更是这样。

图 8－12　深圳“波托菲诺”小镇

在房地产项目中，引用异国情境来作主题环境是非常普遍和成功的策略。早期的概念比较宽泛，如“加州风情”、“北美风情”、“地中海风情”、“英伦风格”等，到现在更多的是直接移植某个风景胜地的建筑风貌与环境，如华侨城“波托菲诺”小镇（图 8－12）就是参考意大利旅游胜地“波托菲诺”小镇风情。

图 8－13　拉斯维加斯凯撒宫酒店室内街道

许多学者指出，购物是当今社会最主要的公共活动，因此商业公共空间更加景观化、人性化、娱乐化。地域情景符号移植就是常用的设计策略，拉斯韦加斯这种情况最突出。在商业空间文化中，通常有人工再造的历史空间、异国情调的空间。如我国的南京夫子庙、上海城隍庙仿古街、拉斯韦加斯的凯撒宫酒店（图 8－13）室内仿罗马商业街等。

埃森曼在 1989 年 6 月 11 日与安藤忠雄的通信中这样写道：“现代科学均是由对自然的疑问而产生的，但现在科学的关注点转向了信息，转向了信息操作、人工智能、机器人等系统，这就是说，现在并不是技术与理性的时代，而是信息的时代。以前人与自然的关系是主要的，而这一关系在当今时代已不是主要问题了，所以“技术与理性并不在这个时代占有最重要的位置……建筑就是解决实际问题，我已不再探讨建筑的新旧，只是接受所有的现实，关心人类如何能继续适应实际环境生存下去。当前的课题是，这种新的现实是什么？体现这种现实的建筑该是怎样的？我想，这种现实是多样的，因此，需要丰富多样的建筑。”[15]

安东尼亚德斯在《建筑诗学》中指出：对于追求舶来品的人来说，一个地方距离他的出生地越遥远，吸引力也就似乎越大……有时，人们非常极端地看待异域，并为了自身的需要去研究异域文化。对舶来品的追求偶尔也会使人着迷。正如我们所见，舶来品具有双重效应，这种双重效应意味着，对置身于外来文化的人，可以从中受益，他们可以直接向它学习，或者加强对自身文化的理解；另一方面，他们可以达到艺术创造的新境界，对自己的所见所闻心满意足并且陶醉其中，时刻准备开始新的生活，并为自己的人民和国家进行创作。我们认为，在追求知识的过程中，认真对待舶来品，可以帮助我们最终真正地认识自己、自己的文化和我们人民的文化，因此为真正具有原创性的奋斗提供豪华的心理涅槃。成功的例子有拉尔夫·厄斯金，在瑞典打拼事业的英国人；还有安托万·普雷多克和贝聿铭，他们分别在法国和中国出生，毕业后留在美国继续他们迅速发展的事业；约翰·伍重和海宁·拉尔森都来自丹麦，他们在澳大利亚和阿拉伯这些遥远的地方留下了最好的设计。[16]

8.3.2 跨文化建筑思维的史观逻辑

对于人类文明史的认识存在两种逻辑，一种观点认为人类文明发展就如生长的树，不同文化源于同根，随着历史的发展生长，到今天根深叶茂，但每个分支彼此距离越来越远，差异化愈大。另一种观点认为人类文明是历史长河，不同文化来自同源，经过不同的地理环境，发展出不同的文明形态，但最终又汇入了全球化的文明之海，归为同流。后一种观点似乎更加符合历史的过程和现状，也就是说，不同的文明形态是人类共同的财富，今天又汇入共有的当代文明，因此我们应该有全球化的视野与胸怀。

中西方建筑文化的结合首先来自外国建筑师的“中国式”作品，是个十分独特的现象。举凡外国传入中国带有文化属性的东西，都有把外形加以中国式包装的趋势，这当然包含着易于使中国人接受的目的。比如外国建筑师设计的“中国式”的教堂、学校，就是这一现象在建筑领域的表现（图 8－14）。也有中国人追随这种潮流的，如创办厦门大学的陈嘉庚先生就亲自参与设计建造了结合中国大屋顶、闽南建筑工艺和西式建筑主体的“嘉庚风格”建筑群。他参考的南洋建筑（东南亚）在当时也已经流行了亚洲屋顶和西式主体建筑及柱式相结合的设计样式。[17]

东西方文化互补也反映在城市空间领域，清华大学朱文一教授在他的博士论文中比较了中西方两类空间符号，并提出以两者互相补充来塑造今天和未来的理想空间。下面一段引用他的文字：

中国文化注重人文因素：历史和语言；西方文化注重自然因素：宗教和科学。中西文化共同具有神话和艺术。根据我们前面的讨论可知，中国符号空间突出的空间类型是：领域空间——“历史”含义，街道空间——“语言”含义；西方符号空间突出的空间类型是：路径空间——“宗教”含义，广场空间——“科学”含义；中西方符号空间共同具有的空间类型是：游牧空间——“神话”含义，

图 8－14 上海多伦路鸿德堂

理想空间——“艺术”含义（图 8－15）。

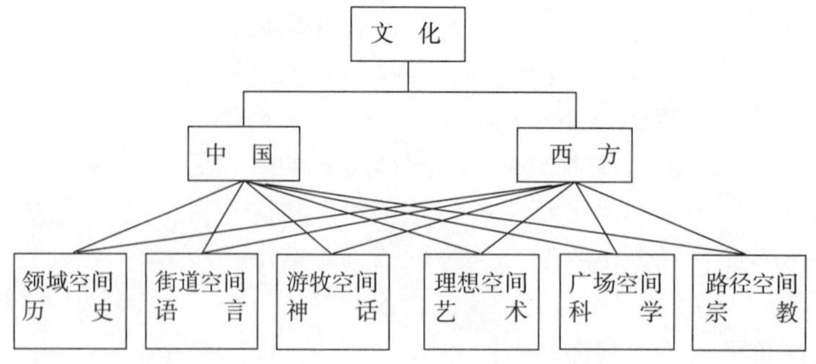

图 8－15　中西方文化符号空间

需要指出的是，上述划分并不是绝对的。中国符号空间中当然存在广场空间和路径空间，只是不突出而已。同样，西方符号空间中亦存在领域空间和街道空间，也只是不突出而已（图 8－16、图 8－17）。[18]

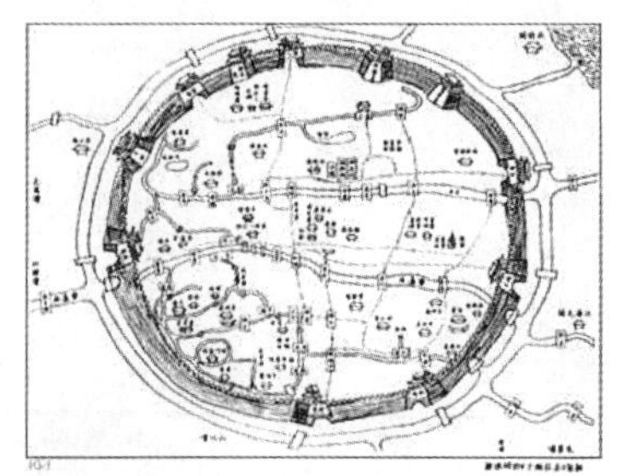

图 8－16　清同治年间上海县城图

几年后，朱文一先生的博士论文和笔者硕士论文中的设想在 21 世纪之初的上海得以实现，上海市政府在 21 世纪初提出了“一城九镇”的发展计划，这九个镇中东西方文化结合的典型个例要算安亭新镇规划（图 8－18）。

在 AS&P 设计公司阿尔伯特·施佩尔教授领衔设计的规划中，结合了德国古城和江南水镇的形态特征，在新镇周围引入河水围合成护城河，同时在南北主轴规划了一条欧洲城市中常用的开放的绿地公园，在外层护城河沿岸设置了环绕的生态绿林，这是霍华德“花园城市”理论的体现。在新镇中央位置有一中心广场作为新镇的活动中心。广场和公共空间的穿插，是典型德国或欧洲城市规划的特点，可以给你带来领域感、归宿感、家园感。从中心广场、小型广场到内庭，一个丰富、敏感、充满多样性、具有特色和开放秩序的世界就这样渐次展开，由中心广场和中心建筑统领的城市因此而生机勃勃。

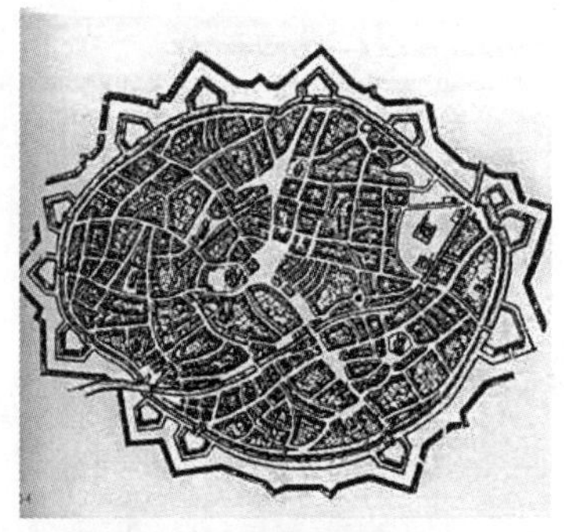

图 8－17　中世纪比利时的马林城

一个城镇的形成，必定要和当地的历史、地理、经济、文化、风俗等各种条件相结合。

8.4　著名建筑师的跨文化建筑思维

这里首先从文献中简单列举一些著名建筑师的跨文化建筑思维与实践：

文丘里：在赖特之后，文丘里旗帜鲜明地起来批判现

图 8－18　安亭新镇规划总平面

代主义的机械论和技术主义。他呼吁建筑师不要被现代主义的说教吓服，强调传统和遗产有借鉴价值，强调尊重环境，反对排他性，主张兼容并蓄，等等。文丘里的积极作用是把渐渐变狭的建筑创作道路重新放宽。

文丘里以他的《建筑的复杂性和矛盾性》一书轰动世界建筑界，他的思想的要点见之于该书的第一章，题目是“非直截了当的建筑：一个温和的宣言”，其中有两段说得特别明确，非常直截了当，一点也不模棱两可。耶鲁大学美术史教授V·斯卡里在为文丘里的书写的序言中说，书中“全部是新东西”，又说“书里的论证像提起幕布一样，打开人的眼界”。[19]

J·斯特林：斯特林1950年走出校门，正当现代主义走红的时期。他说和大多数人一样，“那时候做设计，从不参考20世纪以前的东西，那些日子我们相信现代主义能解决一切问题。”创作斯图加特新美术馆时他改变了态度。他对长久遭人冷落的辛克尔的柏林老美术馆表示敬意，并从中吸取自己需要的东西。斯特林说：“我希望参观者感到这座建筑‘看起来就像一个美术馆’。作为先例，我发觉19世纪的样板比20世纪的更有启发性。”在19世纪的美术馆中他认为辛克尔的那一座最有典型性，因此把它当做斯图加特新美术馆的“原型”。

除了柏林老馆外，斯特林还有其他借鉴的“原型”。他的中央圆形空间没有顶，人走进那个地方，在石块围成的桶形空间中，会联想起古罗马的斗兽场。展室部分有一条屋檐做成的简单的凹形槽，散发出古埃及神庙的信息。这些有历史联想的处理，斯特林称之为表现性。

斯特林说：“我认为我们的作品不是简单的东西。在一个建筑设计中，对每一个动作都给一个反动作。”努力赋予斯图加特新美术馆以纪念性，同时又施以反纪念性；让它有表现性，同时又让它有抽象性；有新东西，同时又有老东西。选用老的建筑语言的同时，也采用“与现代建筑运动有关系，源自立体主义、构成主义、风格派和所有新建筑流派的语言”。[20]所以在斯图加特新美术馆建筑上，可见到钢和玻璃组成的构成派的雨罩、勒·柯布西耶早期风格的管理功能部分、阿尔瓦·阿尔托风格的音乐教学部分、入口大厅的扭曲玻璃墙、高技风格的排气管道向你“明喻”或“暗喻”的巴黎蓬皮杜中心……你不止看到相反的“动作”和相异的成分，还看得见它们之间的碰撞。红色钢管硬是碰进埃及风的墙面，庄重的石栏杆上装着直径0.3m的红色钢管扶手。没有过渡，没有中间层次，就是硬碰硬。一眼望去，古埃及的、古罗马的、辛克尔的、勒·柯布西耶的、蒙德里安的、福斯特的，种种符号杂然并陈，好几种不同语言同时发来信息……面前好像是一个什锦拼盘，或半斤杂拌糖果，挺吸引人，可一下子不容易说清它们的味道（图 8－19、图 8－20）。[21]

图 8－19　斯特林：斯图加特新美术馆（1）

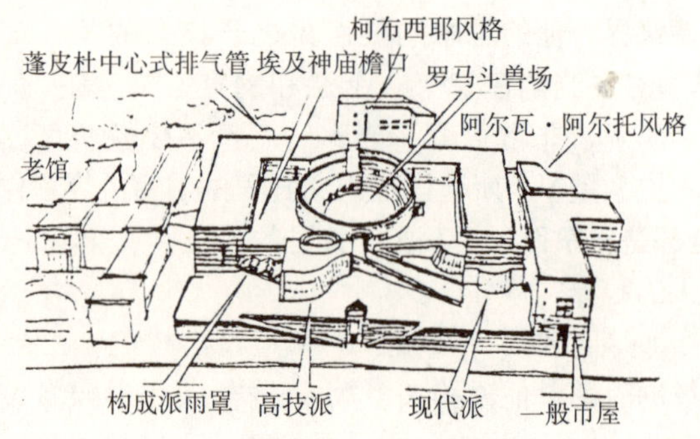

图 8－20　斯特林：斯图加特新美术馆（2）

黑川纪章和矶崎新：在 20 世纪 80 年代的日本，早期出场的是向东西不同方向奔跑的两匹“黑马”，一是矶崎新，一是黑川纪章。他们同时脱开丹下健三的“马圈”，矶崎新奔向西，反历史主义；黑川纪章则在东洋日本自身的历史主义中寻找出路。从这种大的出发点来说，黑川纪章更接近于丹下健三的嫡系。黑川纪章的国立文乐剧场（1984 年）引用了日本传统建筑的样式；几乎同时出场的是矶崎新的筑波中心大厦（1983 年），则大胆引用西欧建筑原型（图 8－21）。

图 8－21　矶崎新的筑波中心大厦

说矶崎新反日本传统，是因为从一开始他就从西洋文化出发，对此不断调查、消化，与丹下走着不同的设计道路。20 世纪 80 年代以后矶崎新的理论和方法更是变幻自在，在追求立方体、球体、金字塔形等组合造型的同时，与不断变化的现代文明的动态相对应，达到了一种“游刃有余”的创作境地，成为后现代主义时代日本建筑师中举足轻重的人物。

筑波中心大厦（1983 年）和水户艺术馆（1990 年）可以说包含了 20 世纪 80 年代以后矶崎新思考的全部内容（图 8－22）。当日本建筑师围绕后现代烦恼、徘徊的时候，矶崎新便以筑波中心大厦宣告了后现代主义时代的到来。包括着旅馆、音乐厅、办公室等设施在内的这一复合建筑，面向直接沿用的米开朗琪罗（1475～1564 年）的卡比多山罗马市政广场而展开，西欧历史主义建筑的样式要素被矶崎新“随意”引用着。通过矶崎新所谓的剧场性、胎内性、两义性、迷路性、寓意性、对立性等概念的采用，散在着

图 8－22　水户艺术馆

各种各样的隐喻和暗示，其中锯齿状柱是对勒杜柱式的变形。[22]

赖特和路易斯·康：赖特对日本和东方的艺术一见倾心。他曾说："一定程度上依赖于中国源流的日本艺术传统是属于世上最精粹、高尚之列的。我的直觉未敢轻视它，西方有很多应向东方学习的东西——日本正是通向东方的途径，这是我看到第一幅日本浮世绘、第一次读到老子文章以后一直梦萦神往的东方。"他热衷收集东方艺术品，在他设计的建筑中也有很多东方元素。后来他被日本邀请设计东京帝国饭店，这是一次跨文化设计实践。他认为要尊重日本的条件和传统。"日本的美学传统是世界上最高尚的。在我接受委托和设计建造他们的房子时，我的直觉以及明确的意图就是不要辱没了他们。他们不就是我的第一个条件——土地的特征吗？日本人比我所知道的任何人们都更了解他们的土地。"

"因此在使他们的建筑物彻底地'现代'的同时，我着意让它有一种与日本人的房屋的和谐共鸣。我想向日本人表明，表明他们自己的空间的永恒和他们自己的宗教——神道的灵魂，就是日本的'净'，是怎样运用所有材料而有效地在厚实的砌体中实现的。当他们屈膝跪在他们自己的令人产生灵感的木地板上时，一切都已在脚下发生了……"

他说："我希望帮助日本从木结构向砌体结构过渡，从用膝盖向用脚过渡而不伤害她本身的伟大文化成果。我还希望帮助她克服她的建筑体系中的某些固有缺点。在日本，地震老是威胁着她的幸福和真正的生活。"[23]

当某些东西来到日本土地上——某些不是日本的东西，自然需要等待，但可以用老的方法、对日本人来说并不陌生的方法去表达合意的、体现了现代科学的建筑思想。没有哪个单一形式是真正日本式的，但整体是由统一和联合体现的。这种动态的协调适合于日本最优秀的传统。在建筑师个性中有一种对老日本的挚爱，恭恭敬敬地冀求在从古老伟大文化向新的不可避免的外来文化的过渡中献出自己的力量。[24]

路易斯·康之所以被人们称为新历史主义或新古典主义，并非由于重现了18、19世纪的某种风格，或是直接复活了希腊、罗马、拜占庭、哥特的样式。他的新历史主义或新古典主义，是以20世纪60年代的技术、材料、功能、精神为表现手段和目的的，而在建筑艺术风格上，构图的"基本元"是以简单几何形——正方形、矩形、圆形、规则三角形等为主的，具有现代和古典共有的特征，但在建筑艺术归属上，似乎又接近于20世纪的现代风格。不过，在空间组合上则重现了某种历史上已有的等级空间序列手法，在主从关系、大小、形体、开阖、明暗等方面展现了许多古典传统特征。统观这10年中，路易斯·康设计建造的名建筑，诸如：达卡政府建筑群（孟加拉国）、福特·沃思美术馆（美国得克萨斯）、埃克斯特学院图书馆（美国纽罕普什亚）、阿赫默达巴德经济管理学院（印度古吉拉特邦）以及前述的萨尔克生物研究所，几乎都具有上述基本的特征。如果我们认为，20世纪的新古典主义可以粗略地定义为既具有某种古代传统手法又兼具时代新内容、新手法、新手段的建筑形式，那么，路易斯·康确实是本世纪最重要的新古典主义者之一。时至今日，可以归之为新历史主义或新古典主义的建筑师已遍布全球。然而，路易斯·康却具有一种有别于多数人的强烈特色——意境上有强烈的传统气氛，而在形态上却是迥异于前人、他人的创新。他不袭用历史性符号、标志等来向人"叙述"或"打招呼"。换句话说，在建筑语言的表达上，路易斯·康所注重的正是某种历史上用来交流概念、思想、意图的手法，作为这一语言的表达载体——形式、结构关系、"词汇"则既是相当新的，又是相当"原始"的，是一些简单的最有表达力的几何形，而不是已有的形式的移植、抄袭。就传统与革新这一梦魇般纠缠着每个建筑师的难题，路易斯·康的确作出了面向他的时代的出色回答。[25]路易斯·康正是在跨文化的视野高度上获得了对历史传统的引用自由和还原的创造力。

莫伯治：曾经作为我国现代主义思想坚定的支持者的莫伯治先生晚年的创作也体现了跨文化的思维，以广州西汉南越王墓博物馆为标志，进入一个"潇洒自如"的境界：莫伯治设计的广州西汉南越王墓博物馆，基地总体布局糅合了现代手法和雅典卫城的古典布局原则，巧妙地结合地形，依山就势，将展馆、墓室等不同序列空间连成一个完整的整体；同时主馆体形的局部如基座、石阙等借鉴了汉代的石阙和埃及的阙门。展馆的半圆筒体、墓室的覆斗形结构以及金字塔结构，这一切都在多种手法的组合中完成，传达着丰富的古今中外的文化气息。西汉南越王墓博物馆的多义拼贴、岭南画派纪念馆的新艺术造型、红线女艺术馆等表现出跨艺术文化领域自由表达的倾向。

清华大学吴焕加先生用"广谱多样的建筑形式"来描述20世纪末期的建筑多元发展现象。西方发达国家经两度"美好时期"富裕起来，而且眼光放开，所以市场上的东西空前多样。"在这样的社会里，建筑不能'不这样就那样'。文丘里高呼 both—and，大反 either—or，反映了社会要求。建筑要满足各色人等的喜好、需要、水平、条件。西方社会的建筑业和我们大不一样，叫做市场经济，而且是买方市场。不说房地产商人，建筑师也要肯于并且能够设计各式各样的建筑，货色要多，型号要全。”

他还谈到：“前年在匹兹堡，路过文丘里设计的一幢小住宅。房主人说他事前找文丘里、格雷夫斯还有迈耶面试过，让他们各人谈各自的灵感，最后他聘定文丘里给他设计。而他的一位邻居则雇请迈耶设计。周围的其他住宅多是老派。‘穿衣戴帽，各有所好’。自己选择好了。”[26] 他称为“广谱多样的建筑形式”的现象实际上正与本书前文建构的三种跨文化传播范式的观点接近（图 8－23）。

图 8－23　拉斯维加斯街景

8.5　跨文化建筑设计模式

基于上文讨论的跨文化思维，跨文化建筑设计模式是一种多元文化元素传承逻辑下的设计倾向，我们大致可以归纳为以下几种模式。

8.5.1　“化合”模式

信息交流的发达，使任何一种为人们认同的形式在短时间内可以被模仿，模仿在人类建筑的历史中是不可回避的问题，如果没有模仿，类型学就失去了其理论基础；同样，没有模仿也不可能形成一个城市较为和谐和统一的风貌。以前时代的交流是限定在一定的范围内的，因此形成了一定区域的特点，但是现在的人们的模仿则可以完全没有界限，异国情调不时地冲击着人们的审美经验。但是，从一个更为广阔和深远的角度来看，文化是积淀形成的，随着技术的进步和材料的发展，人类创造形式的手段也日益丰富，可能选择的范围也越来越大。而如此多样化的形式走向某一风格或风貌的回归需要时间。时间将消解人们对简单模仿的热情，而各自在多种手段中选择、融合和再创造，逐渐形成新的有特点的风貌。[27] 未来的信息社会可以容纳多种多样的文化形态，这些文化相互融合必将产生多种多样更细小的文化层面，这些层面将超越种族、国家、民族的界限。当然，未来的文化不是各民族文化简单混杂的大拼盘，似乎用多种文化的“化合”来形容更加合适。

所谓化合模式，就是将不同的文化和建筑元素融合到一个整体，但保留母体的痕迹可以识别。如 J·斯特林的斯图加特新美术馆，还有中国“华冠西服”的近代建筑等都是融合得比较平衡的。另外，建筑理论家亚历山大 1981 年受业主之邀来到日本，1985 年和 1987 年分两期设计完成了盈进学园东野高校，该建筑被当今使用的人们称为“美丽的村庄”。其设计的出发点可以看做是自然主义的回归，亚历山大想再现的是自然的、古老的建筑生产过程。因为在他的考察中，通过这一过程建造的建筑是美的。在亚历山大看来，这一过程的再现依赖于通过使用他所建立的模式语言理论来实现。盈进学园的建设便是从使用者参与共同制定模式语言开始的。采用的是传统的手工方式和日本传统的木制建材，其体育馆建成时，成为日本最大的木结构建筑。有人批评这群建筑带着浓厚的异国情调、欧洲风情。吴耀东先生调研认为：建筑表现中的双坡屋顶、黑瓦来自日本战前拟洋风式的木造校舍，这正是学校教职员要求的反映，况且现代日本建筑又有多少没有异国风情呢？亚历山大想带给高度工业化日本的是有关建筑现存生产方式的一种严肃思索，但被随后而来的泡沫经济大潮吹得一干二净。[28]这种融合是以西洋文化为显性，日本文化为隐性的。化合模式的最终形态取决于不同文化的互动和设计的取舍，会显示出多元文化的不均衡表达（图 8－24）。

图 8－24　德国 Wurzburg 博物馆

8.5.2　对比并置模式

对比并置与“拼贴”有点类似，柯林·罗指出：这意味着拼贴方法，作为实体被引入或隔离于它们肌理的一种方法，（在今天）是对付乌托邦和传统的最根本问题的唯一方法，而且介入社会拼贴的建筑实体的根源无须得出重大成果。它与口味和信仰有关。实体可以是贵族式的，它们也可以是“世俗化的”、学术的或大众的。[29]对比并置的设计甚至将不同文化元素相邻设置，不发生相互作用，追求差异对比的效果，不同风格的对峙，不同材料的对峙。这种手法在文丘里和矶崎新等的作品中时有表现，在美国移民集中的加州西海岸建筑师中也有表达（图 8－25、图 8－26）。

图 8－25　加州某住宅

图 8－26　Mourmmans 住宅

8.5.3 衍生变异模式

图 8－27 迪斯尼天鹅宾馆

在设计中将各种母体文化符号夸张、变异、发挥想象重新描绘。矶崎新的早期作品如水户艺术馆、乡村俱乐部等，格雷夫斯的系列作品如迪斯尼天鹅宾馆（图 8－27）和海豚宾馆。

8.6 跨文化建筑设计实践评价

在文学理论中，巴赫金将理解活动分为解释和理解，一是理解别人意味着证明他和我的相似；二是理解别人意味着了解并尊重他和我的差异。[30] 第一种理解称为“求同性理解”，第二种理解强调理解者和理解对象的差异，可将其称为“求异性理解”。而在中国，我们在理论上有“人同此心，天同此理”，“万物皆备于我”，“天下一家”；在实践上有“趋同”、“从众”。所以，具备“差异意识”是我们走向理解的第一步，也是走向对话的第一步。求异性理解中，理解者和被理解对象都具备外位性立场，才能保持差异性，被理解对象才有了主体或“他者”的地位；有了理解者和被理解对象两个主体、两个意识，才能有巴赫金意义上的理解，对话才有了最起码的条件。[31]

长期以来在建筑跨文化传播方面，我国长期处于被输入的弱势状态，失去话语权，这也和我们过于习惯“求同性理解”，总是简单模仿和追随国外建筑形式和学术话语有关。所以，跨文化建筑思维要提倡“求异性理解”，在交流中保持独立思考和超越的创造，强调差异的个性发展。许多成功的著名建筑师就是“求异性理解”的典范。

8.6.1 跨文化设计思维的层次

跨文化设计思维具有不同的层次，即：图像—空间—场所—思想，这是逐步推进的层次。总的来说，可分为表层次的形式思维和深层次的哲学思维。

早期许多跨文化设计都是在图像层次上操作，现在更多是在空间场所的层面进行操作。而深入到思想层面上有意识的跨文化思考比较少。形式的思维比较常见，这里举个德国 GMP 设计公司设计的上海西门子公司总部大楼项目，设计方介绍总平面的布局受到周边石库门民居总体肌理的启发，布置成楼群，但由于单体均在七层以上，楼距统一为 9m，楼群间室外空间尺度比例完全不同于石库门街区。其次，建筑立面是玻璃盒子式的，根本联想不到民居。所以灵感只落实到总平面形式符号（图 8－28）。

图 8－28　GMP 设计的西门子上海中心

图 8－29　京都火车站

日本另一位著名建筑师原广司在 20 世纪 70 年代，当现代建筑的面貌发生巨大转变的时候，他的主要精力倾心在世界聚落的研究调查上，在他看来，都市化、国际化、现代化的世界构图，忽视了现代化以外的僻地生活的存在。“我们不是怀着乡愁去谈论聚落，而是面向未来对聚落进行新的解释，对聚落如何解释在今天才是有意义的，这是我们聚落研究的重要课题”。“对聚落进行调查，‘地域性’和‘传统’总会浮现出来，但基于‘地域性’、‘传统’等民族主义的视点对聚落进行解释，总是招致大错特错，这是我们聚落调查的一点结论。对世界的聚落，只有从文化国际主义的视点出发来进行解释才是唯一正确的。”这种超越地域、民族的国际主义的立足点本身就是与密斯的追求共通的。这种追求直接反映在原广司 20 世纪 80 年代盛期的建筑作品中，他的作品可以解释为这样的图式：“聚落＋密斯的均质空间＝原广司的建筑”，也就是说，原广司把世界聚落调查得来的建筑原则经过密斯的均质空间的加工，便得到了自己的建筑。[32]原广司的设计思想层面是跨文化的，手法上主要是图像层面的表现（图 8－29）。

安藤忠雄也说过：“我认为日本的建筑美学思想与西洋的建筑美学思想有着很大的不同。我设计的所有建筑几乎都是用清水混凝土建造的，以几何形体作为基本构成要素，也就是说，是按照西洋的合理主义精神建造的建筑。但不可思议的是，在外国人眼里却被认为是日本式的东西。我并不认为自己设计的建筑是日本式的，这使我感到很意外。或许作为精神食粮，日本人的包括触觉的材料感、尺度感等，在不知不觉中变成了我们自身的身体感觉。在思考建筑的地域性问题上，这是一个很有趣的现象。"[33]这是空间和场所层面的跨文化设计思维表现（图 8－30）。深层次跨文化设计思维就是建筑哲学的层面，例如黑川纪章提出的基于“共生思想”的作品是广岛市现代美术馆（1989 年）（图 8－31）。

图 8－30　Komyo-ji 庙扩建

图 8－31　广岛现代美术纪念馆

跨文化建筑设计思维的四个层次：图像—空间—场所—思想，既相对独立具有层次性，有时又是设计思维的若干层面，有时融汇于一体。

8.6.2　跨文化设计的评价标准

近些年来，中国的建筑创作比先前繁荣多了。除了资金较以前丰裕一些，选料、施工、设备较前优良一点外，政治和社会心理的变化实在起了很大的作用。过去，经过多次批判运动，建筑设计人员对“洋、贵、飞”避之唯恐不及，现在，紧箍咒没有了，上上下下对新的、洋的东西不再害怕，有的还趋之若鹜。今天，建筑形式五花八门，复古、欧陆、现代、新理性、后现代、前卫、解构……都能参考、都能吸收、都有模仿。

我们认为，虽然跨文化设计可以比较灵活自由，但必须建立适应性、科学性、先进性三个标准来衡量和评价设计。适应性就是指不同建筑文化元素在组合或选择时要对本地域有适应性和可行性；科学性就是指新的设计成果要符合建筑与城市科学的基本原理；先进性就是指跨文化设计的目标与定位是具有改善环境、促进社会进步的价值效应的。

8.6.3　“一城九镇”跨文化设计实践评价

这里我们将以具有跨文化操作背景的上海“一城九镇”为典型案例来展开讨论。“一城九镇”来自 2000 年上海市政府六大课题之一的“郊区城镇化发展战略”。《关于上海市促进城镇发展试点意见》（沪府发［2001］1 号）中确定：“十五”期间，根据上海市促进城镇发展的总体要求，将要实施重点突破、有序推进的城镇发展方针，努力构筑特大型国际经济中心城市的城镇体系。上海市政府决定重点发展“一城九镇”。“一城九镇”建设引入国际的设计团队进行规划设计，一方面要提高城镇规划的起点与水准，另一方面要引入异国城镇风情。对“一城九镇”的争议，主要集中在“引进国内外不同城市和地区的建筑风格”这点上，有两种不同的声音，笔者试着从跨文化设计思维角度来探讨相关问题。

1. 为何要外国人来操刀

这些年我们在高速工业化、城市化的同时也在付出巨大的代价，急于探索出路。那么，在重大规划设计决策中建立国际性平台是符合国际惯例的，目的是使决策具有国际水准。另外，当前欧美国家实践的新城市主义，建造具有城镇生活氛围的社区，以取代大型城市和超大型城市的郊区无序蔓延模式，对我们有着重要的借鉴意义。欧美国家近年已积累了很多郊区建设的成功经验，这次通过国际招标获得各镇规划权的境外公司都是由城镇设计方面的著名专家领衔的，如安亭新镇的总规划师阿尔伯特·施拜尔教授是德国规划名家；罗店新镇的总规划师瑞典乌尔夫教授是博士生导师，长期从事“可持续发展的城市”研究；浦江新镇的总规划师意大利建筑名家格里高蒂是享有国际声誉的设计大师。开放的中国需要国际水准的设计推动。

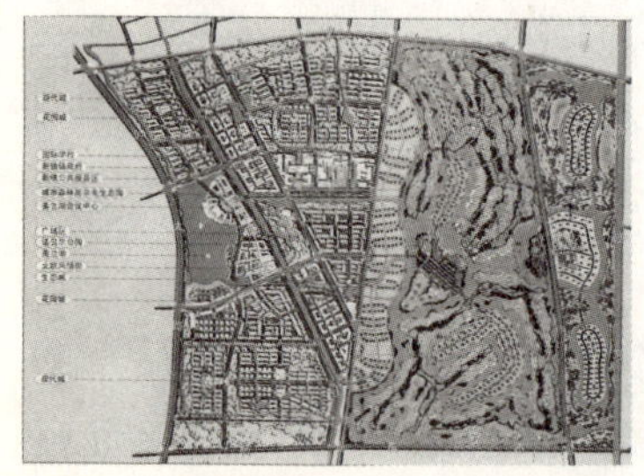

图 8-32　罗店新镇总平面

在国内外专业团队的合作过程中，大家互相交流，境外设计师适应中国国情，双方为了共同目标而工作，在文化传播中互相促进，建筑艺术和技术集成的同时，解读实践“新城镇主义”，并将之置身于每一个细节当中。其全新的建设理念开拓了城镇发展建设的新方向——这是先进性和科学性的体现。

2. 为何要有异国主题

有人对于试点新城镇都采用以德国、意大利、英国等世界各国风情为主表示不理解。认为既然是城镇，而且是居民生活小区，那就是民居建筑，便应该与市中心外滩的公共建筑有所分别，应该更加注重加强其亲和性，应该注意民居的民族文化内涵。因此提出疑问说，设计理念是否存在问题？何以都以其他国家的风格占主导（图 8-32）？

图 8-33　罗店新镇街景

笔者认为人类历史是文化之河，殊途同归。不妨把全世界的文化财富作为源泉，跨文化的背景应该用来提升思考的高度，加深对问题本质的认识。这就要求在文化交流与考察中有平等地位、平常心态。有必要批判狭隘的乡土主义和简单化的怀旧情绪。乡土的怀旧被认为是一种对大众文化精神过期的回归。批判地域主义提倡一种辩证的表达，它自然地对抗全球化的侵略，同时将本地文化与外来范例交杂（图 8-33）。

在全球化背景下，建筑设计活动应从更宽广的背景中定位，异国风格的传播与影响可从形式的、文化的、社会的三个层面观察。形式风格的全球性传播是必然的，是其时尚性特征。因为建筑具有消费性特征，而创作者也需要采风，风土结合：在丹麦首都哥本哈根火车站门口的游乐场里也有中国园林；近年，苏州园林也已在美国、加拿大、澳大利亚等多个国家落户，各国建筑在相互交流中成为彼此的风景。美国的城镇和住区的开发常常以欧洲各国优美的历史小城为范本形成新的人性化环境特色（图8－34）。

图8－34　松江泰晤士小镇

另外，异国建筑可以作为一种风景，作为旅游资源发展郊区经济。同时，对于郊区的人们而言，熟视无睹的是粗糙的建筑和杂乱的环境，当一个整体规划设计和建设的优美的新镇环境及高品质的建筑出现时，是那么新鲜、陌生。而陌生、新鲜是构成风景欣赏的心理基础；新镇建筑环境品质与临近老镇环境更有天壤之别，形成鲜明对比，形成旅游吸引力——这就是适应性之一。

诚如一位姓夏的上海市政协委员所说，目前中国还没有现代的上海风格和江南风格，不能强求，而已经启动建设的这几个试点城镇，切实贯穿了新兴的科技、独到的生态观念、全面细致的人文关怀这三条，并不是简单照搬德国、意大利、英国或者西班牙等风格，而是在其中体现了现代的观念，加入了许多属于本地的理解。这些新兴城镇的建设，背后都有一套厚实的产业支撑，走的是可持续发展道路，外国设计师对媒体热炒异国风格表示了不同的看法，在他们的设计理念中，新镇是以中国人的生活习惯为前提，并且以上海的地域特点为基准设计的国际化社区[34]——这就是适应性之二。

建筑与城镇总要有个性形象。近20年的小城镇发展虽取得了一定成果，但明显带有工业经济的影响，城镇风格也徘徊在复古仿古与粗糙的城市流行建筑翻版之间，城镇环境形象与品质难以提高。事实上新镇建筑风格不是作为标签，而是建筑文化展示。不是回顾过去，而是面对现在和未来。房产市场上各种住宅项目也以环境主题景观及文化特色，打造品牌，广受欢迎。因为我们正是在全球化的背景中创造今天的民居和居住环境。

新镇建设对于本土化与国际化问题作出了有益的探讨，中西方城镇发展的交汇与对话是建立在全球化背景下的当代性。何为当代性？在现代主义之后发展的某个横断面上，各国所处阶段所面临的问题与对策会有关联与共性。20世纪初以来，发源于欧洲的现代主义运动以及后来的各种思潮随工业经济的全球发展演变成各国共同的经历，发源于20世纪90年代后期的美国的新城市主义运动也很快在各国被接受和实践。发达国家经历了郊区发展的得失，也在调整策略；我国正面临郊区的无序发展，寻找对策。因此，

图 8－36　刘晓平作品：上海安亭汽车城大厦

境外设计师在上海进行当代的规划设计，从根本上讲，是与时俱进的创造活动。而这种种跨国界的设计传播都促使当地观念更新并促进了传统的发展，也伴随着当地与外来者的交互影响。

当然，“一城九镇”在城镇风格上旗帜鲜明地拷贝外国情境，这种做法只适合在个别地区个案实施，在上海郊区未尝不可采用，但并不能推而广之。更多的跨文化设计应当是立足当代、面向未来的创造。

8.6.4　“山水新镇”等实践作品案例

笔者在苏南某城镇规划中，尝试了立足当代的跨文化设计思维，在规划中也反映了改善水体生态环境，重视步行空间品质和城镇空间节点塑造等科学性、先进性的理念。这个方案在探讨了建筑与水的多元的空间逻辑的同时，我们还立足现代需要，尝试以跨文化设计思维去表现传统与现代的共生性和本土文化与外来文化的融合性。设计通过当代与传统元素的并用，汇集东西方色彩的亲水场所，通过化合模式、对比并置模式和衍生变异模式等多方处理，塑造亮丽的城镇新界面和充满生机与活力的当代生活场所，力图在对话和共存中实现故乡性的再造（图 8－35、图 8－36）。

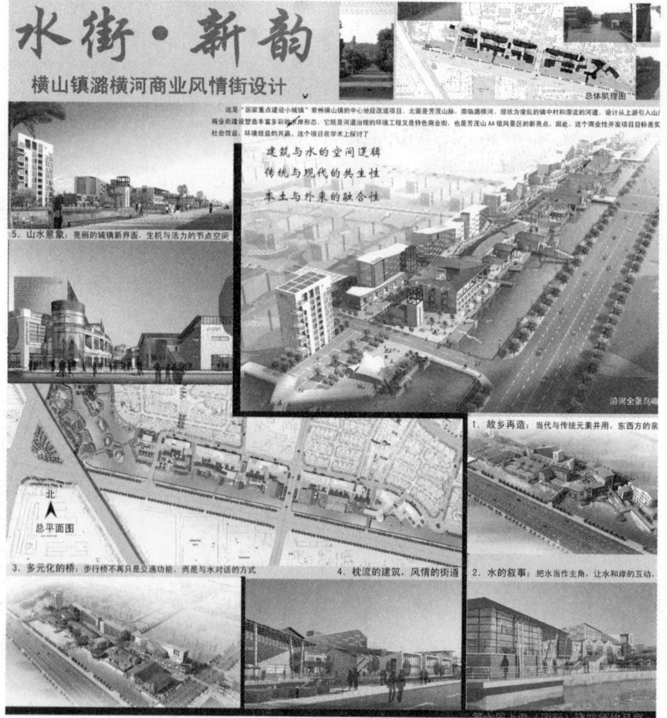

图 8－35　刘晓平作品：苏南某镇中心改造方案图

笔者的另两个近作也可以说明跨文化设计思维在建筑创作中的运用。宝山国际民间艺术中心从民间艺术典型的“中国结”转化成与公园环境契合的艺术馆建筑（图 8－37）；上海邮轮港大楼则从中国的灯笼与江边灯火入手，创造与建筑功能相吻合的具有独特文化意蕴的地标建筑（图 8－38）。

跨文化的设计制造了形式的陌生性、新鲜感；也是生活模式的差异性表达和文化环境主题的差异性理解，既能满足人们多元的消费性需求，也可能产生真正的创新。

图 8－37　刘晓平作品：宝山民间艺术中心

图 8－38　刘晓平作品：上海油轮港大楼

8.7　本章小结

如果把传统当做客体来对待，也即把建筑看成独立于社会体系之外的客体生命系统，似乎新的建筑形式的产生不可能脱离历史上产生的建筑形式而存在，只能存在于原先的类型之中。那么就严重束缚了认识的主体性和创造的主体性。作为人类生活场所的沿革，建筑传统的本质属性是人的存在性，这是第一性的。任何营造活动都是人类与环境适应的过程，是人与自然共生的结果。建筑传统的另一个层面就是时空性的文化生活孕育出的形式片段，这是传统的表层物质系统，这是第二性的，可作为经验性。建筑的发展离不开人对当下生活语境的认识及创造，不是孤立的客体存在，这就是传统的主体性。

本章从文化的传承与杂交性开篇，进而建构跨文化建筑思维，并探讨了跨文化建筑思维的人文逻辑，回顾了著名建筑师的跨文化建筑思维。在这种理论铺垫的基础上归纳了跨文化建筑设计模式。最终结合实践案例进行跨文化建筑设计评价。本章主要从方法论应用方面建构跨文化建筑思维和设计模式，这是本课题研究的重要组成部分，需要指出的是跨文化建筑设计思维模式只是众多设计模式中的一类，由于这些观点属于探索性理论建构，所以内容还有待检验改进。

本章注释

[1] 钟华楠，张钦楠．全球化·可持续发展·跨文化建筑［M］．北京：中国建筑工业出版社，2007：171.

[2] 约翰·汤姆林森．全球化与文化［M］．郭剑英译．南京：南京大学出版社，2002：208.

[3] 约翰·汤姆林森．全球化与文化［M］．郭剑英译．南京：南京大学出版社，2002：210.

[4] 邹诗鹏，乔治·麦克林．全球化与存在论差异［M］．武汉：湖北人民出版社，2006：131－135.

[5] 吴焕加．论现代西方建筑［M］．北京：中国建筑工业出版社，1997：177.

[6] 吴焕加．论现代西方建筑［M］．北京：中国建筑工业出版社，1997：186.

[7] 吴焕加．论现代西方建筑［M］．北京：中国建筑工业出版社，1997：184.

[8] 张钦楠．对建筑文化趋向的几点认识［J］．建筑师，1997(2)：16.

[9] 吴焕加．论现代西方建筑［M］．北京：中国建筑工业出版社，1997：197.

[10] 曾坚，邹德侬．传统观念和文化趋同的对策——中国现代建筑家研究之二［J］．建筑师，1998（8）：50.

[11] 曾坚，邹德侬．传统观念和文化趋同的对策——中国现代建筑家研究之二［J］．建筑师，1998（8）：50.

[12] 刘丛红．现代建筑之前和现代建筑之后［J］．建筑师，1998(8)：48.

[13] 柯林·罗，弗瑞德·科特．拼贴城市［M］．童明译，李德华校．北京：中国建筑工业出版社，2003：172.

[14] 吴焕加．论现代西方建筑［M］．北京：中国建筑工业出版社，1997：196.

[15] 吴耀东．日本现代建筑［M］．天津：天津科学技术出版社，1997：173.

[16] 安东尼·C·安东尼亚德斯．建筑诗学——设计理论［M］．周玉鹏，张鹏，刘耀辉译．北京：中国建筑工业出版社，2006：43.

[17] 刘丛红．现代建筑之前和现代建筑之后［J］．建筑师，1998

(8)：48.
[18] 朱文一．空间·符号·城市——一种城市设计理论［M］．北京：中国建筑工业出版社，1993：67.
[19] 吴焕加．论现代西方建筑［M］．北京：中国建筑工业出版社，1997：179.
[20] 吴焕加．论现代西方建筑［M］．北京：中国建筑工业出版社，1997：177.
[21] 吴焕加．论现代西方建筑［M］．北京：中国建筑工业出版社，1997：178.
[22] 吴耀东．日本现代建筑［M］．天津：天津科学技术出版社，1997：136－145.
[23] 项秉仁．国外著名建筑师丛书——赖特［M］．北京：中国建筑工业出版社，1992：201.
[24] 项秉仁．国外著名建筑师丛书——赖特［M］．北京：中国建筑工业出版社，1992：204.
[25] 李大夏．国外著名建筑师丛书——路易斯·康［M］．北京：中国建筑工业出版社，1993：12.
[26] 吴焕加．论现代西方建筑［M］．北京：中国建筑工业出版社，1997：174.
[27] 方晓风，卜大艽．全球化和地区性［J］．建筑师，2002(10)：49.
[28] 吴耀东．日本现代建筑［M］．天津：天津科学技术出版社，1997：222－224.
[29] 柯林·罗，弗瑞德·科特．拼贴城市［M］．童明译，李德华校．北京：中国建筑工业出版社，2003：144
[30] 罗贻荣．走向对话：文学·自我·传播［M］．北京：中国社会科学出版社，2006：44.
[31] 罗贻荣．走向对话：文学·自我·传播［M］．北京：中国社会科学出版社，2006：45.
[32] 吴耀东．日本现代建筑［M］．天津：天津科学技术出版社，1997：161.
[33] 安藤忠雄．安藤忠雄论建筑［M］．白林译．北京：中国建筑工业出版社，2003：18.
[34] 中国经济时报：上海要做世界顶级乐园［OL］．新华网，2003－06.

附录D　理解文化感受

——卢斯·鲍密斯特对戴维·齐普菲尔德的访谈*

刘晓平　译

内容提要

这是一篇由卢斯·鲍密斯特①在伦敦对英国著名建筑师戴维·齐普菲尔德②的访谈，访谈主要涉及关于国际化实践、英国本土状况、技术和建筑、对外国文化的理解。这篇访谈收录在桑·里和卢斯·鲍密斯特编著的《建筑学中的本土与外来问题》一书中。该书探讨多元文化碰撞怎样不可避免地改变传统的范畴、标准和建筑规范。例如民族个性（其经济的和政治的代表）及其与外来文化之间的妥协。本书通过杰出学者的理论思考和对一些当代实践领域最有影响的建筑师的采访，还有职业摄影师的震撼人心的图像表现，为读者解剖了当代建筑学重要的层面。

1. 关于国际化实践

卢斯·鲍密斯特：20多年来您已经在日本、中国以及美洲、欧洲的国家进行过项目设计，您的工作被世界建筑界高度评价，这使您成为建筑师中全球化的角色。您是怎样获得项目委托的呢?

戴维·齐普菲尔德：几乎无一例外的是通过竞赛，要么是设计竞赛或有时是参加面谈环节后得到的。

卢斯·鲍密斯特：您们怎样来组织运作那些远离母公司所在地的项目的？您们设立分公司吗?

戴维·齐普菲尔德：我们有两个事务所，一个在伦敦，一个在柏林，我们在这两处既做设计又做制作。美洲、西

---

① Ruth Baumeister：在慕尼黑技术大学学习建筑学，在瑞士苏黎世高工（ZTH）学习建筑历史和理论。现在荷兰代尔夫特技术大学做研究员，同时在Eindhoven技术大学授课。她的研究主题为（建筑学的）国际化机遇和丹麦画家Asger Jorn的思想。

② David chipperfield，学习于伦敦金斯顿艺术学校和AA学院，毕业后曾在道格拉斯·斯蒂芬事务所、理查德·罗杰斯和诺尔曼·福斯特事务所工作过。他赢得了40多个国内外竞赛，获得2007年的英国皇家建筑师学会斯特林奖。他获得了一系列奖项：如1993年的安德罗·帕拉第奥奖，1999年的亨里奇·特思奈金奖，2004年的不列颠王国勋章，2007年成为美国建筑师协会荣誉会员、德国建筑师协会荣誉会员、2008年选为皇家科学院院士和金斯顿大学荣誉博士。

班牙或意大利的项目都是在伦敦的公司完成的。其他的项目，通过我们在世界各地设有的联络处落实。例外的是在上海，我们不设立自己的公司，我们都是和当地的一家公司合作完成。

卢斯·鲍密斯特：当地的设计公司在您们的设计过程中是否会对您们有某种影响？

戴维·齐普菲尔德：我们会把他们结合在设计进程中，使我们从他们提供的信息中受益。我们也尽早地开始联络（让他们早点介入）。有时这些合作能促成长期的合作关系。当然，在领导权方面得明确是我们在领导着项目的各个阶段。但我们与当地设计公司经常开工作会。第一，他们有非常好的技能，其次，我们也依靠他们对当地情况的熟悉。但不止于此，他们常常对设计本身有重要贡献。不经意中我们发现我们确实得到了更个人的支持和合作，因此我们通过合作完成的项目中有90%是非常成功的。

卢斯·鲍密斯特：您们是怎样找到那些“合作者”的呢？

戴维·齐普菲尔德：情况各不相同。有些是我们已经认识他们，有时是有人推荐他们来的，有时我们还得边做边找。一般来说，他们都能成为我们很亲近的朋友，如我们在那不勒斯、米兰、巴塞罗那和美洲的联络人。因为我们有赖于他们为我们奋斗。

卢斯·鲍密斯特：您们公司有来自多个国家的员工在一起工作，这对您们建筑创作会有某种影响吗？

戴维·齐普菲尔德：有影响。我知道我们伦敦公司有来自22个国家的同事，那里外国同事占了大多数。50人中只有4人是英国人。我认为这确实影响了我们的建筑创作方式。我们努力成为开放的团队，我们在世界不同的场所进行工作。一直以来我们避免了只在英国工作。我们唯独没有受到（英国）工作环境的影响，那种如果我们在英国的任何地方不得不面对的工作环境。某种程度上我们更难在英国获得项目。

卢斯·鲍密斯特：您们是想要发展为国际性事务所，而不只是熟悉英国的业务运作吗？

戴维·齐普菲尔德：我想部分原因是我们的外国设计经历没能增加我们在英国的资历。所以，当英国的业主寻找具有相当数量工程经验的建筑师时，即使我们正在承担柏林的博物馆岛和巴塞罗那欧洲最大的公建项目，他们仍会说我们还不够资格，这也是有关英国国情的一件事，某种程度上我们对此有点不耐烦了。

2. 本土状况和参照者

卢斯·鲍密斯特：您认为什么确实是英国的国情？

戴维·齐普菲尔德：一般而言英国是非常商业化的，没有多少公共项目。和非常美国的状况类似，英国基本上非常强调项目管理。但美国一方面有建筑师很难对付的非常商业化的导向，另一方面美国有大量的私人资金投向博物馆和大学建筑，这为建筑师提供了非常好的创造性机遇。在英国，我们没有同样的好事。对我们来说在英国获得项目是那么的不容易。

卢斯·鲍密斯特：既然如此，您为什么仍保持在英国执业呢？

戴维·齐普菲尔德：因为我生活在这里，还有希斯罗机场是最好的机场之一。我没有必要住在业务所在地。

卢斯·鲍密斯特：当您开始一个项目，您会用某种设计手段开始工作吗？您是否认为有些设计条件特别重要？

戴维·齐普菲尔德：我们用分析的方式进入项目，既有流程计划又有关联分析，就像大多数建筑师会采用的一样。可能因为我们曾经在许多不同文化的地方工作过，所以我们常常在项目之间作比较。如果我们在马德里建造，那些能拥有的条件，在柏林会不能得到？我们在阿拉斯加拥有的机遇，在伦敦会不能得到？我们在阿拉斯加必须面对的议程在其他地方不必面对。我曾想，一个旅行者常常比常住在那里的人们更有热情去理解这个城市。

卢斯·鲍密斯特：您试过去定义（设计的）基本原则或标准吗？

戴维·齐普菲尔德：必须归纳，高度归纳，有时它是冒险的，但另一个路径上可能是正面的，因此这是一个关键。另一件事是我努为每个项目确定一个目标。我不会特意以功能性来作为决定性策略，这只是建筑师必须解决的事。就像您写东西，您要会拼写。我们设计房屋就必须使之能运营。因此，建筑是功能的说法是不够的，因为那只是整个过程中的技术层面。但我认为重要的是确定某种针对性。在每个项目中，我们努力理解这个针对性应当是什么；在建筑所处地点和文化性方面，在人们如何使用该建筑等方面的关键议题。我们非常关注人们对特定事物已有的成见。

因此，当我们设计一个博物馆，针对性就是我们关于博物馆应该是什么的想法。当我们设计一座建筑，我们应该努力探索应该在其中发生怎样的生活。对我而言，那是比思考建筑应该是什么形象重要得多。在开始时，我们不是从固有的概念如特定的材料出发，我们考虑业主及其喜好，确保建筑满足业主的需求。我们反对从选择材料或形式出发的设计过程。我们在进行到较后期时才进行形式语言表现方面的工作。

卢斯·鲍密斯特：您提到文脉是您设计时主要的决定性的因素，值得庆幸的是，您的作品表明您是对文脉进行创造性的表达，推导出一些新的表现，而不只是追随。您是否认为设计过程是与既存环境对话的过程？同时您在这一过程中也努力建立自己的立场。

戴维·齐普菲尔德：是的，我希望如此。并且，这取决于对事物形成的观点并确定我所重视的东西。我认为人们必须对事物作价值判断。我还从未真正从路易斯·康（关于探索建筑项目自身想要成为什么）的宣言中回过神来，我仍然认为那是非常有意思的设计起点。当然，当我们完成的建筑项目越多，获得的经验越多时，我们显然会带入更多的偏好和先入之见到新项目中（图 D-1）。

（a）良渚博物馆入口

（b）良渚博物馆天井

（c）良渚博物馆边廊

图 D-1　良渚博物馆（戴维作品）

卢斯·鲍密斯特：您提到了路易斯·康作为您的参照点之一。您还受到其他建筑师或学派影响过吗？建筑史上是否有人对您的理解、观察和构思建筑有影响？

戴维·齐普菲尔德：因为没有足够的时间，所以我不是那种着迷于欣赏别人作品的人，但也喜欢看他人的项目了解他们怎样工作。在学校时伟大的现代建筑大师如勒·柯布西耶、阿尔瓦·阿尔托、Asplund、路易斯·康影响过我。在我早期实践过的地方，特别是20世纪80年代的英国，流行的基本上要么是后现代主义，要么是高技派风格。当时我非常景仰莫耐欧、西扎和史纳兹，这些在我早期的职业岁月中是十分重要的。因此，他们的见解代表了在那个时期英国真正的更新和优化。许多当代建筑著名人士更接近我这一代，如库哈斯、赫尔佐格、Diener 和 de Mora，他们完成的作品品质之高打动了我。世界上到处有优秀的建筑师。一般地说，我对其他建筑师的作品是相当乐见其成的，我没有对与我工作方式很不同的同行有意识上的反感。

卢斯·鲍密斯特：您提到了几个经典的现代主义大师和当代建筑师是您日常实践的参照。您是否也与其他世纪建筑有联系。

戴维·齐普菲尔德：我们和所有现代建筑师一样，被各个时期的建筑物打动，我不认为我们对建筑的美和力量有免疫力。因此，我们确实从一些建筑和场所中找到了极大的灵感启迪。在英国，我自然认为我们是非常幸运地拥有像 Wren 那样的人物，在我看来，Hawksmoor 可能甚至更重要。

3. 技术和建筑

卢斯・鲍密斯特：在您接受建筑教育时起，建筑生产技术的关键性革新已经发生。计算机和新工具的引入如CAD和Photoshop是否影响到您的工作和创作建筑的方式。

戴维・齐普菲尔德：对我们而言，这个进程显然是十分重要的。我总是非常担心计算机模拟的影响，一定程度上，现在出现了图像替代思维的倾向。这是非常危险的倾向，但又很难抗拒。现在的业主很早就想看到建筑会是什么样子，他们可能在我们还没作决定之前要找到感觉。在设计公司内部团队间也有很大的危险，设计者会认为有了造型就不必有概念了。这是危险的想法，因为现在制作的效果图像看起来很可信，也多少能给项目实现的可能性。在过去还没有这些电脑技术的时代，可行性只能通过不断检查和讨论描绘来获得，那是更加严肃的气氛。而相反，拼贴图像会产生较不严谨的气氛，因为每个人都会说"好，这看起来不错"。到后来我们就认识到这项目没有发展任何概念。

卢斯・鲍密斯特：您能对抗这种倾向吗?

戴维・齐普菲尔德：我们努力去做。作为一种方式，我们拒绝越来越多制作效果图的要求，我们总是用大量实体模型，因为我对虚拟图像不相信或不感兴趣。

卢斯・鲍密斯特：这提出了一个重要的话题。建筑师习惯于图纸和模型语言，而甲方不一定能理解。因此通过使用计算机技术，为便于甲方理解您可以像电视广告一样表现一个项目。

戴维・齐普菲尔德：如果只是作为与甲方沟通的途径，只是一个工具，那么我并不以为它有多么危险，只要知道为什么使用它。更可怕的是当甲方是一群人集体行动时，选择设计的过程就变成了选美比赛。那种状况下，最炫的形象造型总是能赢，不必是最有想法的方案。

卢斯・鲍密斯特：计算机技术和现代通信手段使我们可以处于任何时间、任何地点，在建筑界特别地导致了关于全球化和地方性的无休止的讨论。我想将这个问题直接地聚焦于建筑生产过程。作为有全球设计工作经历的人，您在施工和材料的选择时，多大程度上基于当地市场和当地传统?

戴维・齐普菲尔德：在任何地方（的施工和材料方面）我都考虑当地的文化特点、可能性和气候因素。现在有一种全球性技术的趋势。例如，如果我们正在设计办公楼项目，我们认识到那些在世界各地有业务的专门做外墙工程的公司。这种技术传播不可避免会导致同样的东西。有时基于文化的考虑，会拒绝这种潮流。这还与规范相关，德国规范与美国规范很不一样；在英国合适的在德国就不能实施。当然我们会习惯某些材料，我们知道在瑞士混凝土使用效果不错，在西班牙混凝土使用效果不好。

卢斯·鲍密斯特：这也决定您对材料和技术的选择吗？

戴维·齐普菲尔德：会。在美洲要得到高质量的混凝土更困难。总有各种因素推动给我们一个出路或另一种方向的决策。我们也克服了在特定地点、特定材料技术的局限。我们知道，在美洲也可以造混凝土房屋，在西班牙也可以做木结构房屋。地理位置并不规定我们的设计出发点。

卢斯·鲍密斯特：对您来说，什么是文化间的边界或门槛？

戴维·齐普菲尔德：作为一家工作在伦敦和柏林的公司，我们都对探索各种文化感兴趣。我们从不同文化中得到营养，多元文化赋予我们的优点和特质正在增长。文化差异对我来说不只是逃避不了的无奈，也是可以享受和欣赏的。

卢斯·鲍密斯特：有时您是否感到必须克服（文化差异)？

戴维·齐普菲尔德：一定是的，每个文化有它不同的状况，每个状况有它不同的问题。不管那是文化性的不同看法或专业性和程序性的差别。每个地方都有不同的条件，好的或坏的。我没有此地比那地更好的印象。当我和团队坐在柏林的办公室里时，他们说德国是糟糕的，因为这、因为那。在意大利、在美洲时，也会担心相应地方的不同的事。因此，我们应多欣赏好的方面而不是抱怨差的方面。上帝一定让我们得到公平合理的分配！

4. 理解外国的

卢斯·鲍密斯特：您的第一个项目不是在英国而在日本，您是怎么得到那里的委托的？

戴维·齐普菲尔德：我是去为日本时装设计师 Issey Myake 设计服装店时得到的，他喜欢伦敦，现居住在伦敦。当年他邀我去日本，我花了一年时间为他做了几个时装店，这份工作在专业上讲不是很有乐趣，坦白说是困难的。但作为文化经历很有意思。正巧遇上日本蓬勃的经济发展、那里的气候，还因为我在那里待久了也能够获得其他项目。

卢斯·鲍密斯特：为什么职业性的商业性设计不能打

动您?

戴维·齐普菲尔德：因为它们是小小的店铺，店铺的室内设计总有很多局限，尤其是百货公司内的店铺，建筑学上讲是没有意思的。工作主要是处理标牌和室内细节，不是我感兴趣的。我希望做能有更多建筑性发挥余地的店铺。

卢斯·鲍密斯特：因为您对日本文化的感知力，肯尼思·弗兰姆普敦曾经称您为日本建筑师。您认为民族性对您个人理解和设计时重要吗?

戴维·齐普菲尔德：有点怪的是我的第一个设计在日本，因此在职业上我没有建立基点（地盘），我更开放。如果我在英国完成了若干建筑项目然后被邀请到日本，也许我的设计会和之前在英国设计的有相似之处。相反，我不得不在日本设计第一个建筑，所以，说不清楚是英国建筑师在日本做英国建筑还是英国建筑师做日本建筑，或许是介于两者之间吧。另一点是，我总结英国人是乐于走向别处的，欣赏别处的人们，发现并吸收当地文化的。我认为英国成为大殖民帝国的原因不仅是由于国力，部分地还因为岛国心理和对其他文化的开放性。欧洲的历史曾经有法国、西班牙、德国各自确立了自己的民族性。在英格兰，我们对民族性更放松。岛国的条件有时让我们不必定义自己的属性。还有，所有总结是冒险的、不完全正确的。但我真的认为英国人更外向、更开放，这也是我的特性。

卢斯·鲍密斯特：当您回到欧洲设计时，您在日本的工作改变了您的创作方式吗?

戴维·齐普菲尔德：是的，肯定有的。特别是日本人关于空间的概念、室内外过渡的概念。那是非常日本的方式。我从那些经验中受益良多。

卢斯·鲍密斯特：当您在日本实践时，您体验到的文化环境真是与原来生活的英国相比是很外国的、很不同的吗？您试图在设计中转译过吗?

戴维·齐普菲尔德：这是完全外国的。我已去过日本不止 40 次，但我发现文化（理解）很困难。我热爱日本，真的喜欢那里，但仍发现理解一切是困难的，不只是语言方面，所有东西都是有很多不同的，我感兴趣的是大家能共同理解的东西，那对我是很重要的教益。当我们工作时，不太在意别人是德国人、英国人、日本人、中国人或爱斯基摩人的方式。大家都有一定的理解能力。处理的实际事务越多，尝试的事情越多，被动的文化困惑就越少。例如，大海是任何国家都欢迎的，光从窗户照进来不只是英国人的喜好。水上的波光也不是这里的人喜欢别处的人不喜欢的。所以，我寻求大家共同喜欢的。我最喜欢传统日本建筑的室内外连接处的做法，我也运用过。这也是安藤忠雄使用的手法，他也是我留意的人。他鉴别了那些传统的品性，并以某种方式在现代建筑中表达它们。

卢斯·鲍密斯特： 您是否感到在日本建筑界存在本土性传统？

戴维·齐普菲尔德： 是的，我确实能不断感受到别样的感觉的存在。例如，某人放一杯茶在您面前时，他会喝一小口。您发现他放下时很小心。我会意识到这是与西方人非常不同的方式。很多小事反映了文化差异。我喜欢的、从日本得到的启示是人们对普通事物的重视并提升它们(为礼仪)：如不只是在茶道表演仪式上，在咖啡店里对放杯茶也很重视。他们找到了让平常事变得很特别的方式。这对我来说是非常重要的教诲。

卢斯·鲍密斯特： 这体现了您对日常生活和其中习惯的仔细观察，您用这作为您的建筑设计工作的策源吗？

戴维·齐普菲尔德： 我认为无疑是对的。我认为所有的建筑设计是建立在对日常习俗的构架上的。建筑师的职责是创造好的构架。建筑设计工作使那些日常生活的活动和习俗变得更加有趣是可能的。

本书由美国教育部的改善继续教育基金和布鲁塞尔的欧洲议会所属的文化教育指导委员会的文化部2000年的基金资助。

---

* 翻译自桑·里，卢斯·鲍密斯特．本土与外来互动中的建筑学［M］．鹿特丹：010出版公司，2007：309－317. www. 010publishers. nl.

第 9 章　全球化时代的城市与建筑创新

全球化时代尤其需要欣赏。当人类以民族的方式面对整个世界时，显然有理由（也只能）以自身的文化传统及其宗教信仰作为整个世界观的样式，正是在这一境况下，每一个民族都形成了自身的自我认同。但是，在一个全球化时代，人类应对世界的生存样式是人类共同体的方式，而不只是民族的方式。在这种情况下，民族的生存必然要转变为人类性的生存，而人类性的生存也必须充分考虑和涵容民族性与多样性，每个民族的自我认同也需要向其他民族的自我认同开放。从民族的自我认同到人类的交互认同，的确经历了一段艰辛漫长、甚至于充满血泪的历史……对人类当代生存境遇体会越深，人们越是会发现，不同民族与文化传统对宇宙世界的存在论体认并不存在根本的冲突。本着学习与欣赏的态度，人们大体上都可以从其他文化传统的深处发现与自身文化传统相通的存在论关怀，不同的文化传统在存在论层面上“原则同格”，区别只在于生命体会的不同样式。也正是在这样一种情境中，我们才会产生对人类文化传统的惊奇与敬畏![1]

跨文化语境中的创新，不仅是指在不同建筑文化之间开放交流和融合创新，还指对当下各种非建筑文化的开放、吸纳、认知和表达；针对当代跨文化和全球化的现实世界，我们需要探索具有普遍意义的建筑方向。

9.1　全球化时代的建筑观

9.1.1　当代建筑学的全球化背景

后现代主义哲学家詹明信承认文化变迁已经步入轨道，但是他把文化变迁解释为“晚期资本主义的文化逻辑”。詹明信提出了资本主义的三期划分说，它最早来自于曼德尔：

(1) 市场资本主义，包括民族国家内的市场整合；

(2) 帝国资本主义或垄断资本主义，资本主义国家建立殖民地，以攫取原料供应者和国际市场；

(3) 跨国资本主义或消费资本主义，为资本主义扩张建立一个新的整合的全球空间，通过扩张个体的渴求欲来扩张市场。

与资本主义在全球范围内的爆炸式扩张相并行的，是从特定社会背景中挣脱出来的文化的全球扩张。后现代文化把人的心灵置于全球空间的中心，并且使个体从他们自身的情境现实中脱离出来。这种后现代文化具有以下三个特征：

(1) 它是“没有深度的”(就是说“所见即所得”)。文化产品的背后没有任何强度和情感，因为它们是从生产它们的人那里发散出来的。只是可消费的形象。

(2) 它是无历史、即时的。它并不涉及前人的苦难和斗争。人们既不是在依赖传统也不是在抵抗传统，而是把传统“打乱剪贴”，拼凑一处。

(3) 它是无时间的。它集中关注把文化意义的碎片在空间中组织起来。这些碎片的实践联系不是从外界表现的，而是必须通过个体行动者。[2]

詹明信的描述比较深刻地揭示了全球化时代的文化特征，这普遍地反映在电影、音乐和建筑作品及其思潮中。但建筑界的后现代主义主要表现在20世纪70和80年代西方一系列对现代主义理想的批评中，包括后现代历史主义者(Post-Modernhistoricists)，如罗伯特·斯特恩、查尔斯·詹克斯，以及对传统形式的自由引用、拼贴和变异。另一些流派有强调在特定地域创造的批判的地域主义者肯尼思·弗兰姆普敦，还有倾向于形式语言批评的解构主义者如彼得·埃森曼、伯纳德·屈米、马克·威格利等。尽管这些意识形态立场挑战或发展了现代主义，但他们都或多或少地以批评20世纪初期的现代主义为出发点。而库哈斯的重要和与众不同，在于他认识到了现代主义理想的局限性，同时又不以后现代主义的意识形态取而代之。他在《癫狂的纽约》中，记述并学习了造就曼哈顿的现代化的历史过程，就像他日后记述和学习在新加坡和中国发生的，引领现在和未来全球现代化的种种过程一样。也就是说库哈斯更深刻地理解和表达了詹明信的全球化思想。

全球现代化，呼唤着一种挣脱现代主义理想和后现代主义意识形态的全球现代主义的出现。库哈斯，实际上也包括其他建筑师，已经开始摸索这样一种实践。[3]这种强调重视现实，把现实作为设计研究的出发点，从中发现建筑学的策略；无疑使建筑学获得了开放性，也使建筑学更接近科学，这无疑是建筑学存在和发展的必然。确实，时代的发展呼唤着建筑学的发展，世纪之交许多学者都在探索当代建筑学的发展方向和建筑的新内涵。

9.1.2 建筑学的发展和再定义

建筑的开放性与科学性。在这个广泛开放、资源共享的互联网世界，建筑学必须保持与其他学科的交流、对话，从纵向的文化和横向的文化中汲取信息。雅各布斯和库哈斯都是记者出身，对建筑学和城市理论产生了划时代的影响。迪卡洛尤其清楚建筑复杂性的真实来源："在当代生活中，只有将建筑完全暴露在人类事物的复杂性当中，才能恢复建筑独特的活力。"

20 世纪 90 年代末，吴良镛先生提出了"广义建筑学"的思想，对建筑学的概念和内涵作了适应时代发展状况的全面的阐述，具有前瞻性和科学性。但由于广义建筑学立足点高，涉略面广，一方面对贴近现实的建筑问题不可能直观而有针对性地解释；另一方面由于从宏观着眼，自上而下，所以对当代建筑设计领域的某些特点不可能面面俱到。因此，其他建筑家对建筑学的思考也不无启发，建筑学在当今的中国建筑条件下是什么呢？库哈斯在《大跃进》一书中给了一条新的注释：

"建筑＝股票、商品、利润、地位；偶然地被联系为建造艺术与科学，珠三角的建筑是被史无前例的时间、速度和数量的压力所左右的，成为制造利润的工具，因此，建筑的首要功能已不再是服务人的生活需求"。不仅涉及传统上与建筑学相关的概念，例如美学、舒适的环境、人的使用，也要强调与数量有关的量度，如建造时间、造价、回报率。

库哈斯的表述虽然偏激，但一定程度上揭示了当代中国建筑学的现实。扎哈·哈迪德认为现代主义扩张了建筑总目，之后的建筑形式的发展一定程度上发展了建筑的语言目录。但是运用曲线和斜线等自由线型创造新的形式也是对建筑总目的极大发展。传统的建筑语言是片断性空间，空间是毗邻独立的，而新空间是多重事件的发生。多层次重叠的事件同时发生、层叠展开。类似生物有机体的复杂性，具备和环境多重的关系，交互明晰多样的内部系统，无硬角、无垂直、多层化。[4] 扎哈·哈迪德一直进行建筑空间的突破性表现，并获得了成功。对她而言，建筑空间的突破是建筑学发展的方向。更多的建筑家在实验新材料和新结构方面不遗余力，认为建筑的发展就是技术的进步和突破限制。其实这些不同方向的探索正是建筑学的复杂性体现，概言之，吴良镛先生的广义建筑学概念是着重于科学性；库哈斯的建筑学概念是着重于现实性；扎哈·哈迪德等着眼于比较狭义的建筑概念，是注重建筑的艺术性。

古老的建筑学在漫长的历史发展中内涵一次次拓展，恒常的和发展的因素促使它的内涵向多层次、多向度延伸，在全球化时代，基于对文化多元主义和文化商品化背景的认识，我们或许可以从以下几个侧面来描述当代的建筑学。

1. 市场经济下建筑商品生产服务的技术知识体系——经济实用性

早在20世纪70年代，曼弗雷尔·塔夫里指出建筑是商品，建筑实践作为现代资本主义社会生产过程的一个组成部分，是无法超越资本运转的基本逻辑和内在矛盾的。伴随着20世纪的发展进程，建筑开始顺应资本主义体系的发展规律，建筑的革新也必须符合一定的经济发展规律。建筑经济、建筑管理以及各种各样的标准、证书成为决定建筑生存的重要条件。面对市场的需求，建筑设计业也开始根据市场的需求和规则，分化成生产服务性企业和创作性工作室，面对市场，建筑设计的基本价值观受到挑战；建筑设计经营更需要传播技巧，营销学已进入设计企业。建筑学专业培养的人才也不再是单一的建筑师，越来越多的该专业背景的人进入房地产开发企业、各类项目管理公司、咨询服务机构。因此，当代建筑学已作为市场经济下建筑商品生产服务的技术知识体系。

单从建筑设计角度而言，建筑学也必须更多地涉及市场经济的知识和策略，建设开发效益也应作为建筑设计的业绩评价维度之一。据网络版《哈佛设计杂志》报道，著名英文建筑刊物《建筑实录》新设了一个奖项，主题为“好设计是好生意”，专门奖励实现了很好经济效益的设计。美国有专门的土地发展学会，每年度设奖评选使土地利用综合效益最大化的规划设计案例。伴随着当代地产开发，建筑学某种程度上也作为投资策略的时代，并不意味着建筑创作的质量会江河日下，相反，好的建筑与规划有助于形成更有效的杠杆，推动投资利益的最大化。

2. 社会变革发展中人居环境的人文技术科学体系——科学伦理性（图9-1）

建筑学的发展取决于历史发展及人的行为模式。新的建筑思想的产生和建筑学的发展，不仅是建筑师对空间的创新，而且也是建筑师对人们新的社会生活和行为模式的理解并反映在建筑和城市设计中。所以不管业主也好，市场也好，制度也好，运作也好，迟早要回归一个正途上，那就是：以人为本。随着中国城市化进程的加快，在人口膨胀、土地利用、生态保护、公众居住、城市公共空间和

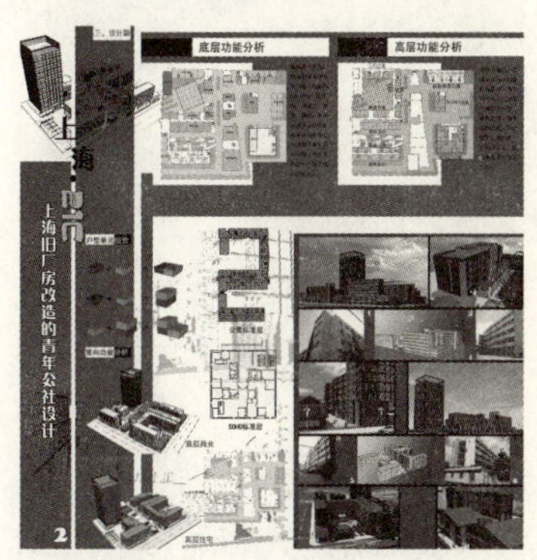

图9-1 学生设计竞赛实践作品

社会公正性丧失等诸多问题涌现的历史时刻，我们建筑师也比以往任何时候都迫切地需要针对这些问题，从自身行业的立场进行探讨、摸索。设计的智慧有可能弥补施工的缺陷，但精细最终不能代替思想。针对快速现代化的现实情况作出怎样的回应才算适当？建筑学在这个层面上就是人居科学，是研究社会变革发展中人居环境的人文技术科学体系。它的学科基础广泛，横跨社会科学和人文科学领域，建筑学不再仅仅是匠学之“术”，而是科学之“道”。我们应当推动和提倡研究、分析和实验，产生大量的新理论、新方法，从而使建筑学与时俱进，重生为一种朝阳产业。

3. 全球化语境中空间造型艺术的创新与传播体系——艺术传播性

图 9-2　项秉仁作品：旺山新境

建筑学最古老、最基本的内涵范畴是空间造型艺术，讨论建筑学离不开形式问题。空间造型是建筑设计的落脚点，空间造型艺术的创新、新技术新材料的发展使建筑语言不断推陈出新，并在建筑界内外传播。而信息全球化使空间造型艺术的发展更易受到传播的影响。艺术创新和传播构成一对矛盾统一体，创新需要建立在拥有充足信息的基础上，而传播又使创新成果变成流行事物，如此周而复始。因此，在全球化语境中建筑学作为研究空间造型艺术的创新与传播的知识体系（这里特别指出在建筑空间造型艺术创新的同时必须研究当代的传播规律和秩序），使创新和传播互相促进，更好地推动建筑艺术发展。工业革命以前，建筑空间造型艺术的发展相对稳定，各地区自成体系；工业革命以来，建筑空间造型艺术更多地与新技术、新材料相结合，并开始跨地区传播；后工业化的信息时代，建筑空间造型艺术与新技术、新材料结合更加紧密同步，而且建筑造型艺术更多地受到传播的影响。因此，建筑学必须研究创新与传播的关系（图 9-2、图 9-3）。

图 9-3　刘晓平作品：萧山博物馆

这三方面内涵构成层次关系，如宏观而言，科学伦理性是深层次的，经济实用性是中层次的，艺术传播性是表层次的。值得一提的是，表层次不等于浅层次，而是指表现性层面；这表现在住宅设计领域十分贴切，居住是人居科学的主题，它大量地通过商业化的房地产设计实现，而各种住宅的主题和风格则是艺术传播性的体现。这三方面内涵在具体微观上又相对独立，如博物馆、文化馆等艺术建筑，集中地体现建筑的艺术传播性，很少涉及商品生产和人居环境。而区域发展和城镇规划更多地关注设计科学伦理性层面，也要考虑市场开发的经济实用性，艺术传播性则不是最重要的。这种既纠集又分层的内涵结构，构成了建筑学丰富多彩的世界（图9－4）。

建筑学的开放性要求自身回归科学态度，始终着眼于研究生活、研究人、研究自然。荷兰MVRDV设计公司的威尼·马斯说：在大学读书时，我们身边充斥着各种对前辈建筑师关于复杂性理论的迷恋和探讨。这些迷恋主要是关于法国哲学家，像德鲁兹的观点，和他们关于复杂与混沌的论述。这些观点导致了解构主义建筑的产生，但解构主义建筑并非一种答案而是一种社会回应，没有提供任何出路。MVRDV试图通过研究规划环境的复杂性来深入思考。不是仅仅将其“地图化”，而是去描述复杂性的限制。通过推进社会发展，增加城市密度，最终会得到某种最大化的极限。[5]

综上所述，跨文化建筑的开放性使建筑获得不断创新发展的动力，动力来自开放性的两个方向。一个方向是在不同建筑文化的传播交流中；另一个方向是在建筑学以科学的态度研究当代社会现实和汲取当代新科技、新观念的过程中。

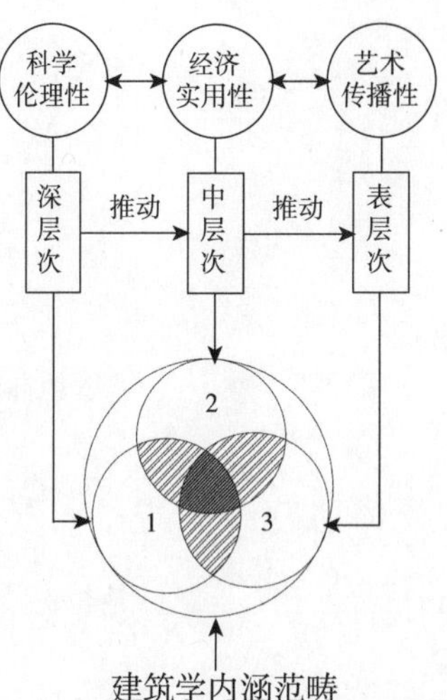

图9－4　建筑学内涵新概念

9.2　全球化时代的城市观：城市文脉发展观与城市特色

在全球化的语境中，不仅建筑学的内涵发生变化，城市的内涵也发生变化。当代中国关于城市的议题形成诸多热点，但从全球化角度来寻找答案，或许是透视现实的重要途径。本书的理论建构也可以为认识当代城市提供独特的视角。

事实上，有几个长期困扰的问题：城市特色的发展就是延续地域性历史建筑吗？城市的文脉就是城市历史建筑形式吗？当代的新城怎么面对特色和文脉话题？各国城市建筑环境的趋同性已是事实，如何理解和面对？大都市、内陆城市、旅游城市等不同属性的城市，如何面对城市特色风格的话题？下文试图回答这些挑战性的问题。

9.2.1　全球化影响下的城市——理解和面对

20世纪80年代以来，世界范围内全球化的影响日益加深。新一轮的产业分工和生产组织方式的变化不仅加速了传统制造业从核心区向边缘区的扩散，同时也强化了高级生产要素和创新活动在核心区的集聚；而现代网络信息技术和交通、通信设施的发展极大地便利了全球的物质流动、人员交往及信息和文化的传播，以西方国家为代表的现代生活方式、消费习惯和流行文化在世界范围内迅速蔓延。在这个过程中，城市作为推动、承接和体现全球化影响的主要节点，体现出两个主要的特征：

(1) 伴随着全球化，城市总体发展上呈现“同一化”的趋势，但核心区与边缘区的趋势仍有所不同。在城市数量和人口总规模中占绝对优势的边缘区，在全球扩散中常处于被动接受的地位，发展过程中城市趋同的现象非常显著；核心区的城市，由于集聚效应和频繁的创新活动，在发展中保持了较多的特色；核心区和边缘区的城市，一方面在“集聚—扩散”效应作用下两者的发展差距不断拉大，另一方面受西方文化的影响，两者的文化和物质景观迅速趋同。

(2) 全球化普遍加剧了城市之间的竞争。当前，日益激烈的城市竞争促使城市（特别是边缘区的城市）开始反思“同一化”的发展趋势，并尝试探索增强城市个性、培育核心竞争力的发展路线。近年来，我国许多城市对增强城市特色的关注正是对这股潮流的反应。[6]

随着信息社会的来临，席卷世界各地的全球化风暴从经济领域开始，浸漫到政治、文化等各个领域。全球化、市场化、大众化正在改变传统的城市文化模式。世界各地各异的城市文化和城市精神，正逐渐从其产生的特定的历史、地理和文化中游离出来，被解构和重组；一些发达国家和强势群体的文化特质正在直接进入其他不同地域的城市文化语境，被作为新的特质基因植入发展中国家和弱势群体。一个全球性的、新的文化网络正在形成，而这样的全球文化网络正是以消费主义为特征、以消费社会为其统一背景的。

它既有一体化的趋势，又有分裂化的倾向；既有单一化，又有多样化；既是集中化，又是分散化；既是国际化，又是本土化。城市既受全球化影响，仍有地方性本土的特征。在硬环境方面，全球趋同是显性特征，本土表现是弱势的。在越开放地区越具有“全球性表现”，越封闭的地区和经济体，本土地方性越稳定。[7]

随着经济全球化、文化全球化的发展；随着城市进入消费经济阶段，各类城镇在世界城市版图上区分为不同的定位（表 9-1）。

全球化时代城镇特性分类表 **表 9-1**

全球性城市	区域性大城市	中小型地方城市	历史城镇和旅游小镇
现代性主导面，地方性为点缀，多元兼容，节点特色多元并且强烈	现代性主导面，地方性为重点，节点特色较明显	现代风格中结合地理景观营造特色，塑造建筑风格	维持古旧风貌或营造某种浓重风情
类似性，大都会个性	较类似，个性不明显	建筑与景观交融成地方新形象（例如上海临港新城）	个性鲜明独特、纯粹，具有差异化、独特性、陌生性

9.2.2 城市文脉与城市发展——延续与创新

本节试图解释几个长期困扰人们的问题：城市建筑风格的发展就是延续地域性历史建筑吗？城市的文脉就是城市历史建筑形式吗？

1. 城市文脉与城市文化

所谓文脉，英文即 context 一词，原意指文学中的“上下文”。在语言学中，该词被称作“语境”，就是使用语言的此情此景与前言后语。更广泛的意义上，引申为一事物在时间或空间上与他事物的关系。文脉是指介于各种元素之间对话与内在的联系，指局部与整体之间对话的内在联系，推广到城市设计领域，文脉就是人与建筑的关系、建筑与城市的关系、整个城市与其文化背景之间的关系。

城市文脉包含显性形态和隐性形态，显性形态包括人、地、物三者；隐性形态是指对城市的形势和发展有着潜在的、深刻的影响的因素，包括城市的政治、经济、历史事件、文化背景、社会习俗及心理行为等。我们所说的城市文脉的创新，不完全是讲用料和建筑风格，还包括城市结构，自然、地形特征，城市生活的延续性、需求等。

长期以来，人们将城市文脉片面地理解为对城市历史建筑风格的传承，这其实只是城市文脉显性形态中物的因素，而人的心理行为和需求是发展变化的。另外，城市文脉隐性形态中城市的政治、经济、文化背景等重要因素在社会发展中发生了很大的变化，这些是深刻地影响着城市发展的文脉因素，也是我们需要认真研究和对待的现实。这些文脉因素恰恰被忽略或蒙蔽了。通过对城市文脉的再认识，我们才能理解当代城市发展的轨迹。放眼中国大陆，地无分东南西北，城不论大小新旧，港式建筑、欧陆风格、西式幕墙建筑大行其道，大量类似的西方建筑仿制品以强势涌入国内，一些城市的特色正在消失，地域特征正在弱化。面对城市趋同发展的状况，人们通常持批判的态度，但也无济于事。库哈斯在《普通城市》(Generic City) 一书中十分清醒地指出了当代城市不可避免地成为他定义的

"普通城市"。他认为规划和建筑应将新的生活内容直观地反映在物质环境面貌上，而不是虚弱地延续文脉的空壳，"当城市原有的可识别性不再符合现代生活时，固守历史沉积又有什么意义呢?"[8]库哈斯还认为无个性、无历史、无中心、无规划的普通城市是适应当代社会的城市发展的类型，并从15个方面阐述了普通城市的特点和存在的合理性。库哈斯的普通城市理论有点偏激，但以本节的城市文脉观来看就豁然开朗了：因为全球化使当代人的需求、政治经济、文化环境等文脉因素已趋同，当代城市发展也渐趋于"普通城市"。

与城市文脉相关的概念是城市文化，它是指城市长期的发展中培育形成的独具特色的共同思想、价值观念、基本信念、城市精神、行为规范等精神财富的总和。它是与经济、政治并列的城市全部精神活动及其产物，它既包括世界观、人生观、价值观、发展观等具有意识形态性质的部分，也包括科技、教育、习俗、语言文字、生活方式等非意识形态的部分；既有普遍性，又有特殊性。城市文化是在城市长期文明发展过程中逐步积累、凝聚而来，它成为一座城市的性格特征与人文特质，具有一定的个体差异性，就仿佛是个人的脾性与气质。库哈斯揭示了全球化背景下城市趋同的必然性，但我们还应当看到客观存在的城市文化特色和差异。同时有必要指出，那种把历史性城镇建筑形式等同于城市文化的理论话语是肤浅和狭隘的。

图9-5 历史街区——常熟方塔街

面对当代的城市形象趋同化、城市面貌混杂化，中国的理论策略常集中于复兴历史性地域特色城镇建筑。保护和开发历史性城镇和建筑确实有必要，这是城市的历史痕迹和文化记忆，但事实上，对历史建筑的保护并不能解决当代城市发展的强大现实需求。正如在欧洲，人们既保护历史建筑，又反对仿造过去的风格，推崇每代人都根据其时代的需求和风格创造出各具特色的建筑。近年来，中国的城市建设又兴起历史街区和古城镇修复与开发的热潮，这种热潮有其社会性市场需求，它对今天的城市生活具有当代价值和功能，但不能解决当代城市的风格塑造问题，笔者认为有必要科学地认识历史性城镇建筑的当代价值，而不是无限夸大和误用！

2. 历史性城镇建筑的当代价值和功能——如何看待历史性旅游城镇和历史性建筑街区开发热潮（图9-5）

历史性旅游城镇是一类特例，它依赖于纯粹古朴的建筑风貌以形成自己的特色。这种特色是文化资源，被作为文化商品消费。历史性城镇建筑作为旅游资源具有以下社会心理基础：

(1) 历史性城镇是精神世界的怀旧归宿;

(2) 历史文化旅游还具有四个特征，即神秘性、知识性、古雅性、精神性;

(3) 历史文化旅游的心理行为特征，要顺应旅游者“求知、求新、求异、求特”的需求。

历史性街区也具有多方面价值，能满足多方面的社会需求。20 世纪 90 年代以来的城市历史街区建筑修复与开发热潮，可以按以下视角解读：片区性保护开发，塑造城市名片；作为休闲商业地产模式，打造商业综合体；作为特色文化地产模式，表达中式的传承与现代时尚。以上这些体现了历史性城镇与建筑在当代具有内在和外显两方面的重要价值。历史性城镇和街区的保护及开发也是各国的普遍性策略，在全球化快速发展的时代，历史文化遗存具有审美和怀旧的价值，它和现代时尚建筑一样能满足当代人的需求。我们还应当认识到，各国的历史性城镇和建筑已为全人类所欣赏和喜爱，因此这种审美愉悦是不分地域和国界的。对当代人而言，本国的或别国的历史性城镇都是陈年佳酿，只不过是黄酒和红酒的口味差别。那种狭隘地强调历史城镇及建筑的地域性和国界性的做法，其实就像国人拒绝红酒一样是不切实际的。因此，对于早在美国出现的建筑环境异国风情化现象在今天中国盛行的现实，我们一味批判是无用的，需要理解它的根源并界定其作用范畴。

3. 城市风貌与特色创造——发展中的城市怎么面对文脉和风貌特色话题

对城市文脉进行深层次理解后，基于其隐性形态中的诸多因素，是按库哈斯所言任其发展为“普通城市”? 还是需要对城市特色实施人为的控制和塑造呢? 这里面涉及了城市发展的时空维度特性。从时间维度来看，发展中的城市处于历时性和共时性的坐标交点，它既有过去的延续，又受全球化时代的同步影响，两方面影响的强弱会表现在城市风貌的发展状况上。例如，商业口岸城市会比较国际化，内陆城市会比较守旧。从空间维度来看，每个城市的地理景观会有差异，典型的如山城、江城、海滨城市、湖滨城市、沙漠城市等。但同一地区的城市地理差异性不大，历史性建筑特征又相似，所以同一地区的城市特色差别也较小。同一地区的城市特色的营造更需要主观的追求。

追求城市特色的动力与城市趋同发展的现实同时存在，这是城市竞争和城市自我认同的内在需要。客观上，在城市显性文脉因素中的城市形态结构和建筑风格领域，特色创造仍大有可为，从新古典主义的巴黎规划，现代主义时

(a) 园融广场

(b) 金鸡湖

(c) 时代广场

(d) 时代广场

(e) 李公堤

图 9-6 苏州工业园区（一）

期的昌迪加尔和巴西利卡，到当代中国的郑东新城（黑川纪章规划）和上海临港新城一滴水的圆环城（GMP 规划），这些案例表明作为主观性表现的形态特色追求是可以实现的。问题是单纯的形态美追求不能解决城市的全部问题，换言之，对城市特色的追求必须建立在正确的价值观基础上。城市发展的价值目标应当包括活力、安全、共享、生态可持续、结合自然景观、优美的街区和建筑、宜人的开放空间等。城市特色则主要关乎后面几项显性目标。在实现城市特色时，需要自上而下或集体意志。“塑造城市特色的要旨在于设定公共性的审美选择，并有适度的集权来保障，以引导城市形成稳定的习惯为终极目标。”“城市虽然是由大量自下而上的个体建设所拼积构成，但是要形成具有地方特色的城市，属于该地方的所有个体必须具有相当程度集体行动的逻辑”。[9]

在进行城市风貌与特色的塑造时，除了旅游城镇建筑风貌需统一风格表现特色外，一般中大型城市只能在某个区域实现建筑风貌统一，不可能要求全城都是一格，因而大多数城市必然是不同风格的组合。这种城市风格组合发展论实际是更加自主、更加务实的策略。在大城市风貌规划时首先要分析选定城市文脉的主导因素，然后确定城市各片区的基调，处理好新旧协调与变革的关系。在建筑风格的设置上，可根据建筑功能类型来配置建筑风格；还要注意建筑风格的主次定位，结合高低建筑分区组合。

对于全新规划的城市新区的风貌塑造，首先要确定建筑风格组合的基调，可以采用公共建筑与住宅配置相近风格或公共建筑与住宅采用不同风格的组合。在具体风貌规划实施时，首先确定城镇基本主色调，然后设定几组建筑审美关系，如：屋顶色调、立面色调、公建与住宅、高层与多、低层。其次，在街区空间设计方面要抓好城镇形象的关键节点，如：中心区建筑群——市民广场和中心绿地周边；轮廓建筑群——河滨和湖滨的建筑群；主要路口的标志性建筑；主要轴线的沿线建筑（位于主干道和步行街两侧）。

城市特色还可以在城市改造过程中创造性地实现，我们应当充分发掘城市中建筑和谐共存的多样性的潜力，从许多充满活力的协调的建筑群来看（如本章附录提到的北欧濒水建筑群），尊重环境的态度并不约束建筑师的创造力和独创性，特定的文脉也是一种有效的，甚至是设计灵感的重要源泉。相反，“我们都知道，即使某些建筑本身具有某些古典建筑或传统建筑的建筑符号特征，但整体却依然没有能够达到表现文脉的目的。文脉是一个城市的灵魂，有往日发展积累的宝贵经验，也有未来发展的前进方向。文脉不是僵死的标本，不是若干片被保护的历史街区，更不是那几栋历史建筑，文脉仿佛具有生命力一般地吐故纳新。”[10]

对文脉的解读和表达的过程不应简单因循，而可以是“创造性的过程”，关键是强调在已知的视觉文脉审美范围内的创造，无论这种文脉表达是现代的还是传统的。正如贝聿铭说的：“我们希望一个属于我们时代的建筑物，另一方面，我们也希望它可以成为另一个时代的建筑物的好邻居的建筑物。”（王天锡：《贝聿铭》）对城市文脉的创造性理解和表达，也能塑造城市特色或特色建筑，如贝聿铭设计的卢佛尔宫扩建和华盛顿国家美术馆东馆；又如泰晤士河边的伦敦市政厅（玻璃蛋形建筑）；以及本章附录中的丹麦大剧院和丹麦皇家图书馆扩建项目等案例。总之，对城市文脉的表达不是建筑形式的简化和模仿，更应该是在城市显性文脉因素的创新性表达和在城市设计原理基础上的创造（图 9－6）。

（*f*）商业街

（*g*）商业街

（*h*）某住宅小区

（*i*）高教区

图 9－6　苏州工业园区（二）

9.3　话语权：全球化传播与创新

前两节阐述了全球化语境中对建筑和城市的新认识，在认清本质的基础上，建筑和城市最终要回归创造，创造力和创新性是在全球化传播的语境中获得文化话语权的根本。也就是说，传播与创新研究的基本点是创新，要想获得跨文化对话的话语主动权，就必须提高设计的创新能力，为传播提供真正的支撑。

什么是对世界有影响力的建筑作品？下面是可以参考的研究观点：在大众传播的时代，就是它在世界范围的学界话语中的地位及提及程度。它既反映在杂志、书籍、电子出版物等媒体的提及参考度，也包含在学界话题中的美誉度上。而建筑界的名作，一般有两个衡量尺度：艺术上的原创性，经济技术上的规模、功能、独特性。而建筑学界的世界影响，无疑是集中在作品的艺术性上，即它的原创性。什么是建筑的原创性呢？建筑作为一门艺术，在古典和新古典主义时代，是比例和谐与形式优美的创造性组合。从 20 世纪开始，特别是 20 世纪 60 年代以后，建筑艺术像现代艺术一样，主张从新的视角看事物，主张发展批判性的潜力。也就是说，它以颠覆性、战斗性的先锋状态挑战着日常习惯的、传统固有的认识方式和行为模式，瓦解建筑艺术的边界，以达到解放和自由的状态。原创建筑的构想和手法是批判性的、实验的、非熟识的，但因建筑的技术与社会（功能）的特点，它又同时是基于建构逻辑的，是引导明天建筑形制的和思想的独特的解决方案，而绝不是以视觉享乐（包括视觉冲击）和功能享乐为目标的既有形式和手法的拼贴、组合。[11]

申奥、入世、外资设计企业的准入、中国建筑设计大院的改革，中国建筑师在以最快的速度完成最大规模的建设的同时，世界建筑名家的作品相继诞生于北京，使中国成为世界建筑界注目的焦点。中国建筑师在可以与名家、名作面对面的同时，对比和思考也在延伸，中外建筑设计的差距何在？中国建筑的原创性何在？面对西方发达国家建筑师和建筑媒体的强势，应对之道只能是更加开放，只有提出更能适应时代、更有深度的设计实践和思想，才有可能摆脱别人的影响，并对别人产生影响。

9.3.1 全球化传播与创新

通常，建筑师和建筑系学生很大程度上受到建筑杂志和评论的影响。尤其是视觉快餐时代，看图、抄图成为普遍的设计生产方式，全球出版的建筑图书在中国遇到极大的市场，网络也加速了设计的快餐式复制。在海量信息面前，我们怎么看待建筑媒体的信息传播呢？一种态度是回归建造。持该观点的人认为：全球化信息传播使我们现在生活在一个被图像、视觉模拟、幻想、拷贝、再现、模拟和空想统治的社会中，我们被剥夺了真实的生活。图像不再能够表现真实，取而代之的是它在掩饰并扭曲现实。我们被模拟的现实包围，并生活在这样一个价值正在逐渐模糊的超现实社会中。视觉文化的蔓延通常是低劣的，为了对抗全球性的同质化模仿，批评家肯尼思·弗兰姆普敦的建构理论相信，用构造学的语汇来作为对抗象征符号复制的解毒剂能够将我们拉回到现实的个性的创造。著名美国建筑师盖里曾经在他还年轻的时候，取消了所有送到他事务所的建筑杂志。他说：“我不会看这些东西，因为它们就像是一场时尚展示，会将我卷入一些与我所作所为无关的事务中，我想我无须它们就发现了这些。对于我来说，去发现自己的能力、自身所长才是更重要的，我对此非常渴望，我知道它们是与众不同的，但我不知道它们是否是优秀的，我甚至不知道自己是否会变得优秀。”[12] 无独有偶，安藤忠雄的书架上建筑书只有勒·柯布西耶和路易斯·康的作品集。这类明星建筑师刻意回避传播的影响，保持自己一贯的品牌形象。在商业化传播社会，拒绝被信息影响以保持个性这不失为一种策略。因为正是个体的独特性才构成了世界的丰富性。

20世纪90年代，在我们的绘图桌和书桌上大多有SOM和KPF的专辑，美国大公司的建筑作品也就以其精巧和具有冲击力的视觉效果、简明的商业和技术逻辑、与中国相匹敌的巨大规模，主导了我们的建筑手法和建筑价值观。当然也促进了我们设计的精致程度。但是这些建筑风格在传播中导致趋同相似，渐渐不能满足设计对个性的追求。欧美和日本的建筑也进入了一个缄默而现实的时代，建筑的探索从概念重新回到建筑的本身。20世纪末，瑞士、德国等欧洲建筑家工作室和原创性的艺术性事务所，引起了我们的兴趣。在今天，建筑师们实际上是在这条建筑批判的延长线上进行着更细致、更广泛的探索（如玻璃与钢，玻璃与混凝土，建筑与照明、广告的融合）。同时，先锋的探索也引入了更多电子时代的技术成分和技术美学，如虚拟化、映像化、人工智能化、复杂科学化，以模糊建筑与非建筑的界限，消解建筑的重力、边界等物质性语义（如表皮和膜的强调，无骨骼的结构建筑一体化，计算机自动生成系统）。受这种新手法主义（Neo-Mannerism）和建构主义（Tectonics）思想影响，我国一部分建筑师纷纷成立工作室，追求个性化的创作状态。这批建筑师的作品集中在对简约主义的追求和材料构造的表现方面。他们对“纯，空，飘，盒子”形式的偏好，对竹子、木材、灰色岩石、混凝土和金属等（廉价）材料的反复使用，使得这类作品的外观在建筑媒体上常常被拥为主流的先驱，提升流行趣味，但随着大众流行又导致陈旧过时和特点丧失。所谓的创新常常也是接受传播的结果。

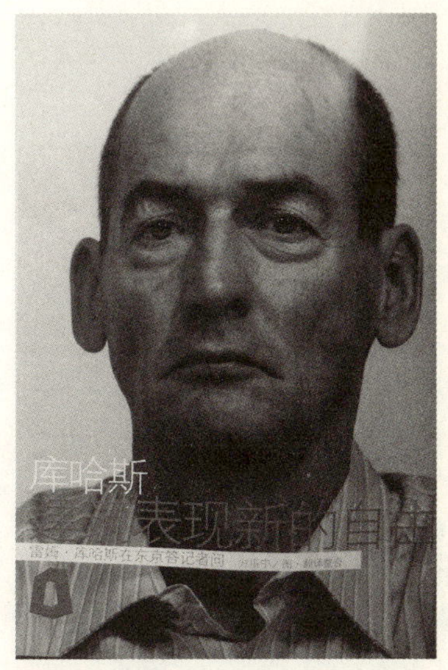

图9-7　库哈斯

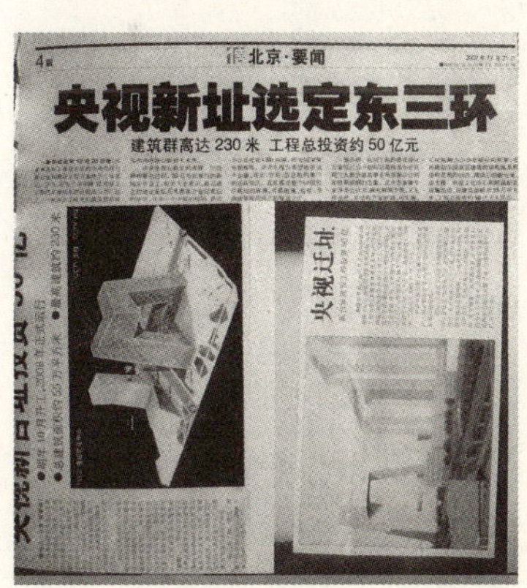
北京·要闻

央视新址选定东三环

建筑群高达230米 工程总投资约50亿元

图9-8　CCTV中标方案报道

随着库哈斯的思想在中国被介绍，他在哈佛的中国学生的回国实践以及库哈斯的央视新址设计，建筑学作为社会和城市研究的方法和手段被引起关注。库哈斯的建筑与城市理论在20世纪90年代中期随着那本《小、中、大、超大》的出版，在世界范围内传播。10年以后的今天，他已经成为建筑界最有影响力的建筑师。由于他的影响而形成了普遍的对城市研究的兴趣。在建筑学中，传统的以形式美学为基础的理论让位于实用主义的对专业知识和社会需要相结合的追求。确切地说，库哈斯已经成为一种建筑现象。在20世纪60年代之后，还没有哪一个建筑师能像他这样，以一个人的努力如此深地影响和改变了建筑学和城市理论的发展方向（图9-7、图9-8）。

介绍和讨论库哈斯成为建筑界的热点，也影响着建筑师和建筑系学生的观念更新。尤其在这个全球化的时代，在思想领域里东方的和西方的、中国的和外国的界限越来越不清晰，之间的差异也以各种新的形式表现出来。在这种情况下，“他们”的问题也就是我们的问题。一方面，用传统的带有民族主义特点的文化视野去看待来自西方的思想是十分有害的；另一方面，不加批判地盲目追随和照搬也是十分愚蠢并于事无补的。关于库哈斯，我们亟需要一种冷静、客观的态度，在基于对全部事实的了解和把握之上对他的想法进行检验和批判。我们必须分清楚哪些是具有长久价值的真知灼见，哪些是很快就会被淘汰的时髦货色。[13]对待所有传达的信息，都应当全面了解，并进行检验和批判，去伪存真，取其精华。

因此，研究传播对创新的影响是十分重要的，全球化传播中的流行与同质化问题，确实困扰了人们。1992 年，美国著名后现代批评家詹明信与他的学生迈克尔·斯皮克斯进行了一次关于建筑和空间的谈话。这次谈话的记录发表在同年出版的《集合》杂志上，题目是“包裹物和飞地：后市民社会的空间”（Envelopes and Enclaves：the Space of Post－Civil Society）。在这篇文章中，詹明信一开始就谈到了在一个日益全球化的同质空间中，建筑师面对的是怎样的城市环境，在这样的城市环境中现代主义建筑的理想消失之后，建筑师究竟能够做些什么。他认为当今我们身处的社会是一个消灭了所有历史差异的社会，在一个尚未全面现代化的社会中，代表着历史差异的旧的生产和生活方式依然可以侥幸地存留下来。詹明信引用了列菲伏尔在《空间的生产》一书中的一句话，“全球化的现实就是城市化，把一切变为城市”。全球化或更全面的现代化意味着，要消灭代表着历史差异的不同的生产和生活方式，将一切事物标准化和同质化。在这样一个同质化的城市中，在每座建筑都与相邻建筑不同的、令人困惑的、看不到尽头的、任意和随机的建造环境里，现代主义所追求的两大目标——建造城市（像奥斯曼和柯布西耶那样）和建造独特的、引人注目的纪念性建筑——都是没有意义的。在这个意义上，詹明信提醒人们注意后现代城市中大量出现的飞地式的建筑项目，在人们无法建造和控制城市，在城市日益扩展和分裂的环境中，飞地式建筑的出现恰好可以回避追求现代主义的目标所带来的困境。

后现代城市的另一个特色是：传统的公共和私人的区别消失，随着后市民社会的出现，一个新的空间组织形态亦随之浮现。詹明信评论说，库哈斯的建筑是个巨大的包裹物，里面可以容纳各种尚未规定好的但各不相同的差异活动。如果说后现代社会的差异与旧式的现代社会的差异极为不同，那么库哈斯的建筑可以被视为这种新差异的范例。詹明信从两条线索考察从现代到后现代建筑中的变化，一条线索是整体与部分的关系；另一条是创新与重复，或创新与复制的关系，形成了三种形式的有意义的组合：整体—部分、创新—重复、复制。现代主义追求的全新的艺术和空间，是反对后现代主义醉心于拼贴的狂欢和回到使用旧式语言的倾向。而后现代主义的核心特色是抛弃创新，赞同复制，回到各种死亡的传统。更强而有力的组合是创新和整体性的结合，这是现代主义的理想。詹明信用了这样一句话概括了他对建筑的最终观点，“我认为这些我前面提到的建筑带有某种政治的信息，或是包括政治和社会的模式，因为它们有雄心和抱负抓住社会自身的整体性”。他认为库哈斯反对后现代主义建筑，但在某种程度上赞成重复，至少想在单个微观世界的层面上揭示出宏观世界的内涵，代表走向整体性和综合性的愿望。这就是建筑的主体性和社会性的觉醒 。[14]

詹明信认为，在全球化时代，传播与同质化是由不可避免的社会形态决定的。而库哈斯试图从微观世界的层面上探索当代世界的内涵，思考整体性和综合性的建筑学命题，从这个意义上具有现代主义探索真理的理想色彩，因此代表了面对传播压力的一种创新精神，也是对主体性和社会性的自觉。库哈斯也因此获得了在全球实践的话语权。

9.3.2 建筑教育机制创新

教育也是文化传播的一种方式，它通过渐进的渗透来策动文化的变迁……教育的目的是使个体成为合格的文化携带者，它需要通过对旧文化的解释来实现文化的涵化活动，不仅使受教育者具有对传统文化的认识能力、欣赏能力和维护能力，而且还要具有运用传统文化的能力，以及对外来文化有一个正确的对待……教育不仅传播文化知识，更重要的是教给人们对文化的选择与评价能力。[15]但目前在中国，建筑教育出现两种弊病，一方面是不思考，另一方面是忽略有思考的技术训练，因此培养出来的部分建筑师只能称之为“画图师”。当“画图师”的队伍不断壮大并占据市场的时候，人们不免为中国建筑的发展前景感到担忧。[16]下文从几方面探讨建筑教育问题：

1. 建筑教学开放性

通过对建筑学在当代的新的内涵的认识，有必要检讨和改进建筑教育观念。迈克尔·斯皮克斯、苏摩和怀汀的文章也是这一发展的重要标志。斯皮克斯在 2002 年的两篇关于“设计智慧”的文章中主张建筑专业需要根本的改变。斯皮克斯认为，重要的不是建立一个新实用主义理论，而是寻找实践和研究的新方法。抽象真理和纯粹形式的考虑，现在必须让位于“小道理”和“机智的情报交流”。[17]也就是说，建筑教育不应局限在自以为是的理论推论和传授建筑形式逻辑，应当从建筑实践的角度研究解决问题的策略，建筑教育应当向社会实践敞开信息交流之门。

学校教育存在一种倾向，就是有意与现实社会脱离，教师们认为现实的职业环境太残酷，限制太多，会压制学生的创造性，学校宁愿营造真空的象牙塔让学生更自由地天马行空。教师们以为这些有着畅想心灵的学子能够给社会带来创新的新气象，但事实却非所想，越脱离现实的教育下的学生越难以超越和掌控社会，最后会被社会现实挫败。

从目前各设计机构的反映来看，国内能够适应建筑实践现状的新毕业生为数不多。这种适应，不是指毕业生立刻就能在设计实践中进行熟练的程式化操作，而是指了解社会现实，具备独立思考和突破创新的思维潜能的适应力。对于冠以“研究”名号的研究生教育来说，更是普遍滞后于社会需求。很多研究生在学校跟着指导教师做实际项目，处于小作坊、游击队式的状态，对高效的建筑工业生产毫无认识，简直重复低水平操作或满足于灵光一闪的“抖机灵”设计，临近毕业以数月时间草草完成硕士论文。可想而知，这样的研究具备什么样的水准。这种打着“研究”旗号的论文对学校、个人，以及一线建筑师而言都谈不上任何价值。两方面研究的匮乏，使中国国有大型设计机构在面对高水平竞争时，缺乏核心竞争力。[18]

建筑教育需要重视和建构学生的逻辑思维体系，学院普遍重视的逻辑思维往往局限在形式逻辑和技术逻辑，而事实上建筑师职业需要更多的思维维度，可以分为显性维度和隐性维度。显性维度主要有：形式逻辑+技术逻辑+场所逻辑。隐性维度主要有：市场逻辑+生活逻辑。形式逻辑训练主要培养学生的艺术品位和造型设计能力；技术逻辑训练主要涵盖设计建造技术和技术体系知识；场所逻辑训练是基于项目现场环境的形态分析方法，也包括城市设计逻辑。市场逻辑强调建筑商品生产体系的价值性与效用性；生活逻辑则是基于人类本性的设计决定性，生活逻辑的宏观方面链接到文化社会逻辑，就是要具有宏观的人文社会知识体系。完整意义的建筑设计实践应该是建立在上述所有的逻辑思维维度之上，但具体的个案会集中在某一个或几个维度。拓宽建筑教育逻辑思维的范畴才能使建筑教学真正实现开放性，更加贴近现实，才能使建筑创新能力的培养获得更坚实的基础。从生活逻辑出发是创新的根本动力，从市场逻辑出发的创新使建筑在当代更具适应性和生命力，设计师即使是最伟大的建筑师，有时也要向那些善于发明和革新的客户学习。甚至赖特这位传说中对客户飞扬跋扈的设计师，也学着与客户合作，并且常常从他们独创性的建议和天生的进取欲望中获益匪浅。

2. 培养目标多层次、多元化

按本书对建筑学内涵的再认识，建筑教育培养目标必须面向多元的社会需求。而根据学生的学习条件状况（艺术兴趣与才能）的差异，建筑教育培养目标也必须多层次、多元化。在建立多层次培养机制方面，纵向的层次已经很普遍：学士和硕士为主，博士为辅。就建筑学的职业需要来看，还需要树立横向的培养目标层次，将培养目标分为创作型研发人才、优质工程师、合格建筑业从业人员。针对学生在建筑设计就业平台上合理分流的现实，我们需要在培养体系上创新和改革，使学生的专业素质更能满足社会多元的需求。目前，建筑学相关就业方向有建筑、规划、室内、景观、房地产、公务员等，但学校教育提供的知识体系却相对比较狭窄。

3. 教学方法

美国建筑教育家克里斯·亚伯提出要好好审视建筑和建筑教育，并努力理解建筑师和学生实际上在设计的现实过程中做什么，而不是努力使他们所做的事情遵从一些理想化的流程图。总之，如果建筑教育者要充分地认识和正确评价设计过程中的隐性知识的作用，有下面几点应该考虑：

(1) 应该充分认识建筑知识的传统性和一贯性，建筑师和使用者通过它们才能够理解和创造建筑。

(2) 应该把课程设计当做给学生提供一种建筑体验，这种建筑体验是作为知识的一种结合形式。相反，现在开设着的一堆课程，只给出了一些互不相同、互不协调的知识碎片。

(3) 建筑范例应该被用作主要的教育手段，通过学习范例，学生们进入并吸收各种各样的知识和导则，这些知识和导则作为一门独立学科在建筑内整合在一起。

(4) 应该大力鼓励批评意识，通过选择历史上的和当代的范式研究进行案例批评。

(5) 对过去的和现在的建筑范例的全面了解，应该促进建筑的创造性，而不是妨碍。

(6) 应该减少花在教室里的教学时间，采用更有效率的项目教学方法，在工作室中、在与当地社区相结合的“活生生的”项目中，进行教学。

(7) 应该鼓励这样一种教学方法：鼓励学生进入其他

人的“思考世界”，特别是进入非建筑师的“思考世界”。除了关注活生生的社区建筑项目之外，还应注意运用各种建筑游戏，这些建筑游戏可以模拟建筑和规划过程中的建筑师和其他人的互动，并给学生充分的机会发展隐性知识技能和人际交往。

(8) 应该集中研究建筑中隐性知识的作用，研究隐性知识在设计过程中的作用，以及当我们把建筑看做是一种创造场所的活动时隐性知识的作用。[19]

亚伯的教育观念与传播学理论完全吻合，也体现了建筑设计作为传播过程的认识。他的教学方法的观点也体现了本书对建筑学内涵的阐述。他强调“建筑体验”，就是建筑媒介作用，给学生充分的机会发展隐性知识技能和人际交往。他所说的其他人的“思考世界”，就是换位思考，从受传方逆向思考，在工作室中、在与当地社区相结合的“活生生的”项目中强调了联系实践的重要性；当前的教学体系应该更面向现实，研究生活现象，把生活研究和社会研究作为体验式教学的重要内容。在教学大纲中注重穿插社会实践，参与课外研究和竞赛。

4. 教学机构

论及教育革新，教学机构的创新也非常重要。贝尔拉格（Berlage）学院 1989 年建立于阿姆斯特丹，2000 年迁至鹿特丹，它设有面向国际的硕士课程，这是为了弥补荷兰在标准的建筑训练方面的减退。由创始人及首任院长托姆斯·赫尔佐格等社会知名建筑师创办，租用教学场所，小规模办学。开始只有设计课，后来请肯尼思·弗兰姆普敦主理理论课。美国建筑大师赖特的作坊制建筑学校塔里埃森可以说是实践型学校的极端。

1972 年，美国南加州建筑学院（SCI－Arc）由一小部分教师和学生在加州的圣莫尼卡的仓库里创办。他们中的大多数都拒绝当时的大学体制模式，因为他们支持一种更为自由的教—学形式，耐心批判陈旧的习语，年轻气盛地追求一种革新性的教育方式。

自由的模式，耐性和激进的追求在今天的南加州建筑学院已是完整的模式。南加州建筑学院致力于培养既能设想未来图景，又能将这份图景变为实际的建筑设计师。目前，学院校舍位于洛杉矶市中心的艺术区，其前身是一处长约 45ft 的船运仓库。南加州建筑学院是由 80 位教职员工，约 500 名学生组成的，教师中的大多数都是执业的建筑设计师。这些师生共同提出新的设想，发掘、检讨现存建筑学的局限。

这所学院中的成员及校友是当代建筑领域的先驱者。

该校的国际声誉吸引了许多有声望的建筑家、设计师、艺术家、学者甚至作家来到这里，与学生进行互动。在该学院的工作室、演讲大厅，甚至走廊过道都可以看到他们的身影。

芬兰艺术设计大学（TAIK）的教学体系也值得借鉴，主要由以下四个方面组成：

第一，完善的图书馆系统：据联合国教科文组织的统计资料显示，芬兰是全球人均拥有图书最多的国家。

第二，多层面的教师队伍：与中国庞大的师资队伍相比，芬兰艺术设计大学的教师系统显得极为精干有效。

芬兰艺术设计大学的基本原则是选请各领域最优秀的专家和设计师担任教学和科研，这样的系统有三大优点：其一是学生能够及时知道当今最时尚、最前卫的设计动态；其二是学生能够自由选择自己喜爱的教师及其设计机构或制造公司，以进行每学期的设计项目或毕业设计；其三是学校管理者简洁高效，只需关注教师的专业水准，无须考虑诸如住房、工作调动等因素。

第三，丰富的制作实践：芬兰艺术设计大学作为设计大学，其主体教学中的所有的类别都是应用科学，都与制作实践密切相关，因此芬兰艺术设计大学的教学系统很早就以丰富的制作实践而著称，而这种对制作实践的重视从考生入学考试就已展开，制作实践的教学基本上沿用包豪斯的教学系统、设计教授与制作师傅的双轨辅导制。芬兰艺术设计大学在 100 多年的教学实践中不断发展和完善这种教学体系，使之成为当今最有效的设计教育系统之一。

第四，与企业的深入合作：艺术家与设计师最大的不同在于，艺术家可以尽情发挥无穷的想象而无须考虑艺术作品的日常功能，但设计师的任何设计构思最终都需落实在实际的产品当中。因此，设计学院与企业界的深入合作意味着教学成功与否的终端结果，芬兰艺术设计大学在这方面树立了成功的范例。[20]

在我国高等院校受制于现有体制的情况下，国有大型设计机构掌握大量的资源和技术优势，如果我国能够充分发挥这个优势，在实践中系统化地进行本科之后的教育，把设计实践、研究和教育一体化，则可一举三得：一可以通过研究提高核心竞争力，进行产业升级；二可以培养优秀的设计人才，提升设计水平；三可以推动教育变革，扩大社会影响力。

在设计、研究和教育一体化模式中，往往是实践建筑师设定议题，在设计机构的支持下或独立通过教育来完成研究。这种教育模式不是单向的教授，而是双向的互动，不论研究的内容是设计本身或是跟设计密切相关的社会现象和城市背景，教师和学生的关系都更像一个具体的项目团队，在最终成果呈现之前，不预设结果，通过扎实严密的研究工作面对真正的问题并有所发现。在这个过程中，主导建筑师和研究团队之间的关系不是传统教育中师傅带徒弟的模式，也不是学院教育中教师和学生的教学模式；主导建筑师是项目的组织者和协调人，年轻建筑师是项目的积极性参与者。主导建筑师设定的研究题目都是实践中迫切需要解决的问题或者一些新的发展方向，具有很强的现实性和指导性。设计、研究和教学的一体化模式是顺应时代需求，最有可能推动中国建筑进步而采取的应对措施之一。[21]

新的教育机构应注重跨文化的沟通能力的培养。在这方面灵活多变的库哈斯的大都会建筑事务所 OMA 及其研究机构 AMO，和其他一些事务所及研究机构被一再提及，事务所包括 Field Operations、FOA、UN Studio，研究机构包括 MVRDV、AA 学院的 DRL，贝尔拉格学院，哈佛大学的 GSD（设计研究生院）。这些新型的教育机构一定能使新一代建筑师们少了一些惯性与教条——为建筑界注入新鲜的血液。我国一些新的建筑教育机构如北京大学建筑研究中心、南京大学建筑学院、中央美术学院建筑学院等的成立也在建筑教育机制创新方面作出探索。总的来说，我国的建筑教育机制创新远远不够，政府应当鼓励建筑教育机制不断创新。

笔者设想在特定的教学体系实施时，是否可以设立师徒制和游学制（访学制）乃至自学考察相结合，即基本教育通过大纲进行规范化训练，课程设计采用师徒制和游学制（访学制）结合，强调人际传播。与现行体制不同，学生可以求学于不同的老师乃至不同的学校，但更多地接受老师的言传身教。另外，给学生更多的建筑实地考察体验的自学时间。这样就涵盖了技能训练和经验积累，通过现实反馈与独立思考，使学生得到更全面的信息，培养创造力。

联合国教科文组织与国际建筑师联合会发表的《建筑学教育宪章》中指出："如果建筑师能够认识到该行业迄今仍然不大关心的各个领域所存在的日益增长的需求和机遇，该行业仍然还能有一些新的作为。因此，专业实践以及建筑教育与培训都需要更大的多样性。"我们建议教育机构创新应加强以下方面：

(1) 跨地区、跨国家合作办学，同时联合学位认可，使游学制广泛操作。

(2) 校企合办建筑研究所，建筑与技术结合，建筑与社会发展结合；也可以发挥生产单位和学校各自的优势。

(3) 建筑与个性结合，鉴于建筑学的特殊性，可设置低门槛让热爱和适合学建筑的人来学建筑，按照个人特长成长为专才。

(4) 不拘一格，让卓有成就的建筑师在大学兼教职，建立建筑工作坊，实现名师出高徒。

政府部门和社会机构对建筑教育创新应有所作为，以荷兰为例，社会机构与一个现有的补贴基金（荷兰艺术、设计、建设基金会）相辅相成，该基金提供奖学金、旅行奖金、展览补贴，资助那些毕业不到两年的建筑师在正常的实践活动以外进行的短期、特殊的项目。这一切是为了让那些关心设计质量的建筑师在荷兰和国际市场上有更强的竞争力。随着我国建筑业的繁荣昌盛，北京、上海、广州、大连、威海等各地也设立了定期的建筑展会和建筑奖，给建筑师展示的舞台。中国建筑学会也每年都评选青年建筑师奖。

9.3.3 建筑师的状态机制问题与创新

建筑事务所以对建筑的认识和追求分为本质截然不同的两类：①组织事务所，或称之为商业性事务所；②建筑家工作室，或称之为艺术性事务所。

组织事务所不论规模如何，设计都是作为生意和业务。设计项目是作为一个经济工程而被运作，对时间、成本的控制是非常严格的，“多快好省”的设计是赢利的保障。这也是建筑学作为市场经济下建筑商品生产服务的技术知识体系的反映。

建筑家工作室则是独立的建筑师或有相同志向的建筑师组合。不论其成名与否，在本质上是以文化批判创新和艺术实验为目的的建筑艺术创作作坊，经济运行的维系及发展则只是其附属产物。它的专业服务不仅要取得委托人的认可（而不仅仅是愉悦）和专业施工者的认可（建筑物质体的巨大成本和体量使业主和施工者成为实现的必要条件），而且要说服业主进行艺术鉴赏和创新的尝试。因此，建筑设计不是生意和职业，而是修炼与追求。建筑家关心的不是“多快好省”地出设计，而是专注于长时间地与业主的密切接触，充分了解建筑的功能，反复地研讨材料、技术与建筑的结合，并将这种研讨一直延续到建设工地，以实现艺术的原创性。

清华大学姜涌副教授认为在这两类事务所中，能真正做出对世界建筑文化有贡献的原创作品的，只可能是建筑家工作室。因为，艺术的原创和不断的自我批判必须以长期的、艰苦的学习磨炼和冥思苦想为前提，是以灵感的闪现和执著的实验为基础的，摒弃物质性追求的超脱和精神自由是必备的状态。组织事务所中基于商业经营的物质利益追求的设计成本控制、低风险营销、彻底的客户服务意识只能扼杀艺术探索。同样，为生存经营而妥协、折中只会导致这种状态的丧失和功利性的成长。因此，安藤忠雄在没有业务委托的初期宁愿临摹柯布西耶的建筑设计，也不苟且绘图谋生。成名之后即使在建筑竞赛中“连战连败”也不多种经营“自废武功”。其次，商业公司的审查和责权制度使任何单纯的原创（如果有的话）让位于集体决策和层层审批的平衡化和圆润化。这种弊端也使中国建筑师在实现设计意图时深受其害。再次，服务对象（业主）的不同。如果建筑以商业服务性为重点，自然要求“经济、实用、美观”的设计三原则和优先顺序。组织事务所的技术服务和控制协调是业主青睐的重点，原创与否被排除在业主要求之外。而追求作品的建筑艺术价值及个性表现的建筑及业主，只会选择以建筑家的艺术创作为中心的工作室。

笔者认为，建筑师的状态与创新的关系并不与商业成败或规模直接对应，主要取决于设计机构的主导建筑师的创新能力和企业文化。譬如，建筑家事务所如诺尔曼·福斯特事务所、伦佐·皮亚诺工作室、波特曼事务所等，也都有相当大的规模，并承接大量大型公共项目，其项目管理必须按照组织型事务所和国际惯例进行完善服务，以满足政府和财团投资者的要求。而事实上，业主在绝大多数投资项目上都希望获得创新的设计作品，问题在于建筑师能否平衡艺术表现和投资控制、功能合理等方面。

姜涌认为：随着我国建筑师探索的深入、建筑设计体制的完善、建造技术和施工水平的提高。我们可以期待中国建筑设计的精致化和建筑作品的精品化，也可以期待建筑设计公司的国际化、巨大化。因为市场竞争和经济追求必然会优胜劣汰出成功的经济实体、成功的组织事务所和商业性建筑……建筑市场的发展繁荣可以造就成功的商业和职业建筑师，但不能保障艺术性建筑师的产生和建筑艺术的真正繁荣。而没有建筑家工作室和艺术性的建筑师（设计事务所模式与建筑师生存价值、职业心态选择的两分化），没有建筑师人生选择中的哲学精神和宗教式的热情。中国建筑的原创和走向世界的前景无疑是悲观的。[21]

姜涌先生指出的“建筑市场的发展繁荣可以造就成功的商业和职业建筑师，但不能保障艺术性建筑师的产生和建筑艺术的真正繁荣”的现象的确存在。在现阶段我国，这个问题主要是建设速度快和建设量太大，使设计师没有思考和雕琢的时间；但是，如果没有建筑市场的繁荣，也很难有建筑总体水准的提高和标新立异的创作机会。应当看到，20年来，我们的总体设计水平有了长足提高，而且也出现了不少有国际性影响的设计事件。建筑设计繁荣某种意义上都是经济发达的结果，所以我们要珍惜这种繁荣带来的机遇。目前，不少大设计院内部为有创新能力和创新意识的建筑师组织了小型化以创新为导向的工作室，设计院为工作室提供项目机会，工作室又可以较自由地创作。同时，大多数的高校教师工作室还是以“脱贫”为出发点，以经济效益和社会效益、创作与创收的双赢为目标的。又由于兼职的时间和精力的不足，往往陷入自我陶醉和急功近利的方案操作中。“游击队”式的小型建筑师工作室或设计公司虽然获得了思考的自由，但往往缺乏技术支撑和市场挑战，自身创新能力受到限制。相比较而言，笔者认为，创新主要决定于建筑师的创新能力和创新意识的发展，而比较理想的建筑师状态，应该是与综合大院结盟的建筑师事务所或工作室。这样的状态下，建筑师可以把精力相对单纯深入地投在建筑专业事务上，容易出作品。而大设计院的市场经营为建筑工作室带来项目机会；大设计院的结构和机电专业可以为建筑师作品的实现提供有力支撑。而投资者也会更信赖这样的设计团队组合。另外，教师工作室的创新必须和研究工作结合，再将研究成果转化成设计原创理论和方法。

建筑师状态受制于建筑设计机构体制，而设计机构体制也是影响创新力的重要因素。这里引用中国建筑设计研究院崔恺副院长的看法，分析比较中外建筑设计研究机构之间的差异使中国的建筑设计研究院看到了差距，同时也看到了自己的优势，他认为差异是多方面的，例如：

（1）专业创作上的差异：

国外设计机构专业化分工水平较高，项目以可选择的技术合作为操作模式；而国内的设计机构大而全的经营模式使专业合作相对固定，影响了其他专业的竞争意识，不利于技术创新和专业进步。

（2）特色的差异：

国内设计机构之间的设计风格和技术上的差异不大；而国外设计事务所多以突出个人风格为特色，强调专业技术的专家化，以技术专家群为特征，重视专业研究。

近年来，国内大型设计机构也在向国际接轨，实行项目经理制，大机构内设小的创作或专业团队，以弥补专业化和灵活性的不足。各项制度的建立还是没能充分发挥核心创新竞争力作用，那么，现在的问题在哪儿呢？我们发现主要有以下因素：

(1) 技术发展研究缺乏实践推动，研究由于不能带来短期利益也不受重视；

(2) 技术团队在实践中的整合度不够；

(3) 设计企业依赖生产，疏于研究，创新动力不足；

(4) 与建筑设计相关的材料施工企业专业化不够，不能对设计提供技术支撑；

(5) 社会建筑品位和评价标准混乱。[22]

我们从崔愷先生总结的中外建筑设计研究机构之间的差异也可以看到设计机制对创新竞争力的影响因素。这最后两点涉及外部制度对建筑创新的影响问题，下文将继续探讨。

9.3.4 外部机制环境与决策意识创新

1. 设计外部环境与机制创新

特定国家社会的相关环境和制度、人文氛围都会影响建筑创新水平，这些外部环境因素主要指设计市场管理、建筑业水平、业主与政府、评论水平等方面。下面分别展开讨论：

(1) 设计市场管理。为更好地适应市场全面开放之后竞争更加激烈的现实，应继续深化市场管理改革，重点为：一是维护设计市场秩序。国外的设计市场比较成熟，在保持合理设计费用和合同维权方面有成熟的机制。我国台湾建筑师公会也可以利用行业协会打击建筑设计价格竞争和承担合同执行管理作用。而我国大陆的设计市场普遍存在压价竞争、拖欠设计费用、不支付设计竞赛补偿费等不正当现象。二是改变境内外建筑师不平等的状况。目前我们的设计市场中盛行崇洋歪风，房地产商以外国设计师作售楼的噱头，政府机构也以外国设计师来陪绑政绩，顺带得到出国考察的机会。所以，从外国设计容易中标到国际竞标排斥本国建筑师这一现象越演越烈。

健康合理的市场机制，要保护设计创意行业的尊严和合法权益；另外，应当开放所有机会让本国建筑师同境外建筑师在同一平台上平等竞争，并实行激励政策。在人才资源整合方面，要充分发挥优秀的知名建筑师的领衔作用，大力培养、大胆使用中青年建筑师。要增强品牌意识，发挥品牌效应，扩大影响力，提高自主创新竞争力。

(2) 建筑业水平。建筑设计的进步不仅仅是理论的进步和创意的新颖，还依赖建筑业的整体水平。国外在建筑业的细分领域都发展到很高的水平，如施工技术管理、工厂化制作加工、结构和材料的研究。总体而言，国外建筑师工作重心在创意方面，大都做到扩初阶段，施工图深化和构造设计由施工总包或专业公司承担，每个领域都有非常专业的供应商，他们可以为建筑师实现设计目标提供有力支撑，又将科学的最新成果引入建筑材料领域，为建筑师带来创新灵感。在日本《新建筑》杂志上发表的建成项目的设计团队中都有构造设计公司，他们将建筑师的创意在细部和构造上完美地体现。负责上海金茂大厦旁边的环球金融中心大厦建筑设计的是美国的 KPF 设计事务所，但日本总包公司组织的现场设计人员就有 200 多名。我国的建筑设计院要完成几乎所有的施工图纸和工地指导，所以就会依赖标准图集，使设计构造缺乏创意；另外，即使建筑师提出了特别的构造和材料，也会找不到国内的技术和材料供应商的技术支持，这些无形中束缚了建筑的“畅想”。我国现在的建筑公司是项目经理制加民工队伍，没有深化设计的能力，能按图施工就算不错。我国市场上的建筑材料企业大都是重生产、轻研究，而经销商则重订单、没技术。追根溯源是全社会急功近利、重利轻技风气的反映，也由知识产权不受重视等问题导致。其他方面（如现有的安全审查制度）使结构设计趋于保守，而建筑材料技术人员宁愿做材料经销商也不愿做工程师。目前我国的建筑设计得到许多跨国材料供应商的支持，也出现了不少高技术、高质量的设计作品。这种国际建筑技术的引进和应用将是长期的，未来期待我国建筑业水平整体进步，为建筑设计创新提供扎实的基础。

(3) 业主决策因素。某种程度上说，业主决定建筑作品的格调。绝大多数建筑名作都是在业主的支持下实现的，没有业主的支持和认可，好的设计方案要么被扼杀要么被改样。业主分为私有财团投资者和政府投资机构，大型私有财团机构和政府投资机构都是通过专家委员会来决策，但也必须尊重财团领袖和政府领袖的偏好。特定的决策机制和团队会决定特定建筑的诞生，而争议也从未停止。20 世纪 50 年代北京的行政中心放在旧城，而不采纳梁思成和陈占祥“新旧并立”的方案，也是当时中央政府的意志体现。日本东京都厅舍竞赛最终选择了新古典的丹下健三的双塔联体方案，而没有选择更为开放亲民的市民活动大厅的方案，也是反映了政府的意志。而北京的中国国家大剧院、2008 奥林匹克主场馆、上海 2010 世博会中国馆等项目的选择也是政府业主的意志体现。总体而言，欧美发达国家业主比中国业主更尊重建筑师的创意；而具有艺术传统的国家如西班牙、瑞士、法国的业主比美国和日本的业主更尊重建筑师的创意。我们既希望私人业主能够提高专业素质，同时对政府业主，也期待更尊重专家意见。

（4）评论环境。建筑评论是重要的舆论工具，引导建筑创新。郑时龄院士在《建筑批评学》专著中指出：建筑批评是对建筑、建筑所赖以存在的社会与环境、对建筑师的创作思想与过程，以及所有涉及支撑建筑师、培养建筑师的制度与体系的鉴定和评价。建筑批评的主体就是从广泛的意义上所说的人，就微观而言，是指建筑理论家、建筑师、艺术史家和文艺评论家和专栏作家等专家，以及公众、业主等。而建筑批评的对象则是整体的建筑活动，既包含了建筑创作的主体——建筑师和用“看不见的手”指导建筑实践的社会，又包含了建筑作品本身及其实践过程，也包含了建筑的接受者与使用者——建筑文本的读者。建筑批评是对建筑师和鉴赏者、使用者直接起着导向作用，同时又基于理论指导的实践活动。

建筑批评自身有着与艺术作品的价值创造有所区别的价值，是整个建筑体系的有机组成部分。批评实践是生产性的活动，这种活动以人和社会的需要为尺度，考察并研究建筑的创造过程，分析建筑话语和符号的结构及形式，揭示建筑客体与人和社会的深层关系，预测并建构未来的建筑客体。建筑批评是一种具有开放性的实践活动，规律性与目的性统一的生产过程。[23]

受到社会历史影响，我国建筑界评论自 20 世纪 80 年代开始重新发展，一度繁荣，但 90 年代末社会市场化转变后，评论氛围渐淡。我国建筑界评论导向不强，太多是捧场性叫好。这反映了评论的独立性思考不够，人云亦云。媒体容易跟风追随。另外，我们建筑评论的理论工具不健全，视野不够开阔，使评论影响效果不大。

建筑评论不能仅仅局限于建筑界内，应该延伸到社会大众传播领域，因为建筑设计的土壤是社会大众，建筑创新依赖社会大众（包含了业主和使用者）的建筑艺术水准的提高。所以社会建筑评论十分重要，欧美的主要报纸都设有建筑评论专栏，有着一批影响力很大的建筑评论家。美国的建筑评论家和记者雅各布斯都是非建筑专业的记者和评论员，她写出了城市理论的经典名著。实际上，我们需要相关的人文学者从社会、从城市、从生活和艺术等多角度、多侧面来进行建筑城市评论，这种评论反馈使建筑学始终与社会公众和现实生活保持紧密联系，使建筑学具有开放性。当城市建设和房地产开发成为当代中国的突出事件时，我国近年也有一些文化人开始关心建筑与规划话题，北京大学中文系教授张颐武，著名作家刘心武、赵丽宏也出版了建筑思考的专著。但目前的问题是他们的专业性不够，切入点不深。另外，对大众传播最有效的媒介不是专著，而应该是报纸和电视，因此建筑评论应该利用更高效的管道和平台。

王丽方指出：就社会环境来说，一个问题是我们社会包括媒体、大众对建筑文化和建筑师的关注度特别低。这可能是我们的一个传统。比如知道扬州八怪的人很多，但知道故宫和天坛（世界级的艺术巨作）的建筑师的人很少。西方国家比如英国，建筑文化是一个从大众到皇家普遍热议的话题，即使在印度，一个建筑师受到大众的关注和崇拜也是我们这里所见不到的景象。不过，这些年，文化艺术整体的进步使得社会观念开始改变，相当多的建筑师在文化圈当中发出了声音。[24]

2009 年，中国建筑传媒奖由南方都市报系发起，《南方都市报》、《南都周刊》主办，并联合《世界建筑》、《建筑师》、《时代建筑》、《新建筑》、《世界建筑导报》、《Domus》国际中文版、ABBS 建筑网等重要建筑媒体共同举办，旨在将内地、香港、台湾三地建筑纳入评选范围，通过独立的评审机制，从专业、社会和文化层面，表彰两岸三地具有突出社会意义和人文关怀的优秀建筑作品。该奖项设立的目的还在于，让在生活中无所不在的建筑，得到公众应有的关注，并借此促进建筑与社会的互动，推进公民空间建设和公民社会进程。中国建筑传媒侧重建筑的社会评价、体现公民视角，是中国首个倡导“建筑的社会意义和人文关怀”的建筑奖；是中国首个将两岸三地的建筑全面纳入评奖范围的建筑奖；是中国首个评委对参赛作品实地考察后再评选的建筑奖。

设计竞赛的评选活动也是评论的一种重要形式，设计竞赛的结果对建筑创新具有引导意义。拿北京来说，在夺回古都风貌的主流话语时代，使建筑师偏向保守，建筑顶部都做个旧式帽子；而经历了国家大剧院竞赛后，奥林匹克项目等公建都偏向创新、前卫。可见竞赛评选事件会影响建筑潮流的风向。其实，设计竞赛中优秀方案未必是唯一的，而最终的选择结果要么是权威选择，要么是少数服从多数。因此，评委的水平和偏好是举足轻重的，我们有必要研究如何完善评审团的构成，提高决策程序的科学性。

2. 建筑决策创新

在前文“设计外部环境与机制创新”小节中我们从建筑评论的角度提到了政府业主和设计竞赛是设计外部机制环境的重要因素，那么，建筑创新也依赖公共决策意识的科学性和创新性。公共决策机构在建筑生产和传播环节中是掌握生杀大权的“把关人”，对建筑发展有直接的导向和决定作用。在中国，长官意志违背专业性，乱指挥，个人趣味强加在公共决策上，对建筑和规划设计的干涉是最为诟病的。这里介绍荷兰和德国的建筑政策和观念，对我们会有启发。

自从荷兰自由政治家 J. R. Thorbecke 在 19 世纪中叶将艺术管理从政府职能中抽出后，对于政府是否在艺术的品质上作出判断，荷兰的文化政策一直保持着一种谨慎的态度。正是出于这样的原因，在国家干预艺术的倾向以及国家艺术领域中，从来没有产生过任何实质性的干预问题。然而与视觉或表现艺术恰恰相反，当谈论到建筑时，假设政府——尤其是地方政府——自身就是公共建筑的业主，或者是作为学校、医院等公共项目的负责人的话，那么对于政府来说，它就不可能完全逃避价值判断。建筑政策文件的制定者们就非常敏锐地意识到这一困境。因为这项文件可能不得不避开任何类似于对建筑的“艺术”判断之类的话题。因此，他们通过对于“建筑品质”的倡导而非直接表达对于“建筑”的意见，从而避免了如此敏感的争议。

荷兰第一部政策文件没有什么尝试——至少没有直接或具体的条款——来鼓励关于建筑学的任何特别形式、风格或立场。最后，在文件中概略说明的政策主要基于两个主轴，即由国家政府来充当确定典范的角色以及对于建筑气候的改善，而前者可以也必定会考虑政府自身“所有”的建筑。除此之外，这里还简洁地表达了其他方面的意向，如关于教育（即普通的教育，并特别指出了建筑学的教育）以及对于全球化建筑体系影响的对策。

荷兰第一部建筑政策文件与其后续文件的主要目标因此也被加以调整，以适应“为建筑品质的实现创造有利条件”的方针。因此，对应着维特鲁威“坚固、实用和美观”三位一体的建筑理念，这里对“建筑品质”提出了三个判断原则，即“使用的价值、文化的价值、未来的评价”。[25]“使用的价值”既强调了建筑满足用户的需求，也可以理解为建筑商品价值的最大化；“文化的价值”强调了建筑的艺术性和社会性价值；“未来的评价”则强调了建筑的创新性和科学性。这三个方面构成了建筑品质的评价体系，是值得借鉴的公共决策智慧。正是在这样的政策环境下，荷兰建筑师在全球化的语境中获得了举世瞩目的建筑创新能力和强大的独立话语权。

德国的建筑政策和观念也是值得研究的。德意志联邦建筑师协会章程中有一条值得注意，即“要参与政党政治活动，以便在公众舆论和政治思想形成中发挥作用”；在

“建筑师的社会责任”一条中提出“一切为了人的满足”是建筑的目的，它批判了只重视建筑经济的倾向，提出“建筑师不是慈善家和纯粹的艺术家，真正的建筑是善和美的结合，伦理和唯美的结合”。德意志联邦建筑师协会章程中还批判了两种错误的倾向：①追求节约而牺牲了建筑学的创造性；②迫于对社会失望，钻进精美艺术的象牙塔中。[26]

德国的建筑评奖机制也值得借鉴，张路峰先生通过对“柏林建筑奖”获奖作品的分析，以及对奖项本身的理念及操作模式的考察，对比国内的情况，提出以下值得重视和思考的几点：

(1) 鼓励有“原创性”的、“有所发明”的建筑而不是在形式上“创新”的建筑——每个时代都有自己特定的任务和机会，建筑师只有认真地以自己的方式思考、探索建筑的本质而不是盲目地迎合某种“主义”或潮流，诚实而智慧地回答时代和社会的提问，其作品才能最终成为那个时代的代表而具有“原创性”，才不会被淹没在历史的洪流之中。反观我国近年来的建筑创作，抄袭模仿者众而有“原创性”者寡，究其原因，是对“原创性”概念的认识存在误区——把形式上的“创新”、视觉上的“突破”当成了主要任务。

(2) 建筑师和业主同为获奖者——鼓励建筑师和业主的良好合作关系。业主和建筑师所关心的问题通常是矛盾的，业主的目标是既好用又省钱，而建筑师则希望实现高质量和有美学价值。只有在两种作用力相互平衡而不是一方击败另一方的情况下，两种目标才能同时达到。从这个意义上说，一个成功的建筑是好的建筑师和好的业主真诚较量、成功合作的结果，不是建筑师单纯的个人创造，不能把建筑师的工作看成是孤立的专业领域。取得业主的理解和支持，改善甲乙双方的关系，是营造良好建筑创作环境的重要方面。目前，国内建筑师和业主的关系被普遍认为是“服务与被服务”的关系，甚至有人戏称建筑师为“厨师”、顾客（业主）就是“上帝”，“上帝”的爱好和口味就是建筑师的高于职业道德和行业规则的设计原则。这种畸形的关系对建筑文化的发展是十分有害的。

(3) 只评选建成的项目而不是方案——建筑的意义不在于思想本身，而在于思想的物化。建筑创作不仅仅是思维活动，而是从思维到产品的整个过程：从设计方案到建造的过程中要经受很多外部因素的干扰和作用。建筑师掌控这些因素的能力将直接影响到最终建成作品的质量和效果。

(4) 评委由建筑师和文化界人士共同组成——建筑作

为具有社会属性的物质产品，是构成人类文明成果的重要部分，广义上说也是一种作用于长时段的文化活动，它在社会、历史、文化方面的意义当然也不应该仅仅是由建筑方面的专家判断和评说的。

（5）评委须来自柏林以外或未参与过柏林地区的项目——最大限度地保障评委的公正、中立、客观的立场。只有这样他们的判断力才不会受权利、利益、人情等非建筑因素的干扰和控制。如果评委都是来自当地的“权威人士”，这个奖最终就可能会演变成为“轮流坐庄”的俱乐部式游戏。

（6）评委根据现场考察确定获奖名单而不是仅凭图纸或图片——建筑的品质不在于实体，也不在于空间，而在于人对实体和空间的体验。人对建筑的体验不仅是视觉的，也可能是听觉的、触觉的、嗅觉的，或者是混合的，仅凭一种视觉信息来源图纸和照片就下结论的做法是非常武断和不科学的。

（7）组织评审由专门的协会而不是由某个官方或行业的协会运作——这样便从根本上保障了评奖活动不受任何权力和利益集团的操纵和摆布，也从体制上确保了上述各项具体规则的执行。一个奖项的组织和运作机制，和它所倡导的宗旨和理念，会直接影响到该奖项的重要性和威信，同时也会影响到其评选范围内建筑师在建筑创作中的价值取向。[27]

对比柏林建筑奖的评奖机制，我国的建筑评奖制度还有不少差距，政府部门的奖项有较高的权威性，但往往注重项目的社会政治重要性和规模大的建筑，而不单是从建筑创新的角度来考察项目。而一些杂志主办的建筑奖项则比较局限在建筑的形式创新，因此建筑评奖的导向性还不全面。另外，这两年国内几次集合设计也是媒体关注的热点。这些活动作为建筑决策来看是很尊重建筑的，作为比较自由的实践机会，大家都期望能够出现具有探索性和示范性的建筑佳作。但实际情况是，我国当代几次建筑展示或集合设计都是在方案阶段热闹一时，争相传播，但建成以后的实际效果差强人意，甚至成为败笔。从贺兰山房的闹剧到东莞松山湖建筑群的混乱与堆砌，这些建筑活动没有为当代中国建筑留下任何里程碑，更多的是反面教材。主要是项目策划和目标模糊，立意不深，好比是小圈子建筑师的自娱自乐。另外，这些活动的效果也提醒我们，建筑创新如果停留在空间游戏或形式游戏层面，那么最终会陷入迷茫的困境（图 9－9）。

图 9－9　东莞松山湖集合设计

如第 2 章提到的，建筑学会理事长宋春华在《建筑学报》上专文探讨正确、决策科学的问题。他概括，目前的建筑决策体系大体上是：首先是咨询性的专家评审；其次是定案性的业主（领导）“拍板”；三是许可性的规划部门审批。这种决策运作方式普遍存在四方面问题：①与利益相关的幕后操作影响决策；②评审专家有时达不到特定项目需要的学术水平；③中小城市规划局官员或主管市领导控制招标；④政府官员主导城市规划和公共建筑决策。为实施科学决策、减少失误，必须健全和完善决策机制，并研究和采取相应的对策。除了提高公共决策的科学性和公正性，与荷兰和德国建筑政策相比，我们还要有更高的目标，那就是致力于建立有助于激励创新的建筑政策和决策制度，弘扬科学探索、勇于创新的建筑价值观。

9.4 本章小结

在全球化时代的跨文化语境中，建筑跨文化传播必须依赖创新才能有独立话语权，才能有平等的对话权。因此本书最后一章围绕“全球化时代的城市与建筑创新”课题展开讨论，首先探讨了全球化背景下建筑学内涵的发展，我们从三个层面来描述当代建筑学的内涵：①市场经济下建筑商品生产服务的技术知识体系；②社会变革发展中人居环境的人文技术科学体系；③全球化语境中空间造型艺术的创新与传播体系。这三个方面的内涵在具体微观上又相对独立，这种既纠集、又分层的内涵结构，构成了建筑学丰富多彩的世界。同时探讨了全球化时代的城市观，讨论了城市文脉与城市发展的延续与创新关系，也提出了城市特色与风格创造的路径。

全球化传播的话语权集中在创新问题上，本章主要从建筑教育机制创新、建筑师的状态机制问题与创新、外部机制环境与决策创新等方面展开，这几方面都是全球化时代建筑创新的重要关键因素，也影响建筑传播的力量来源。面对全球化传播中的创新思考，代表了面对传播压力的一种态度，也是对建筑学的主体性和社会性的自觉。

建筑创新离不开“机制创新”，教育机制的创新能够提高人才的创新和实践能力；建筑决策意识创新首先是为了提高公共决策的科学性和公正性，还要有更高的目标，那就是致力于建立有助于激励创新的建筑政策和决策制度，弘扬科学探索、勇于创新的建筑价值观。

本章内容主要是跨文化语境中的建筑创新的相关方面，其中不少讨论也是对当前跨文化语境中的现状进行改进的建设性意见，这正是研究跨文化建筑传播问题的目标归结点。

本章注释

[1] 乔治·麦克林．全球化与存在论差异［M］．邹诗鹏译．武汉：湖北人民出版社，2006：261.

[2] 马尔科姆·沃特斯．现代社会学理论［M］．杨善华等译．北京：华夏出版社，2000：219.

[3] 迈克尔·斯皮克斯．理想、意识形态、实用智慧——在中国与西方［J］．吴名，谢诗奇译．时代建筑，2006（9）：64.

[4] 王路．晰释复杂性［J］．世界建筑，2006（4）：18.

[5] 威尼·马斯访谈 Articulating complexity［J］．世界建筑，2005（7）：41.

[6] 吴超，刘春．基于城市经济系统的城市特色与竞争力关系探讨［J］．规划师，2004，20（7）：18.

[7] 马武定．文化决定空间——消费社会语景下的城市文化精神［J］．规划师，2008，24（11）：5－6.

[8] 杨璐．从"普通城市"到"大"——库哈斯建筑理论解读［J］．山西建筑，2004，30（16）：19.

[9] 王世福．城市特色的认识和路径思考［J］．规划师，2009，168（25）：20－21.

[10] 李钢．城市文脉设计与类型学［J］．山西建筑，2007，33（9）：23－24.

[11] 姜涌．设计事务所的两种模式：组织事务所与建筑家工作室——中国建筑设计制度之思考［J］．世界建筑，2004（11）：96.

[12] 东京大学工学部建筑学科，安藤忠雄研究室编．建筑师的20岁［M］．王静，王建国，费移山译．北京：清华大学出版社，2005.

[13] 朱亦民．1960年代与1970年代的库哈斯［J］．世界建筑，2005（7）：31.

[14] 徐建．詹明信谈库哈斯、建筑和空间［J］．时代建筑，2006（9）：133.

[15] 朱剑飞．关于"批评的演化——中国与西方的交流"的讨论［J］．薛志毅译．时代建筑，2006（5）：58.

[16] 文林娜．老生常谈建筑艺术教育［J］．建筑师茶座，2010，9（88）：3.

[17] 琳达·弗拉森罗德．超越"中国当代"展如何使中国建筑师与荷兰建筑师相互借鉴［J］．施辉业译．时代建筑，2006（5）：135.

[18] 刘延川．国有大型设计机构中的设计、研究和教育一体化模式探讨［J］．建筑学报，2009（6）：90－92.

[19] 克里斯·亚伯．建筑个性——对文化和技术变化的回应［M］．张磊，司玲，侯正华等译．北京：中国建筑工业出版社，2003：127.

[20] 方海．芬兰现代设计教育——小国大设计的典范体系［J］．

建筑师茶座，2010，9 (88)：8.
[21] 刘延川．国有大型设计机构中的设计、研究和教育一体化模式探讨 [J]．建筑学报，2009 (6)：90－92.
[22] 姜涌．设计事务所的两种模式：组织事务所与建筑家工作室——中国建筑设计制度之思考 [J]．世界建筑，2004 (11)：98.
[23] 宋春华．平心持正静观反思——对当前建筑设计市场若干问题的思考 [J]．建筑学报，2005 (5)：17.
[24] 郑时龄．建筑批评学 [M]．北京：中国建筑工业出版社，2001：1.
[25] 王丽方．建筑：包容开放出大师 [N/OL]．中国房地产报，[2008－8－26]．http：//house. hexun. com/2008－08－26/108380779. html.
[26] 奚树祥．建筑师的追求和挑战 [J]．建筑学报，2005 (8)：78－81.
[27] 奚树祥．建筑师的追求和挑战 [J]．建筑学报，2005 (8)：78－81.

附录 E　新旧对比中的文脉表达
——欧洲的案例

以往我们国内对城市文脉的理解和表达往往拘泥于再现和延续传统建筑风格，而在欧洲的城市中却常常有基于对城市文脉分析理解的基础上理性创新的设计，对此进行考察研究，将有助于拓展我们的视野。正如余秋雨先生反思的：一是，在欧洲，传统文化与创新精神并行不悖，共臻极致；二是，在欧洲，个体自由和互相尊重并行不悖，形成公德。相比之下，真不知道我们中国为什么总是把这些对应性文化范畴看成你死我活的对头，结果两败俱伤，几乎伤及了所有的文化人，使他们全都充满了沉重的失败感和悲剧感。[1]

■黑钻石——哥本哈根皇家图书馆新馆

设计：SHL 事务所，1993 年中标，4 万多平方米。

1999 年 9 月 15 日，位于丹麦首都哥本哈根历史最悠久的地区——城堡岛的滨水新区，哥本哈根皇家图书馆新馆正式投入使用。被丹麦文化大臣希尔登形象地称为：“黑色的钻石”。

“黑钻石”这座现代建筑作为皇家图书馆的扩建部分，以一种平和的姿态回应着时代的变迁与图书馆之间的关系。在倾斜的体块和奇特的深黑表皮的共同作用下，图书馆的扩建部分具有了独特和鲜明的姿态。建筑像是一个被雕刻出的巨石，一方面在高度上与周围环境相协调，另一方面完整和简洁的体量表现出作为一个重要的皇家文化建筑应有的庄严和纪念性。这特殊形象使得建筑仿佛从城市的整体风貌中脱离出来，确定了其独一无二的地位，而这一地位也来自于图书馆 300 多年的历史积淀与城市之间的长期相互影响和潜移默化的作用。从某个方面来说，新馆既是旧建筑的延续，又形成了海岸方向的独立界面，成为了地标性的建筑（图 E-1～图 E-4）。

全新的入口直接导向休息大厅，在这里所有的公共设施都很容易到达。而天窗在日间为阅览室提供了直射光线。图书馆的新旧部分通过人行天桥相连，这使得一个可见的链接建立在新老两座风格迥异的建筑之间。[2]

图 E－1　哥本哈根皇家图书馆新馆

图 E－2　哥本哈根皇家图书馆新馆正立面

图 E－3　哥本哈根皇家图书馆新馆东侧立面

图 E－4　哥本哈根皇家图书馆新馆鸟瞰

■ 哥本哈根河边银行办公综合体

设计：拉申·亨宁（Henning Larssen），1995 年中标，8 万多平方米。

HL 银行总部办公综合体，该建筑群于 1995 年开始投入使用。一个四座长板型建筑和一个 U 形的有序连续街区。处于建筑中的人可以清晰地看到北面的水景和南面的城市景色。建筑沿着滨水区的六个巨大的门架，都是全金属的铜制立面，黑色的外表与江对岸的“黑砖石”图书馆呼应。在建筑群背后的中段则伫立着克里斯汀五世时期留下的穹顶钟楼的古老教堂。该设计的建筑高度也经过深思熟虑——绝不超过教堂塔尖，使得教堂这一具有古老意义的建筑更为突显，而非一味地用现代抹杀文脉。

这个方盒状建筑群的另一个要点是流畅的滨水休闲空间和最大化的观景视线，一系列的盒状建筑，直接或间接地彼此相连，而门廊就成为了连接空间的重要枢纽。建筑群的背面（临教堂面）看起来更为冷静——这里，建筑的立面并非黑色的花岗石，而是覆盖着白色的石灰石窗户，就像临近的其他滨水区建筑一样。在其位于边缘的会议室，有着相当好的视野观看哥本哈根建筑群的铜制屋檐与尖顶(图 E－5～图 E－10)。

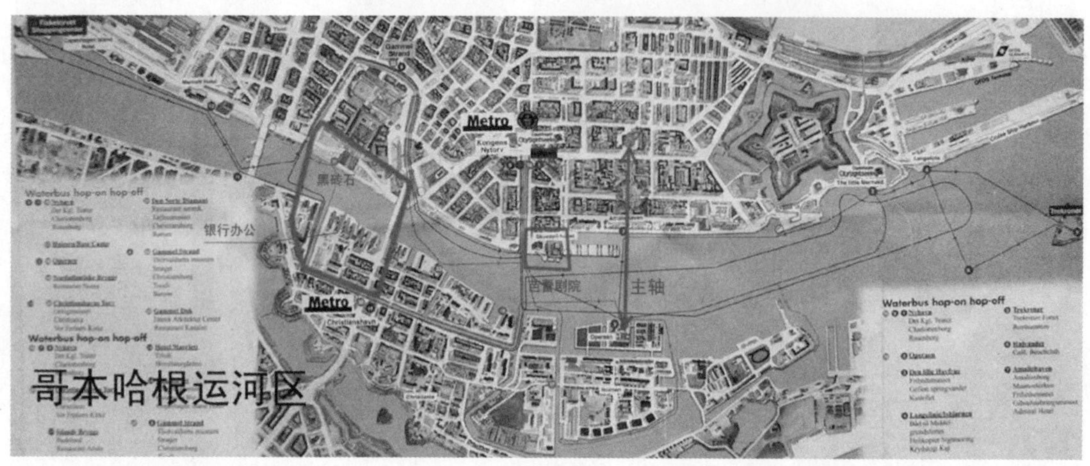

图 E－5　哥本哈根滨水建筑案例关系分析图（自制）

图 E－6　哥本哈根南岸银行建筑群

图 E－7　北岸看银行建筑群

图 E－8　银行建筑与周边建筑环境和谐关系图

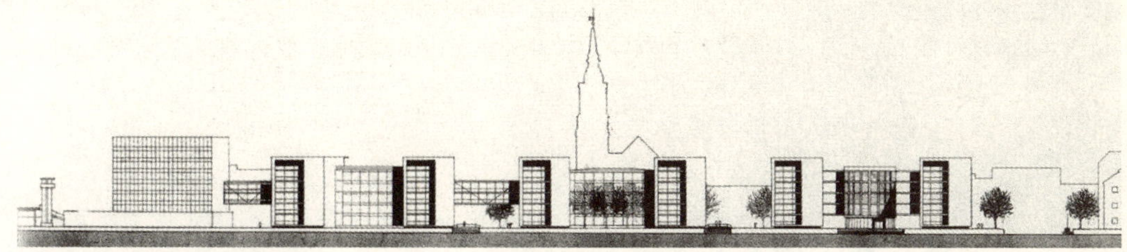

图 E-9 银行建筑群轮廓线关系图

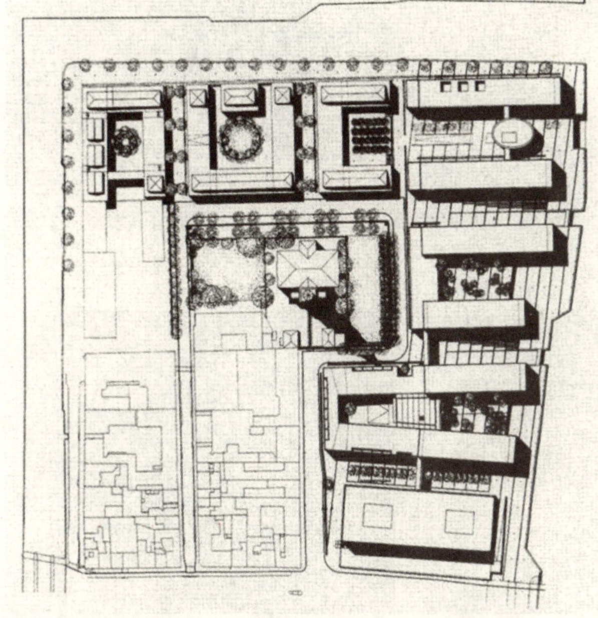

图 E-10 银行建筑群总体平面关系图

■ 哥本哈根芭蕾剧院

业主：文化部，地址：哥本哈根市弗雷德里克大街江滨。

2001 年文化部发起主办了开放的国际竞赛来决定选址和新剧院设计方案。建筑师事务所 Boje Lundgard & Lene Tranberg 的作品在 289 个投标方案中被选中而中标。评审团认为：铜制的边（侧）主立面和较大的顶层楼面空间统一（组织）了整个项目并隐藏高高的舞台高塔，使之于周围环境中不显突兀。建筑顶面的水平线与天际线充分融合，强调了一种不自我的含蓄精神。同时，该方案对弗雷德里克街的洛可可式建筑给予了敏感的关注。特别是它对东邻 Amalienborg 城市轴线谨慎地保持了距离，不会喧宾夺主，很好地保持了老城原有的主次结构。

水平延展的体形让自身成为背景，不抢临近的城市轴线关系，甘当配角。基地位于江河曲折处，成为独特的转弯节点建筑。办公区至于最高层，获得最佳的景观视野，既创新又契合环境（图 E－5、图 E－11～图 E－14）。

图 E－11　哥本哈根芭蕾剧院西入口

图 E－12　芭蕾剧院与相邻建筑关系图

图 E－13　芭蕾剧院水边门厅

图 E－14　芭蕾剧院门厅西区

■奥斯陆大剧院——建筑成为城市地景

政府希望该剧院成为挪威作为文化民族的地标，突出（表达）挪威的歌剧和芭蕾，也是该区域城市再开发的起基。2008 年 4 月落成的挪威奥斯陆新歌剧院，位于城市市中心海岸线的凸出部。设计的独特之处不仅在于大胆简洁的形体与城市背景的强烈反差，白色花岗石外墙与蓝天碧海鲜明对比，更重要的是该建筑的屋面设计成一个向市民开放的广场，人们在此休闲观景，成为一处极具魅力的城市公共场所。设计者刻意避免这个亲水的场所被蛮横的建筑独占，而是完全地留给市民。

该设计的独特之处在于大胆简洁的形体与城市背景的强烈反差，白色花岗石外墙与蓝天碧海鲜明对比。当然，还不止于此。在此次竞标要求中写道：歌剧院应具有高度的建筑学品质和表现纪念性。为实现纪念性，建筑师要使歌剧院更具有广泛的可达性，所以通过在建筑顶部设计成水平起坡表面的“地毯”。这“地毯”被赋予人工形态，与城市景观有关。纪念性是通过水平延伸实现的，而非通常意义上的垂直性，这使得该建筑的屋面设计成一个向市民开放的广场，人们在此休闲观景，成为一处极具魅力的城市滨水公共场所。

众所周知，滨水自古是城市生成与发展的动因，因而滨水区往往是历史文化积淀最丰富的场所，城市文化形象因滨水而具有独一无二的特质。对照我国各地城市刚刚建完的一大批大剧院，虽每个都是光鲜豪华，却都霸气有余，巨大的公共投资却没有为公众提供无须买票就能随意享受的文化场所（图 E－15～图 E－17）。

图 E－15　奥斯陆大剧院全景

图 E－16　奥斯陆大剧院北侧

图 E－17　奥斯陆大剧院西侧

■ 街区肌理变异创新——柏林北欧五国大使馆

位于柏林的北欧五国大使馆，坐落在 Tiergarten 公园围绕的传统使馆区内，当五个北欧国家决定在这个单独的地块上建立大使馆时，也带来了这样一个有趣的问题：如何把握好各个使馆之间的联合性和独立性。实施的设计总平面宛如一个独立的村落，中间是村落广场和街道，这些空间就好像是各个单体建筑之间的联系，同时也清晰地区分了各使馆之间的土地。

五国大使馆沿克林格霍夫（Klingelhofer）大街由一堵连续的金属百叶围墙包围，围墙是用因氧化而呈绿色的铜制百叶构成。通过调整这些金属板的角度，可以控制光线、视野和空气流通——它们也可以在外形上使建筑连成整体，温和地将建筑包裹起来，使其不那么突兀。以纯净整体的外立面呼应地形，以村落般的形态组织五个单体建筑。设计使个性和共性、个体和整体巧妙平衡。它在地段环境的塑造上独具匠心，既超越环境，又合乎逻辑。

图 E－18　北欧五国大使馆鸟瞰

图 E－19　北欧五国大使馆金属百叶围墙

图 E－20　北欧五国大使馆沿街立面

图 E－21　北欧五国大使馆公共服务楼入口

整体建筑有不少独特之处：它体现一种外交典范，使得冰岛这样的小国（大使馆内只有 7 名人员）可以一同分享国际形象；它是一个打破成规的建筑设计，盖了 30 个橡皮图章才获得了柏林规划法规的特许；而且它的年轻设计师都是从竞赛中挑选出来的，年龄最大的 45 岁，最小的只有 28 岁（图 E－18～图 E－21）。[3]

从本文介绍的许多充满活力而又与环境协调的新建筑的设计构思，我们认识到尊重环境的态度并不约束建筑师的创造力和独创性，特定的文脉也是一种有效的，甚至是设计灵感的重要源泉。城市建设的过程要优美地与文脉相结合，不要强调以生硬的创造性变化或以新奇求得创造性，而要强调在已知的视觉文脉审美范围内进行创新，无论这种文脉是现代的还是传统的。正如贝聿铭说的："我们希望一个属于我们时代的建筑物，另一方面，我们也希望它可以成为另一个时代的建筑物的好邻居的建筑物。"（王天锡：《贝聿铭》）这是既瞻前又顾后的辩证的态度。从城市宏观来看，建筑是组成城市的一个个单元，它们既属于一个历史舞台，也存在于一个现实世界，总是与历史相连，与现实相关。

本附录注释

[1] 海峡旅游杂志社．海峡旅游，2009，40. www.strait－travel.com.

[2] 笔者译自：丹麦生活建筑杂志社．生活建筑，2007，17(58)．

[3] 笔者译自：丹麦生活建筑杂志社．生活建筑，2007，17(58)．

总结语

全球化、市场化的现实语境对当代建筑设计带来了深刻的影响，促使建筑学与城市理论内涵发生变化。全球化、市场化背景下建筑的传播特性突出，建筑传播现象呈现加速和海量特征，建筑创新受到传播的影响更加明显。而建筑本身又作为传播媒介和被传播的对象。因此，有必要研究建筑设计与传播的规律。

在全球化时代，跨文化建筑现象如“外来设计冲击”等问题成为热点话题，多年来学术话语中的“本土化与国际化”视角尚不能解决问题的实质。本书的核心工作就是依托文化传播理论、全球化理论和跨文化传播理论成果，从较高、较广的视野来建构跨文化建筑现象研究的理论体系。这个理论体系既能为认识当前跨文化建筑现象提供新的认识论，又试图为建筑学领域提供有价值的设计方法和评价体系。我们的研究在国内外现有相关研究的基础上有所发展，在学术上取得了以下方面进展：

(1) 在国内外已有的研究成果的基础上，将传播学理论与建筑学的交叉研究向前推进，初步建立了以传播学理论成果为基础的研究建筑设计和传播问题的全景框架，从理论介绍到实践应用，跨度大，涉及面广，体现了理论研究的创新性，并具有较强的实践应用价值。

(2) 本论文从社会学、文艺美学和传播学领域选取与建筑跨文化传播课题紧密相关的三门理论：文化传播理论、全球化理论和跨文化传播理论，通过汲取这些理论工具的精华，对跨文化建筑传播现象进行多角度的剖析，初步形成跨文化建筑传播现象的认识论。我们将跨文化交流宏观视野理论中的“文化帝国主义理论批判”对应于建筑空间殖民主义批判；将“需要与认同”思想对应于全球化商业资本传播的市场对建筑传播的决定性；将全球化理论中的“全球地方化”思想来对照建筑界“国际化与本土化”话题，特别是将文化全球化理论中的“生活组合建构”思想用来启发建筑发展创新问题。这个认识论旨在突破传统的主体性视野，进入主体间性或主体通性视野，并提倡“和而不同”的对话原则。

(3) 在跨文化传播理论借鉴和伦理分析的基础上扬弃了多种跨文化建筑传播的范式，并从中整理了“全球文化多元主义”范式、“地域认同的塑造与再塑造”范式、“文化商品化与传播”范式这三种范式，作为研究当代建筑跨文化传播的积极的建构性理论范式。这种范式理论框架为跨文化建筑现象的认识和评价提供了开创性的理论工具，本书也运用这些理论工具分析了中国和先进国家建筑跨文化传播的经验和教训。

(4) 在理论分析中建构了跨文化建筑设计思维模式，探讨了跨文化建筑思维的人文逻辑，提出跨文化建筑设计模式，在此基础上尝试了跨文化建筑设计的实践与评价。这在方法论方面具有一定的创新性。

(5) 结合全球化、市场化的现实背景，立足现实，大胆提出了建筑学的新内涵，阐述了全球化时代的新型城市观，也提出了城市特色与风格创造的路径。这有助于我们认识当代城市与建筑发展规律。最后从“跨文化语境中的城市与建筑创新”出发，围绕“建筑传播话语权的创新基础”探讨了建筑教育机制创新和“建筑师的状态机制与创新”问题，以及建筑设计相关外部“机制创新”问题，这作为本文的价值论是我们研究建筑跨文化传播的回归点。

通过传播学、社会学和文艺美学理论与建筑学的交叉研究，我们既深感跨学科研究在拓宽理论视野和学术话语方面的优势，同时由于建筑跨文化传播现象涉及的学科面比较广泛，在写作过程中又深感自己的理论知识修养十分有限，因此本书只是对跨文化建筑现象问题进行了初步的探讨。今后，对当代建筑设计与传播以及跨文化建筑现象还须作持续深入的学习和研究。正如本书展现的，跨文化语境下的建筑思维是一个开放的学术体系。许多议题，如：建筑设计作为传播过程，跨文化建筑传播与创新，建筑传播与评价等都是可以向宏观和微观研究两方面持续深入进行的。因此，本论文的工作也可以说是一个开端，是深入研究的基石。

图表索引

图 8－9　浙江省美术馆（程泰宁作品）（自拍）
图 8－10　MVRDV 的东莞松山湖建筑（自拍）
图 8－11　上海新天地（自拍）
图 8－12　深圳“波托菲诺”小镇（自拍）
图 8－13　拉斯维加斯凯撒宫酒店室内街道（自拍）
图 8－14　上海多伦路鸿德堂（自拍）
图 8－15　中西方文化符号空间（图片源自：朱文一．空间·符号·城市．北京：中国建筑工业出版社，1993：67.）
图 8－16　清同治年间上海县城图（图片源自：张凡．城池之历史形态比较研究//徐洁．解读安亭新镇．上海：同济大学出版社，2004：76.）
图 8－17　中世纪比利时的马林城（图片源自：张凡．城池之历史形态比较研究//徐洁．解读安亭新镇．上海：同济大学出版社，2004：78.）
图 8－18　安亭新镇规划总平面（图片源自：徐洁．解读安亭新镇．上海：同济大学出版社，2004：6.）
图 8－19　斯特林：斯图加特新美术馆（1）（图片源自：吴焕加．论现代西方建筑．北京：中国建筑工业出版社，1997：178.）
图 8－20　斯特林：斯图加特新美术馆（2）（图片源自：吴焕加．论现代西方建筑．北京：中国建筑工业出版社，1997：178.）
图 8－21　矶崎新的筑波中心大厦（自拍）
图 8－22　水户艺术馆（图片源自：bbs2. zhulong. com/forum/detail57766 _ 1. html）
图 8－23　拉斯维加斯街景（自拍）
图 8－24　德国 Wurzburg 博物馆（图片源自：The Phaidon Atlas of Contemporary Word Architecture I. London：Phaidon Press Limited：492.）
图 8－25　加州某住宅（图片源自：The Phaidon Atlas of Contemporary Word Architecture II. London：Phaidon Press Limited：187.）
图 8－26　Mourmmans 住宅（图片源自：Contemporary Word Architecture. London：Phaidon Press Limited，1998：244.）
图 8－27　迪斯尼天鹅宾馆（图片源自：Contemporary Word Architecture. London：Phaidon Press Limited，1998：332.）
图 8－28　GMP 设计的西门子上海中心（自制）
图 8－29　京都火车站（自拍）
图 8－30　Komyo－ji 庙扩建（图片源自：The Phaidon Atlas of Contemporary Word Architecture I. London：Phaidon Press Limited：175.）
图 8－31　广岛现代美术纪念馆（图片源自：郑时龄，薛密 编著．黑川纪章．北京：中国建筑工业出版社，1997：封 11.）
图 8－32　罗店新镇总平面（自拍）
图 8－33　罗店新镇街景（自拍）
图 8－34　松江泰晤士小镇（自拍）
图 8－35　刘晓平作品：苏南某镇中心改造方案图（自做）
图 8－36　刘晓平作品：上海安亭汽车城大厦（自做）
图 8－37　刘晓平作品：宝山民间艺术中心（自做）
图 8－38　刘晓平作品：上海邮轮港大楼（自做）
图 D－1　良渚博物馆（戴维作品）（自拍）
图 9－1　学生设计竞赛实践作品（自做）
图 9－2　项秉仁作品：旺山新境（自做）
图 9－3　刘晓平作品：萧山博物馆（自做）
图 9－4　建筑学内涵新概念（自做）
图 9－5　历史街区——常熟方塔街（自拍）
图 9－6　苏州工业园区（自拍）
图 9－7　库哈斯（图片源自：方振宁．库哈斯建筑表现新的自由．文化月刊，2004（7）：22.）
图 9－8　CCTV 中标方案报道（图片源自：曲志红．央视新址选定东三环．信报，2002－12－21：4.）
图 9－9　东莞松山湖集合设计（自拍）

致谢

在本书修改完毕即将出版之际，除了有一点愚公移山后的欣慰，更有太多的人要感谢。首先要感谢导师项秉仁教授在我博士研究期间的悉心教导和关怀。项老师严谨的治学态度、理性的学术思维始终引导我的研究和本书的写作，也将令我受益终生，在此谨向尊敬的导师致以深深的谢意！同时，在与导师的交流相处中深深地感受到项老师务实求真、豁达宽广的学术态度和设计方面不断创新的探索精神，这也激励我在设计和学术上不断追求进步。在同济大学读博期间也与同门师兄弟们时常交流，互相鼓励，曾得到了他们的很多帮助。这里要衷心感谢刘江、韩斌、钟力、陈强等同窗好友。

感谢苏州大学及建筑与城市环境学院的同仁对我在教学科研工作上的支持，本书还得到了“苏州大学高级人才引进基金”的支持。同时还要感谢我的学生孔亚男、孙姗姗等为本书的文字整理做的大量工作，孔亚男为本书做了最后稿的排版整理工作。

特别感谢我的父母一直以来给予我的关爱与支持，感谢我的岳母和爱人对家庭的照顾，他们在生活上的悉心照料使我没有后顾之忧，能够顺利完成博士期间的学业以及本书的修改工作。

刘晓平

2010 年 12 月